Knut Smoczyk
Analysis 3

Knut Smoczyk

Analysis 3

FSC
www.fsc.org
MIX
Papier aus verantwortungsvollen Quellen
Paper from responsible sources
FSC® C105338

Bibliografische Information der Deutschen Nationalbibliothek:

Die Deutsche Nationalbibliothek verzeichnet diese Publikation in der Deutschen Nationalbibliografie; detaillierte bibliografische Daten sind im Internet über http://dnb.d-nb.de abrufbar.

Mathematics Subject Classification (2010); 26-01, 00AXX

Herstellung und Verlag:

BoD – Books on Demand, Norderstedt

Satz: Reproduktionsfertige Vorlage vom Autor

Abbildungen: Erstellt vom Autor unter LaTeX mit PsTricks

ISBN: 978-3-7494-9947-2

Vorwort

Dies ist der nun dritte und zugleich letzte Band meiner Vorlesungsreihe zur Analysis. Inhaltlich richtet sich das Buch wie auch schon die beiden ersten Bände an Studierende der Mathematik, Physik und des Lehramts, diesmal im dritten Fachsemester.

Gegenstand dieses Buchs ist die Maß- und Integrationstheorie für allgemeine Maßräume und insbesondere für differenzierbare Untermannigfaltigkeiten des $\mathbb{R}^n$. Im ersten Kapitel werden zunächst die Grundlagen zur Maßtheorie gelegt. So werden dort die Konzepte messbarer Mengen sowie von Maßräumen vorgestellt. Hierzu zählt die Einführung der LEBESGUE-BORELSCHEN Maßräume. Im nachfolgenden zweiten Kapitel werden messbare Abbildungen zwischen diesen Räumen untersucht und wir liefern eine Definition integrabler Funktionen, die weit über die bereits aus der Analysis 1 bekannte Definition des RIEMANN-Integrals hinausgeht.

Das dritte Kapitel widmet sich den überaus wichtigen Konvergenzsätzen der LEBESGUESCHEN Integrationstheorie, zum Beispiel zählen hierzu die Sätze von BEPPO LEVI und LEBESGUE über die monotone bzw. majorisierte Konvergenz. Das sich anschließende vierte Kapitel behandelt ebenfalls Vertauschungsprozesse bei der Integration, nämlich die Sätze von TONELLI und FUBINI.

Im fünften Kapitel werden wir auf den Transformationssatz für das LEBESGUE-Integral unter Diffeomorphismen eingehen. Dies ist die natürliche Verallgemeinerung der Substitutionsregel aus dem ersten Band für das RIEMANN-Integral.

Die letzten beiden Kapitel behandeln Fragen zur Integration auf Untermannigfaltigkeiten des $\mathbb{R}^n$. Gleich zu Beginn werden wir auf diesen ein natürliches LEBESGUE-Maß einführen, sodass wir damit insbesondere deren m-dimensionales Volumen bestimmen können. Im Anschluss werden wir Volumenformen auf orientierten Untermannigfaltigkeiten und Integrale von m-Formen einführen. Einer der wichtigsten und schönsten Sätze in der Analysis ist der Satz von STOKES, den wir in diesem Band für orientierte Untermannigfaltigkeiten mit Rand beweisen werden. Korollare hieraus sind der Divergenzsatz (Integralsatz von GAUSS), die Integralformeln von CAUCHY und GREEN sowie der klassische Satz von STOKES für Flächen in $\mathbb{R}^3$.

Bei der Auswahl der Übungsaufgaben in diesem Buch wurde ich unterstützt von Lutz Habermann, Helmut Köditz, Benedict Meinke und Stefan Rosemann.

Knut Smoczyk, Hannover, September 2019

Inhaltsverzeichnis

1 Messbare Räume

Gegeben sei ein Intervall $[a,b] \subset \mathbb{R}$ und eine endliche Teilmenge $E \subset [a,b]$. Entfernt man aus dem Rechteck

$$R := [a,b] \times [0,1]$$

die 1-dimensionale Menge $E \times [0,1]$, so erhält man eine neue Menge $\hat{R}$, deren Flächeninhalt $A(\hat{R})$ mit dem von R gleichgesetzt werden kann, quasi per Definition. Das lässt sich auch unter Verwendung des RIEMANN-Integrals begründen. Ist nämlich eine stetige Funktion

$$f : [a,b] \to \mathbb{R}$$

gegeben, so ist das RIEMANN-Integral $\int_a^b f(x)dx$ der Flächeninhalt (mit Vorzeichen) unterhalb des Graphen von f. Insbesondere ist

$$f_{[a,b]\setminus E}(x) := \begin{cases} f(x) & , x \in [a,b] \setminus E \\ 0 & , \text{sonst} \end{cases}$$

noch immer RIEMANN-integrabel und für den Spezialfall $f = 1$ erhalten wir

$$A(R) = \int_a^b dx = \int_a^b 1_{[a,b]\setminus E}(x)dx = A(\hat{R}).$$

Da man nun sukzessive immer neue Punkte $x \in [a,b]$ zur Menge E hinzufügen kann, ohne den Flächeninhalt der dabei entstehenden Menge $([a,b] \setminus E) \times [0,1]$ zu verändern, erwarten wir - zumindest heuristisch -, dass sich der Flächeninhalt selbst dann noch durch $A(R)$ beschreiben lässt, wenn E eine abzählbar unendliche Menge ist. Leider lässt sich aber in diesen Fällen nicht analog wie oben argumentieren, weil zum Beispiel für $E = \mathbb{Q}$ die charakteristische Funktion $1_{[a,b]\setminus\mathbb{Q}}$ gar nicht mehr RIEMANN-integrabel ist.

Daraus schließen wir, dass für das Messen eines Flächeninhalts der RIEMANNSCHE Integrationsbegriff im Allgemeinen unzureichend ist;

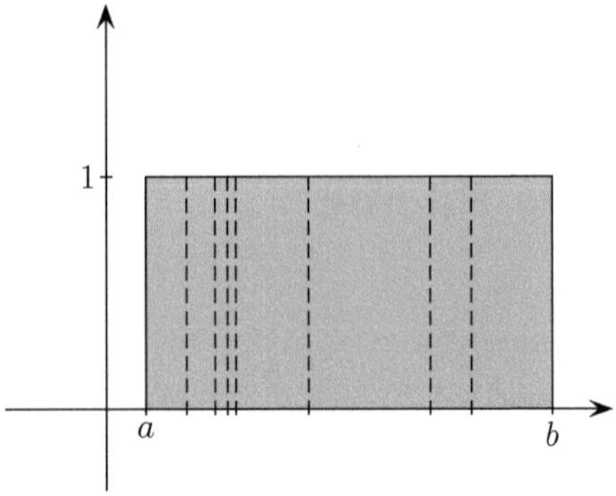

Abbildung 1.1: Der Flächeninhalt der Menge $([a,b] \setminus E) \times [0,1]$ lässt sich durch das RIEMANN-Integral $\int_a^b 1_{[a,b]\setminus E}(x)dx$ der charakteristischen Funktion beschreiben, falls E endlich ist. Bei abzählbar unendlichen Mengen wie $E = \mathbb{Q}$ geht das wegen der fehlenden RIEMANN-Integrabilität von $1_{[a,b]\setminus E}$ jedoch so nicht mehr.

wir benötigen einen besseren Zugang. Dabei geht es uns darum, einer möglichst großen Klasse von Teilmengen des $\mathbb{R}^n$ ein sinnvolles Maß zuzuordnen. Eindimensionalen Mengen soll dabei eine Länge, zweidimensionalen Mengen ein Flächeninhalt, dreidimensionalen Mengen ein Volumen und allgemeiner k-dimensionalen Mengen ein k-dimensionales Volumen zugeordnet werden. Dabei ist a-priori keinesfalls klar, was man dabei unter der jeweiligen Dimension überhaupt verstehen soll.

Um dieses Ziel zu erreichen, können wir prinzipiell in zwei Schritten vorgehen. Im ersten Schritt müssen wir festlegen, welche Struktur das System $\mathscr{A}$ von Teilmengen des $\mathbb{R}^n$ besitzen soll, welche wir messbar nennen wollen. Falls man etwa für zwei Teilmengen A, B des $\mathbb{R}^2$ einen Flächeninhalt messen kann, so erwarten wir dies ebenfalls für die Mengen $A \cap B$ bzw. $A \cup B$.

Im zweiten Schritt müssen wir diesen messbaren Mengen ein Maß zuordnen. Welche Eigenschaften sind dabei für solche Maße sinnvoll? Man wird zum Beispiel sicherlich fordern wollen, dass das Maß einer disjunkten Vereinigung $A \cup B$ messbarer Mengen A, B

die Summe der Maße von A und B ist.

Im folgenden Abschnitt führen wir für diese Zwecke einige fundamentale Begriffe der Maßtheorie ein.

1.1 Semialgebren, Algebren und Sigma-Algebren

1.1 Definition
Es sei Ω eine nicht leere Menge und $\mathscr{M} \subset \mathfrak{P}(\Omega)$ sei eine nicht leere Teilmenge der Potenzmenge von Ω.

(a) (*Durchschnittsstabilität*).
$\mathscr{M}$ heißt $\cap$-*stabil* $:\Leftrightarrow \ (A, B \in \mathscr{M} \ \Rightarrow \ A \cap B \in \mathscr{M})$.

(b) (*Vereinigungsstabilität*).
$\mathscr{M}$ heißt $\cup$-*stabil* $:\Leftrightarrow \ (A, B \in \mathscr{M} \ \Rightarrow \ A \cup B \in \mathscr{M})$.

(c) (*Sigma-Durchschnittsstabilität*).
$\mathscr{M}$ heißt σ-$\cap$-*stabil* $:\Leftrightarrow \ ((A_n)_{n\in\mathbb{N}} \subset \mathscr{M} \ \Rightarrow \ \bigcap_{n\in\mathbb{N}} A_n \in \mathscr{M})$.

(d) (*Sigma-Vereinigungsstabilität*).
$\mathscr{M}$ heißt σ-$\cup$-*stabil* $:\Leftrightarrow \ ((A_n)_{n\in\mathbb{N}} \subset \mathscr{M} \ \Rightarrow \ \bigcup_{n\in\mathbb{N}} A_n \in \mathscr{M})$.

(e) $\mathscr{S} \subset \mathfrak{P}(\Omega)$ heißt *Semialgebra* über Ω, wenn gilt:

  (i) $\Omega \in \mathscr{S}$,

  (ii) $A \in \mathscr{S} \ \Rightarrow A^c := \Omega \setminus A$ ist die Vereinigung endlich vieler paarweise disjunkter Mengen aus $\mathscr{S}$,

  (iii) $\mathscr{S}$ ist $\cap$-stabil.

(f) $\mathscr{A} \subset \mathfrak{P}(\Omega)$ heißt *Algebra* über Ω, wenn gilt:

  (i) $\Omega \in \mathscr{A}$,

  (ii) $A \in \mathscr{A} \ \Rightarrow \ A^c \in \mathscr{A}$,

  (iii) $\mathscr{A}$ ist $\cap$-stabil.

(g) Eine Algebra $\mathscr{A} \subset \mathfrak{P}(\Omega)$ heißt σ-*Algebra* (*Sigma-Algebra*) über Ω, wenn sie zusätzlich σ-$\cup$-stabil ist.

Ist $\mathscr{A}$ eine σ-Algebra über Ω, so nennt man das Paar $(\Omega, \mathscr{A})$ einen *messbaren Raum* und die Mengen $A \in \mathscr{A}$ nennt man $\mathscr{A}$-*messbare Mengen* (oder auch nur einfach *messbare Mengen*, wenn klar ist, um welche σ-Algebra es sich handelt).

1.2 Bemerkung

(a) Ist $\mathscr{A}$ eine Algebra und sind $A, B \in \mathscr{A}$ so ist auch $A \setminus B \in \mathscr{A}$, denn $A \setminus B = A \cap B^c$.

(b) Wegen

$$\bigcap_{n \in \mathbb{N}} A_n = \left(\bigcup_{n \in \mathbb{N}} A_n^c \right)^c$$

kann in der Definition einer σ-Algebra statt der σ-$\cup$-Stabilität auch ebensogut die σ-$\cap$-Stabilität gefordert werden.

(c) Ist $\mathscr{S}$ eine Semialgebra, so gilt insbesondere

(i) $\varnothing \in \mathscr{S}$,

(ii) $\mathscr{S}$ ist $\cap$-stabil,

(iii) Sind $A, B \in \mathscr{S}$, so ist $A \setminus B$ die Vereinigung endlich vieler paarweise disjunkter Mengen aus $\mathscr{S}$.

Letzteres gilt, weil $A \setminus B = A \cap (A \cap B)^c$ und weil sich $(A \cap B)^c$ wegen $A \cap B \in \mathscr{S}$ als endliche disjunkte Vereinigung von Teilmengen aus $\mathscr{S}$ darstellen lässt. Man nennt ein Mengensystem $\mathscr{H} \subset \mathfrak{P}(\Omega)$ mit den Eigenschaften (i)-(iii) einen *Mengenhalbring* über Ω. Semialgebren sind also immer Mengenhalbringe. Umgekehrt ist ein Mengenhalbring $\mathscr{H}$ über Ω genau dann eine Semialgebra, wenn $\Omega \in \mathscr{H}$. Das System

$$\mathscr{H} := \{\varnothing, \{1\}, \{2\}, \{3\}, \{1, 2, 3\}\}$$

ist zum Beispiel ein Mengenhalbring aber keine Semialgebra über der Grundmenge $\Omega := \{1, 2, 3, 4\}$.

1.3 Beispiel

Jede σ-Algebra ist Algebra und jede Algebra ist Semialgebra. Die Umkehrung gilt im Allgemeinen nicht. Sind $\mathscr{A}, \mathscr{B}$ Semialgebren, bzw. Algebren bzw. σ-Algebren, so gilt dies jeweils auch für deren Schnittmenge $\mathscr{A} \cap \mathscr{B}$. Wir geben einige Beispiele für Semialgebren, Algebren und σ-Algebren an.

(a) Es bezeichne $\mathscr{I}_n$ die Menge der *Intervalle* des $\mathbb{R}^n$. Dabei verstehen wir unter einem Intervall des $\mathbb{R}^n$ das kartesische Produkt von n Intervallen aus $\mathbb{R}$. Diese können offen, einseitig offen, abgeschlossen, beschränkt, unbeschränkt, zu einem Punkt ausgeartet oder leer sein. Sind sie alle offen bzw. abgeschlossen bzw. beschränkt, so ist ihr Produkt offen bzw. abgeschlossen bzw. beschränkt. $\mathscr{I}_n$ bildet eine Semialgebra über $\mathbb{R}^n$.

(b) Für spätere Zwecke notieren wir: Eine Menge $E \subset \mathbb{R}^n$ heißt *elementar*, wenn sie sich als endliche disjunkte Vereinigung von Intervallen $I \in \mathscr{I}_n$ schreiben lässt. $\mathscr{E}_n$ sei die Menge aller elementaren Teilmengen des $\mathbb{R}^n$. $\mathscr{E}_n$ bildet eine Algebra, aber keine σ-Algebra über $\mathbb{R}^n$, da sie nicht σ-$\cup$-stabil ist.

(c) Ist Ω eine nicht leere Menge, so sind sowohl $\mathscr{A}_{\text{ind}} := \{\varnothing, \Omega\}$ als auch $\mathscr{A}_{\text{dis}} := \mathfrak{P}(\Omega)$ jeweils σ-Algebren über Ω.

1.4 Definition
Für eine beliebige nicht leere Teilmenge $\mathscr{C} \subset \mathfrak{P}(\Omega)$ setzen wir

$$\mathcal{A}(\mathscr{C}) := \{\mathscr{A} : \mathscr{A} \text{ ist Algebra mit } \mathscr{C} \subset \mathscr{A} \subset \mathfrak{P}(\Omega)\},$$

$$\Sigma(\mathscr{C}) := \{\mathscr{A} : \mathscr{A} \text{ ist } \sigma\text{-Algebra mit } \mathscr{C} \subset \mathscr{A} \subset \mathfrak{P}(\Omega)\}.$$

Da $\mathfrak{P}(\Omega)$ eine σ-Algebra und erst recht eine Algebra über Ω ist, sind die Mengen auf der rechten Seite jeweils nicht leer. Wir definieren die Operatoren

$$\alpha(\mathscr{C}) := \bigcap_{\mathscr{A} \in \mathcal{A}(\mathscr{C})} \mathscr{A},$$

$$\sigma(\mathscr{C}) := \bigcap_{\mathscr{A} \in \Sigma(\mathscr{C})} \mathscr{A}.$$

Die Durchschnitte sind jeweils wohldefiniert. Weil der Durchschnitt beliebig vieler Algebren bzw. σ-Algebren wieder eine Algebra bzw. eine σ-Algebra ergibt, ist $\alpha(\mathscr{C})$ bzw. $\sigma(\mathscr{C})$ jeweils die kleinste Algebra bzw. die kleinste σ-Algebra, welche $\mathscr{C}$ enthält. Wir nennen $\alpha(\mathscr{C})$ bzw. $\sigma(\mathscr{C})$ die von $\mathscr{C}$ *erzeugte Algebra* bzw. *σ-Algebra*.

1.5 Satz
Für eine Semialgebra $\mathscr{S}$ über Ω gilt:

$$\alpha(\mathscr{S}) = \{A \subset \Omega : A \textit{ ist Vereinigung endlich vieler paarweise disjunkter Teilmengen aus } \mathscr{S}.\}.$$

***Beweis*:** Weil $\mathscr{S}$ eine Semialgebra ist, ist die Menge

$$\mathscr{A} := \{A \subset \Omega : A \text{ ist Vereinigung endlich vieler paarweise disjunkter Teilmengen aus } \mathscr{S}.\}$$

eine Algebra, welche $\mathscr{S}$ enthält. Daher folgt nach Definition von $\alpha(\mathscr{S})$ zunächst $\alpha(\mathscr{S}) \subset \mathscr{A}$. Wegen der $\cup$-Stabilität muss andererseits jede Algebra über Ω, welche $\mathscr{S}$ enthält (insbesondere also $\alpha(\mathscr{S})$), auch alle endlichen Vereinigungen von paarweise disjunkten Teilmengen aus $\mathscr{S}$ enthalten, sodass ebenfalls $\mathscr{A} \subset \alpha(\mathscr{S})$ erfüllt ist. □

Hieraus und aus Beispiel 1.3 ergibt sich für die Algebra $\mathscr{E}_n$ der elementaren Mengen:

1.6 Korollar

Die von der Semialgebra $\mathscr{I}_n$ der n-dimensionalen Intervalle des $\mathbb{R}^n$ erzeugte Algebra ist $\alpha(\mathscr{I}_n) = \mathscr{E}_n$.

1.7 Definition

Wir setzen

$$\mathscr{B}_n := \sigma(\mathscr{I}_n).$$

$(\mathbb{R}^n, \mathscr{B}_n)$ heißt BORELSCHER *Messraum* und Elemente aus $\mathscr{B}_n$ nennen wir BORELSCHE *Mengen*. $\mathscr{B}_n$ enthält sowohl sämtliche offenen wie sämtliche abgeschlossenen Teilmengen des $\mathbb{R}^n$. Dies ist leicht einzusehen. Ist $U \subset \mathbb{R}^n$ offen, so bildet $U \cap \mathbb{Q}^n$ eine dichte und abzählbare Teilmenge in U. Da U offen ist, existiert insbesondere zu jedem $x \in U \cap \mathbb{Q}^n$ ein offenes Intervall $I_x \subset U$ mit $x \in I_x$. Es folgt, dass sich U als abzählbare Vereinigung offener Intervalle schreiben lässt, nämlich

$$U = \bigcup_{x \in U \cap \mathbb{Q}^n} I_x.$$

Weil $\mathscr{B}_n$ aber jede abzählbare Vereinigung von Intervallen enthält, folgt $U \in \mathscr{B}_n$. Abgeschlossene Mengen sind dann als Komplemente offener Mengen ebenfalls in der σ-Algebra $\mathscr{B}_n$ enthalten.

Die eingangs erwähnten messbaren Mengen des $\mathbb{R}^n$, für die wir später ein n-dimensionales Volumen bestimmen wollen, sind im Wesentlichen gerade diese BORELSCHEN Mengen. Da die Menge der

BORELSCHEN Teilmengen sehr groß ist, werden sie dann die Grundlage für einen wesentlich besseren Integrationsbegriff als den des RIEMANN-Integrals bilden.

Für spätere Zwecke führen wir hier noch einen weiteren Begriff ein.

1.8 Definition
Ω sei eine nicht leere Menge. $\mathcal{D} \subset \mathfrak{P}(\Omega)$ heißt DYNKIN-*System*, falls

(i) $\Omega \in \mathcal{D}$,

(ii) $A \in \mathcal{D} \Rightarrow A^c \in \mathcal{D}$,

(iii) $\mathcal{D}$ ist abgeschlossen bezüglich abzählbarer Vereinigungen paarweise disjunkter Mengen, das heißt

$$(A_k)_{k\in\mathbb{N}} \subset \mathcal{D} \text{ paarweise disjunkt} \Rightarrow \bigcup_{k\in\mathbb{N}} A_k \in \mathcal{D}.$$

1.9 Bemerkung
(a) Für Teilmengen $\mathcal{D} \subset \mathfrak{P}(\Omega)$ gilt:

$$\mathcal{D} \text{ ist } \sigma\text{-Algebra } \Leftrightarrow \mathcal{D} \text{ ist } \cap\text{-stabiles DYNKIN-System.}$$

(b) Es gibt DYNKIN-Systeme, die keine σ-Algebren sind.

In Analogie zu den Operatoren α, σ definieren wir für $\mathscr{C} \subset \mathfrak{P}(\Omega)$

$$\delta(\mathscr{C}) := \bigcap \{\mathcal{D} : \mathcal{D} \subset \mathfrak{P}(\Omega) \text{ ist DYNKIN-System mit } \mathscr{C} \subset \mathcal{D}\}.$$

$\delta(\mathscr{C})$ ist somit das kleinste DYNKIN-System, welches $\mathcal{D}$ enthält.

1.10 Satz (Dynkin)
Ist $\mathscr{C}$ $\cap$-stabil, so folgt $\delta(\mathscr{C}) = \sigma(\mathscr{C})$.

***Beweis*:** Wegen Bemerkung 1.9(a) genügt es die $\cap$-Stabilität von $\delta(\mathscr{C})$ nachzuweisen. Für eine Menge $A \in \delta(\mathscr{C})$ setzen wir

$$\mathcal{D}_A := \{B \in \delta(\mathscr{C}) : A \cap B \in \delta(\mathscr{C})\}.$$

(i) Weil $\mathscr{C}$ $\cap$-stabil ist und $\mathscr{C} \subset \delta(\mathscr{C})$, folgt

$$\mathscr{C} \subset \mathcal{D}_A \subset \delta(\mathscr{C}).$$

(ii) $\mathcal{D}_A$ ist selbst ein DYNKIN-System, denn:

(1) Wegen $A \cap \Omega = A \in \delta(\mathscr{C})$ ist $\Omega \in \mathcal{D}_A$.

(2) Weil $A \in \delta(\mathscr{C})$, folgt $A^c \in \delta(\mathscr{C})$. Sei $B \in \mathcal{D}_A$. Dann ist $A \cap B \in \delta(\mathscr{C})$ und aus

$$A \cap B^c = (A^c \cup B)^c = (A^c \cup (B \cap A))^c \in \delta(\mathscr{C})$$

folgt $B^c \in \mathcal{D}_A$.

(3) Es sei $(B_k)_{k\in\mathbb{N}} \subset \mathcal{D}_A$ eine Folge paarweise disjunkter Mengen. Dann ist

$$A \cap \left(\bigcup_{k\in\mathbb{N}} B_k \right) = \bigcup_{k\in\mathbb{N}} (A \cap B_k) \in \delta(\mathscr{C}),$$

denn $\delta(\mathscr{C})$ ist ein DYNKIN-System. Folglich ist $\mathcal{D}_A$ abgeschlossen bezüglich abzählbarer Vereinigungen paarweise disjunkter Mengen.

(iii) Weil $\mathcal{D}_A$ ein DYNKIN-System ist, folgt aus (i), dass $\mathcal{D}_A = \delta(\mathscr{C})$ für jedes $A \in \delta(\mathscr{C})$, das heißt $\delta(\mathscr{C})$ ist selbst $\cap$-stabil.

Das war zu zeigen. □

1.2 Maßräume

Bevor wir Integrale einführen können, müssen wir festlegen, wie wir das Volumen von messbaren Mengen und speziell von BORELSCHEN Mengen messen wollen. Hierzu benötigen wir einige neue Begriffe.

1.2.1 Inhalte, Prämaße und Maße

1.11 Definition
Es sei $\mathscr{A} \subset \mathfrak{P}(\Omega)$ nicht leer. Eine *Mengenfunktion* μ auf $\mathscr{A}$ ist eine Abbildung

$$\mu : \mathscr{A} \to [0, \infty] := \{x \in \mathbb{R} : x \geq 0\} \cup \{\infty\}.$$

Sei nun eine Mengenfunktion μ auf $\mathscr{A}$ gegeben.

(a) μ heißt genau dann *additiv*, wenn

$$\mu\left(\bigcup_{k=1}^{n} A_k\right) = \sum_{k=1}^{n} \mu(A_k),$$

für jede Auswahl von n paarweise disjunkten Mengen $A_k \in \mathscr{A}$, $k = 1, \ldots, n$ mit $\bigcup_{k=1}^{n} A_k \in \mathscr{A}$.

(b) μ heißt genau dann *σ-additiv*, wenn

$$\mu\left(\bigcup_{k=1}^{\infty} A_k\right) = \sum_{k=1}^{\infty} \mu(A_k),$$

für jede Folge $(A_n)_{n\in\mathbb{N}^*} \subset \mathscr{A}$ von paarweise disjunkten Mengen mit $\bigcup_{k=1}^{\infty} A_k \in \mathscr{A}$.

(c) μ heißt *Inhalt* $:\Leftrightarrow$ μ ist additiv und $\mathscr{A}$ ist eine Algebra.

(d) μ heißt *Prämaß* $:\Leftrightarrow$ μ ist σ-additiv und $\mathscr{A}$ ist eine Algebra.

(e) μ heißt *Maß* $:\Leftrightarrow$ μ ist σ-additiv und $\mathscr{A}$ ist eine σ-Algebra.

Ein Tripel $(\Omega, \mathscr{A}, \mu)$ bestehend aus einem messbaren Raum $(\Omega, \mathscr{A})$ und einem Maß μ auf $\mathscr{A}$ nennt man einen *Maßraum*. Für $A \in \mathscr{A}$ nennt man dann $\mu(A)$ das *Maß* von A bezüglich μ.

Ein Inhalt μ heißt *finit* oder auch *endlich*, wenn $\mu(\Omega) < \infty$. μ heißt *σ-finit* oder auch *σ-endlich*, wenn es eine Zerlegung $\Omega = \bigcup_{n\in\mathbb{N}} \Omega_n$ mit paarweise disjunkten $\Omega_n \in \mathscr{A}$ mit $\mu(\Omega_n) < \infty$ gibt. Ein Maß μ auf einem messbaren Raum $(\Omega, \mathscr{A})$ heißt *Wahrscheinlichkeitsmaß*, wenn $\mu(\Omega) = 1$. In diesem Fall nennt man den Maßraum $(\Omega, \mathscr{A}, \mu)$ einen *Wahrscheinlichkeitsraum*.

1.12 Bemerkung

(a) Jedes Maß ist ein Prämaß, jedes Prämaß ein Inhalt, und jede σ-additive Mengenfunktion ist additiv. Insbesondere folgt aus $\mu(\varnothing) = \mu(\varnothing \cup \varnothing) = 2\mu(\varnothing)$, dass $\mu(\varnothing) = 0$.

(b) Ist μ ein Prämaß auf einer Algebra $\mathscr{A}$ und ist $(A_n)_{n\in\mathbb{N}^*} \subset \mathscr{A}$ eine beliebige Folge paarweise disjunkter Mengen mit $\bigcup_{k=1}^{\infty} A_k \in \mathscr{A}$, so kommt es in der Summe $\sum_{k=1}^{\infty} \mu(A_k)$ nicht auf die Reihenfolge der Summation an. Da sich nämlich die linke Seite in Definition 1.11(b) nicht ändert, wenn man die Reihenfolge vertauscht, gilt dies ebenso für die rechte Seite.

(c) Ist μ ein nicht triviales finites Maß (das heißt $0 < \mu(\Omega) < \infty$) auf dem Maßraum $(\Omega, \mathscr{A})$, so wird $(\Omega, \mathscr{A}, \bar{\mu})$ mit dem normierten Maß $\bar{\mu}(A) := \mu(A)/\mu(\Omega)$ zu einem Wahrscheinlichkeitsraum.

1.13 Beispiel

(a) Wir definieren eine Mengenfunktion $\lambda_n : \mathscr{I}_n \to [0, \infty]$ auf der Semialgebra der Intervalle des $\mathbb{R}^n$. Hierzu setzen wir für ein Intervall $I \in \mathscr{I}_n$ mit $I = I_1 \times \ldots \times I_n$, wobei $I_k \subset \mathbb{R}$, $k = 1, \ldots, n$, Intervalle in $\mathbb{R}$ sind,

$$\lambda_n(I) := \prod_{k=1}^{n} |I_k|.$$

Dabei bezeichnet $|I_k|$ die Länge des Intervalls und $|I_k| = \infty$ bzw. $|I_k| = 0$ sind zulässig. Wir legen fest, dass $\lambda_n(I) = 0 \Leftrightarrow |I_k| = 0$ für wenigstens ein $k \in \{1, \ldots, n\}$. Analog sei $\lambda_n(I) = \infty$, wenn sowohl $|I_k| > 0$ für alle $k \in \{1, \ldots, n\}$ als auch $|I_k| = \infty$ für wenigstens ein $k \in \{1, \ldots, n\}$.

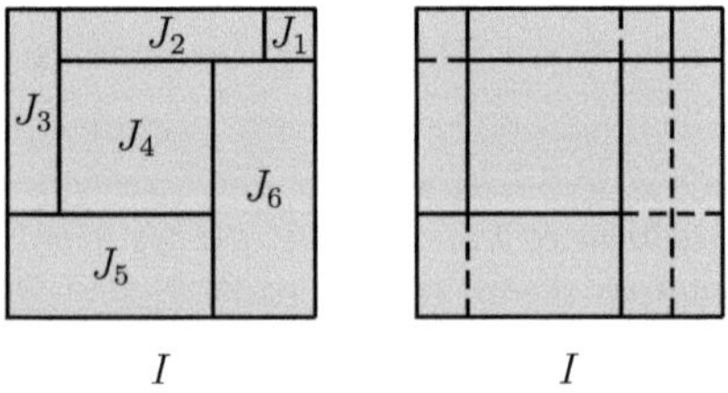

Abbildung 1.2: Disjunkte Unterteilung eines Intervalls $I = \bigcup_{k=1}^{6} J_k$ in Teilintervalle (links) und eine Verfeinerung dieser Unterteilung (rechts).

Ist $I = \bigcup_{k=1}^{m} J_k$ eine disjunkte Zerlegung des Intervalls I in endlich viele Intervalle $J_1, \ldots, J_m$, so gilt

$$\mu(I) = \sum_{k=1}^{m} \mu(J_k). \tag{1.2.1}$$

Dies sieht man mit Hilfe des Distributionsgesetzes, indem man die Intervalle J_k in weitere Intervalle unterteilt (siehe Abbildung 1.2).

(b) Wir wollen nun einen Inhalt λ_n auf der Algebra $\mathscr{E}_n$ der elementaren Mengen des $\mathbb{R}^n$ definieren. Wir behaupten:

Besitzt die elementare Menge $E = \bigcup_{i=1}^k I_i = \bigcup_{j=1}^l J_j$ jeweils zwei disjunkte endliche Zerlegungen in Intervalle, so ist

$$\sum_{i=1}^{k} \lambda_n(I_i) = \sum_{j=1}^{l} \lambda_n(J_j). \tag{1.2.2}$$

Insbesondere wird dann durch die Vorschrift

$$\lambda_n(E) := \sum_{i=1}^{k} \lambda_n(I_i)$$

ein wohldefinierter Inhalt auf $\mathscr{E}_n$ festgelegt.

Beweis: Da $I_i \subset E$, gilt für jedes $i \in \{1, \ldots, k\}$ die Gleichung

$$I_i = I_i \cap E = I_i \cap \bigcup_{j=1}^{l} J_j = \bigcup_{j=1}^{l} I_i \cap J_j$$

und die Vereinigung auf der rechten Seite ist disjunkt. Weil $I_i \cap J_j$ wieder ein Intervall ist, folgt aus (1.2.1)

$$\lambda_n(I_i) = \sum_{j=1}^{l} \lambda_n(I_i \cap J_j),$$

also auch

$$\sum_{i=1}^{k} \lambda_n(I_i) = \sum_{i=1}^{k} \sum_{j=1}^{l} \lambda_n(I_i \cap J_j).$$

Analog zeigt man

$$\sum_{j=1}^{l} \lambda_n(J_j) = \sum_{j=1}^{l} \sum_{i=1}^{k} \lambda_n(J_j \cap I_i).$$

Da die beiden rechten Seiten dieser Gleichungen übereinstimmen, folgt die Behauptung. λ_n ist also ein Inhalt auf der Algebra $\mathscr{E}_n$ der elementaren Mengen des $\mathbb{R}^n$. Man nennt λ_n den *n-dimensionalen Elementarinhalt.* ⊛

(c) Es sei Ω eine nicht leere Menge. Zu $x \in \Omega$ definieren wir das DIRAC-*Maß*

$$\delta_x : \mathfrak{P}(\Omega) \to [0, \infty], \quad \delta_x(A) := \begin{cases} 1 & , x \in A, \\ 0 & , x \notin A. \end{cases}$$

Das DIRAC-Maß ist finit.

(d) Für endliche Mengen A bezeichne $\sharp(A)$ die Anzahl der Elemente in A, für unendliche Mengen A setzen wir $\sharp(A) := \infty$. Die Mengenfunktion

$$\sharp : \mathfrak{P}(\Omega) \to [0, \infty], \quad A \mapsto \sharp(A)$$

ist ein Maß, welches *Zählmaß* genannt wird. $\sharp$ ist genau dann finit, wenn Ω endlich ist und genau dann σ-finit, wenn Ω abzählbar ist.

1.14 Lemma

$\mu : \mathscr{A} \to [0, \infty]$ sei ein Inhalt. Dann gelten die folgenden Aussagen:

(a) *Aus $A \subset B$ folgt $\mu(A) \leq \mu(B)$, das heißt μ ist monoton.*

(b) $\mu(A \cup B) + \mu(A \cap B) = \mu(A) + \mu(B)$.

(c) *$\mu\left(\bigcup_{k=1}^{n} A_k\right) \leq \sum_{k=1}^{n} \mu(A_k)$, für beliebige, nicht notwendiger Weise disjunkte Teilmengen $A_k \in \mathscr{A}$.*

(d) *Für jede Folge $(A_k)_{k \in \mathbb{N}^*}$ paarweise disjunkter Teilmengen $A_k \in \mathscr{A}$ mit $\bigcup_{k=1}^{\infty} A_k \in \mathscr{A}$ gilt die Ungleichung*

$$\mu\left(\bigcup_{k=1}^{\infty} A_k\right) \geq \sum_{k=1}^{\infty} \mu(A_k). \tag{1.2.3}$$

Beweis: Die Aussagen lassen sich leicht verifizieren.

(a) Da $A \subset B$, ist B die disjunkte Vereinigung der Mengen A und $B \backslash A$. Beide Mengen liegen in $\mathscr{A}$. Daher folgt aus der Additivität des Inhalts

$$\mu(B) = \mu(A \cup (B \setminus A)) = \mu(A) + \mu(B \setminus A) \geq \mu(A).$$

(b) $A \cup B$ und B lassen sich auf folgende Weise als disjunkte Vereinigungen darstellen:

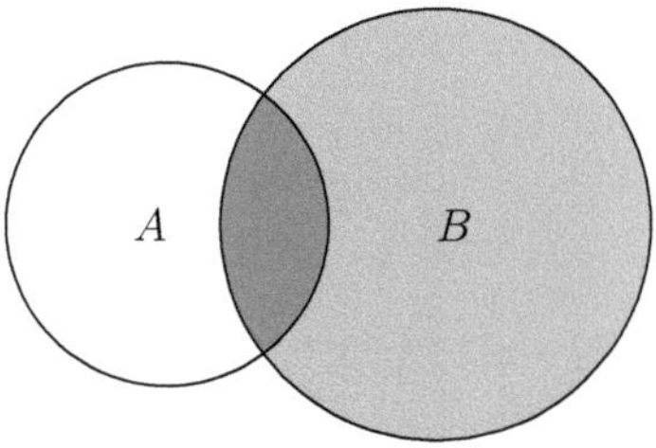

Abbildung 1.3: Für Mengen A, B gilt stets $A \cup B = A \cup (B \cap A^c)$ und $B = (A \cap B) \cup (B \cap A^c)$.

$$A \cup B = A \cup (B \cap A^c)\,, \quad B = (A \cap B) \cup (B \cap A^c).$$

Daraus folgt

$$\mu(A \cup B) = \mu(A) + \mu(B \cap A^c),\ \mu(B) = \mu(A \cap B) + \mu(B \cap A^c)$$

und dann

$$\mu(A \cup B) + \mu(A \cap B) + \mu(B \cap A^c) = \mu(A) + \mu(B) + \mu(B \cap A^c)\,.$$

Falls $\mu(B \cap A^c) < \infty$, ergibt sich die Behauptung durch Subtraktion von $\mu(B \cap A^c)$. Für den Fall $\mu(B \cap A^c) = \infty$ gilt andererseits nach Teil (a) sowohl $\mu(A \cup B) = \infty$ als auch $\mu(B) = \infty$, sodass die behauptete Gleichung ebenfalls gilt.

(c) Die Menge $\bigcup_{k=1}^n A_k$ lässt sich als disjunkte Vereinigung der Mengen A_n und $\bigcup_{k=1}^{n-1} A_k \cap A_n^c$ schreiben. Daher folgt

$$\begin{aligned}\mu\left(\bigcup_{k=1}^{n} A_k\right) &= \mu\left(A_n \cup \left(\bigcup_{k=1}^{n-1} A_k \cap A_n^c\right)\right)\\ &= \mu(A_n) + \mu\left(\bigcup_{k=1}^{n-1} A_k \cap A_n^c\right)\\ &\overset{(a)}{\leq} \mu(A_n) + \mu\left(\bigcup_{k=1}^{n-1} A_k\right).\end{aligned}$$

Die Behauptung ergibt sich jetzt durch Induktion über n.

(d) Für jede Folge $(A_k)_{k\in\mathbb{N}^*} \subset \mathscr{A}$ paarweise disjunkter Teilmengen mit $\bigcup_{k=1}^{\infty} A_k \in \mathscr{A}$ und für alle natürlichen Zahlen $n \geq 1$ folgt

$$\mu\left(\bigcup_{k=1}^{\infty} A_k\right) \overset{\text{(a)}}{\geq} \mu\left(\bigcup_{k=1}^{n} A_k\right) = \sum_{k=1}^{n} \mu(A_k).$$

Die Behauptung ergibt sich aus dieser Ungleichung für $n \to \infty$.

□

1.15 Schreibweise
Es sei $(A_n)_{n\in\mathbb{N}}$ eine Folge von Mengen und A eine weitere Menge. Wir schreiben $A_n \uparrow A$, wenn

$$A = \bigcup_{n\in\mathbb{N}} A_n \text{ und } A_n \subset A_{n+1}, \text{ für alle } n \in \mathbb{N}.$$

1.16 Satz
Für einen Inhalt $\mu : \mathscr{A} \to [0, \infty]$ sind die folgenden Aussagen äquivalent.

(a) *μ ist ein Prämaß.*

(b) *μ ist σ-stetig von unten, das heißt für jede Folge $(A_n)_{n\in\mathbb{N}} \subset \mathscr{A}$ mit $A_n \uparrow A \in \mathscr{A}$ gilt $\lim_{n\to\infty} \mu(A_n) = \mu(A)$.*

(c) *μ ist σ-subadditiv, das heißt*

$$\mu(A) \leq \sum_{k=1}^{\infty} \mu(A_k) \quad \text{für alle } A, A_k \in \mathscr{A} \text{ mit } A \subset \bigcup_{k=1}^{\infty} A_k.$$

Beweis:

(a) ⇒ (b): Wir setzen $B_1 := A_1$ und $B_j := A_j \setminus A_{j-1}$ für $j \geq 2$. Die Mengen B_j sind paarweise disjunkt und $(B_n)_{n\in\mathbb{N}^*} \subset \mathscr{A}$.

Da μ als Prämaß σ-additiv ist, folgt

$$\begin{aligned}\mu(A) &= \mu\left(\bigcup_{n=1}^{\infty} A_n\right) = \mu\left(\bigcup_{j=1}^{\infty} B_j\right)\\ &= \sum_{j=1}^{\infty} \mu(B_j) = \lim_{n\to\infty} \sum_{j=1}^{n} \mu(B_j)\\ &= \lim_{n\to\infty} \mu\left(\bigcup_{j=1}^{n} B_j\right) = \lim_{n\to\infty} \mu(A_n),\end{aligned}$$

denn

$$\bigcup_{j=1}^{n} B_j = A_n.$$

Also ist μ von unten σ-stetig.

(b) $\Rightarrow$ (a): Seien $A_n \in \mathscr{A}$ paarweise disjunkt und es gelte $A := \bigcup_{n\in\mathbb{N}^*} A_n \in \mathscr{A}$. Wir setzen

$$B_n := \bigcup_{k=1}^{n} A_k \in \mathscr{A}.$$

Dann ist $B_n \uparrow A$ und nach Voraussetzung gilt

$$\mu(A) = \lim_{n\to\infty} \mu(B_n) = \lim_{n\to\infty} \sum_{k=1}^{n} \mu(A_k) = \sum_{k=1}^{\infty} \mu(A_k).$$

Daher ist der Inhalt σ-additiv und folglich ein Prämaß.

(a) $\Rightarrow$ (c): Für jedes $n \in \mathbb{N}^*$ setzen wir

$$B_n := A_1^c \cap \cdots \cap A_{n-1}^c \cap A_n \cap A.$$

Dann sind die Mengen B_n paarweise disjunkt und $A = \bigcup_{n\in\mathbb{N}^*} B_n$, $B_n \subset A_n$. Aus der Monotonie und der vorausgesetzten σ-Additivität von μ folgt

$$\mu(A) = \sum_{n=1}^{\infty} \mu(B_n) \leq \sum_{n=1}^{\infty} \mu(A_n).$$

(c) $\Rightarrow$ (a): Dies folgt unmittelbar aus der σ-Subadditivität und Lemma 1.14(d).

Damit ist alles bewiesen. □

1.17 Satz
Ist $\mathscr{S}$ eine Semialgebra über Ω und $\mu_0 : \mathscr{S} \to [0,\infty]$ eine additive Mengenfunktion, so kann μ_0 auf genau eine Weise zu einem Inhalt μ auf der Algebra $\mathscr{A} := \alpha(\mathscr{S})$ fortgesetzt werden. Ist μ_0 σ-additiv, so ist μ ein Prämaß.

***Beweis*:** Die Existenz einer Fortsetzung beweist man ganz ähnlich wie schon die Existenz des Elementarinhalts in Beispiel 1.13. Nach Satz 1.5 ist

$$\begin{aligned}\mathscr{A} = \{A \subset \Omega : A &\text{ ist Vereinigung endlich vieler}\\ &\text{paarweise disjunkter Teilmengen aus } \mathscr{S}.\}.\end{aligned}$$

Ist $A \in \mathscr{A}$ und sind durch

$$A = \bigcup_{i=1}^{k} S_i = \bigcup_{j=1}^{l} \tilde{S}_j$$

zwei Vereinigungen endlich vieler paarweise disjunkter Teilmengen aus $\mathscr{S}$ gegeben, so ist die Mengenfunktion

$$\mu : \mathscr{A} \to [0,\infty], \quad \mu(A) := \sum_{i=1}^{k} \mu_0(S_i)$$

wohldefiniert. Das sieht man völlig analog zur Wohldefiniertheit des Elementarinhalts in Beispiel 1.13(b). Da jede solche Erweiterung auf $\mathscr{A}$ wegen der zu erfüllenden Additivität dieselbe Gleichung erfüllen muss, ist die Erweiterung eindeutig. Ist μ_0 bereits σ-additiv, so wird es auch μ, denn ist $(A_i)_{i\in\mathbb{N}^*} \subset \mathscr{A}$ eine Folge paarweise disjunkter Teilmengen, so ist jedes A_i selbst wieder endliche Vereinigung paarweise disjunkter Mengen aus $\mathscr{S}$, sodass sich $\bigcup_{i\in\mathbb{N}^*} A_i$ auch als abzählbare Vereinigung paarweise disjunkter Mengen aus $\mathscr{S}$ schreiben lässt. □

1.18 Satz
Sei $(\Omega, \mathscr{A})$ ein messbarer Raum. Gegeben sei eine Folge $(\Omega_j)_{j\in\mathbb{N}} \subset \Omega$ paarweise disjunkter Mengen mit $\Omega = \bigcup_{j\in\mathbb{N}} \Omega_j$. Sind dann auf den messbaren Räumen $(\Omega_j, \mathscr{A}_j)$ mit

$$\mathscr{A}_j := \{A \cap \Omega_j : A \in \mathscr{A}\}$$

jeweils finite Maße μ_j gegeben, so wird durch

$$\mu(A) := \sum_{j\in\mathbb{N}} \mu_j(A \cap \Omega_j)$$

ein σ-finites Maß auf $\mathscr{A}$ erklärt.

Beweis: Man sieht zunächst leicht, dass μ monoton ist, das heißt aus $A \subset B$ folgt immer $\mu(A) \leq \mu(B)$. Es sei $(A_k)_{k\in\mathbb{N}} \subset \mathscr{A}$ eine Folge paarweise disjunkter Mengen. Wir setzen $A_{jk} := A_k \cap \Omega_j$ und $a_{jk} := \mu_j(A_{kj})$. Nach Definition von μ ist

$$\begin{aligned}\mu\left(\bigcup_{k\in\mathbb{N}} A_k\right) &= \sum_{j\in\mathbb{N}} \mu_j\left(\Omega_j \cap \bigcup_{k\in\mathbb{N}} A_k\right)\\ &= \sum_{j\in\mathbb{N}} \mu_j\left(\bigcup_{k\in\mathbb{N}} A_{jk}\right)\\ &= \sum_{j\in\mathbb{N}}\sum_{k\in\mathbb{N}} a_{jk},\end{aligned}$$

denn jedes μ_j ist σ-additiv. Wir unterscheiden zwei Fälle:

1. Fall: Es gelte $\mu\left(\bigcup_{k\in\mathbb{N}} A_k\right) < \infty$. Weil nach Voraussetzung μ_j finit ist, folgt daraus die Konvergenz $\sum_{k\in\mathbb{N}} a_{jk}$ für jedes $j \in \mathbb{N}$. Der Doppelreihensatz von CAUCHY impliziert daher

$$\begin{aligned}\mu\left(\bigcup_{k\in\mathbb{N}} A_k\right) &= \sum_{j\in\mathbb{N}}\sum_{k\in\mathbb{N}} a_{jk} = \sum_{k\in\mathbb{N}}\sum_{j\in\mathbb{N}} a_{jk}\\ &= \sum_{k\in\mathbb{N}} \mu(A_k).\end{aligned}$$

2. Fall: Sei jetzt $\mu\left(\bigcup_{k\in\mathbb{N}} A_k\right) = \infty$. Wir müssen nachweisen, dass ebenfalls $\sum_{k\in\mathbb{N}} \mu(A_k) = \infty$. Wäre jedoch $\sum_{k\in\mathbb{N}} \mu(A_k) < \infty$, so wären insbesondere $\mu(A_k) < \infty$ und weil

$$\sum_{k\in\mathbb{N}} \mu(A_k) = \sum_{k\in\mathbb{N}}\sum_{j\in\mathbb{N}} a_{jk},$$

würde mit dem Doppelreihensatz von CAUCHY erneut

$$\infty > \sum_{k\in\mathbb{N}}\sum_{j\in\mathbb{N}} a_{jk} = \sum_{j\in\mathbb{N}}\sum_{k\in\mathbb{N}} a_{jk} = \mu\left(\bigcup_{k\in\mathbb{N}} A_k\right)$$

folgen, also ein Widerspruch. Daher ist $\sum_{k\in\mathbb{N}} \mu(A_k) = \infty$. Somit ist μ σ-additiv. Aus $\mu(\Omega_j) = \mu_j(\Omega_j) < \infty$ folgt noch die σ-Finitheit. □

1.2.2 Äußere Maße

1.19 Definition
Ω sei eine nicht leere Menge. Eine Mengenfunktion $\nu : \mathfrak{P}(\Omega) \to [0,\infty]$ heißt *äußeres Maß*, wenn gilt

(i) $\nu(\varnothing) = 0$,

(ii) ν ist monoton, das heißt für $A \subset B \subset \Omega$ gilt stets $\nu(A) \leq \nu(B)$,

(iii) ν ist σ-subadditiv, also

$$\nu\left(\bigcup_{n=1}^{\infty} A_n\right) \leq \sum_{n=1}^{\infty} \nu(A_n),$$

für alle Folgen $(A_n)_{n\in\mathbb{N}^*} \subset \mathfrak{P}(\Omega)$.

Ein äußeres Maß muss noch kein Maß sein. Ausgehend von einem äußeren Maß lässt sich zunächst die auf CARATHÉODORY zurückgehende Definition von ν-messbaren Mengen geben.

1.20 Definition
$\nu : \mathfrak{P}(\Omega) \to [0,\infty]$ sein ein äußeres Maß. Eine Menge $A \subset \Omega$ heißt *messbar* bezüglich ν oder nur kurz *ν-messbar*, falls

$$\nu(E) = \nu(E \cap A) + \nu(E \cap A^c), \text{ für alle } E \subset \Omega. \tag{1.2.4}$$

Es bezeichne

$$\mathscr{A}_\nu := \{A \subset \Omega : A \text{ ist } \nu\text{-messbar.}\}$$

die Menge der ν-messbaren Teilmengen von Ω. Offensichtlich gilt

(i) $\varnothing$, $\Omega \in \mathscr{A}_\nu$ (für den Nachweis benötigt man hierbei die Voraussetzung $\nu(\varnothing) = 0$),

(ii) $A \in \mathscr{A}_\nu \Leftrightarrow A^c \in \mathscr{A}_\nu$.

Ferner ist $\mathscr{A}_\nu$ $\cup$-stabil, also

(iii) $A, B \in \mathscr{A}_\nu \Rightarrow A \cup B \in \mathscr{A}_\nu$.

Beweis: Sei $E \subset \Omega$ beliebig. Weil $A \in \mathscr{A}_\nu$, ist

$$\nu(E) = \nu(E \cap A) + \nu(E \cap A^c).$$

Weil nun aber ebenfalls $B \in \mathscr{A}_\nu$, folgt mit $E' := E \cap A^c$ auch

$$\begin{aligned} \nu(E \cap A^c) &= \nu(E \cap A^c \cap B) + \nu(E \cap A^c \cap B^c) \\ &= \nu(E \cap A^c \cap B) + \nu(E \cap (A \cup B)^c), \end{aligned}$$

also zusammen

$$\nu(E) = \nu(E \cap A) + \nu(E \cap A^c \cap B) + \nu(E \cap (A \cup B)^c). \quad (1.2.5)$$

Nutzen wir noch einmal $A \in \mathscr{A}_\nu$ aus und wenden (1.2.4) auf $E'' := E \cap (A \cup B)$ an, so ergibt sich

$$\begin{aligned} & \nu(E \cap (A \cup B)) \\ = \; & \nu(E \cap (A \cup B) \cap A) + \nu(E \cap (A \cup B) \cap A^c) \\ = \; & \nu(E \cap A) + \nu(E \cap B \cap A^c). \end{aligned} \quad (1.2.6)$$

Setzen wir dies in (1.2.5) ein, so folgt

$$\nu(E) = \nu(E \cap (A \cup B)) + \nu(E \cap (A \cup B)^c).$$

Da dies für beliebiges E erfüllt ist, folgt $A \cup B \in \mathscr{A}_\nu$. ⊛

Aus (i)-(iii) ergibt sich zunächst, dass $\mathscr{A}_\nu$ eine Algebra ist. Es gilt jedoch noch mehr. Wir behaupten:

(iv) Für disjunkte Mengen $E \in \mathfrak{P}(\Omega)$ und $A \in \mathscr{A}_\nu$ gilt

$$\nu(E \cup A) = \nu(E) + \nu(A). \quad (1.2.7)$$

Beweis: Da E, A disjunkt sind, gilt insbesondere $E \subset A^c$. Weil $A \in \mathscr{A}_\nu$, folgt für die Menge $E' := E \cup A$ die Gleichung

$$\begin{aligned} \nu(E \cup A) &= \nu((E \cup A) \cap A) + \nu((E \cup A) \cap A^c) \\ &= \nu(A) + \nu(E \setminus A) = \nu(A) + \nu(E). \end{aligned}$$

Damit ist (1.2.7) bewiesen. ⊛

Fassen wir (i)-(iv) zusammen, so haben wir gezeigt, dass ν ein Inhalt auf der Algebra $\mathscr{A}_\nu$ ist. Weil ein äußeres Maß nach Definition σ-subadditiv ist, ergibt sich jetzt aber aus Satz 1.16, dass ν ein Prämaß auf $\mathscr{A}_\nu$ ist, also

(v) ν ist σ-additiv auf $\mathscr{A}_\nu$.

Wir behaupten:

(vi) $\mathscr{A}_\nu$ ist eine σ-Algebra.

Beweis: Aus (1.2.6) erhält man insbesondere, dass für alle $E \subset \Omega$ und je zwei disjunkte Mengen $B_1, B_2 \in \mathscr{A}_\nu$ die Gleichung

$$\nu(E \cap (B_1 \cup B_2)) = \nu(E \cap B_1) + \nu(E \cap B_2)$$

erfüllt ist. Durch Induktion ergibt sich daraus für k paarweise disjunkte Mengen $B_1, \ldots, B_k \in \mathscr{A}_\nu$ und für jede Teilmenge $E \subset \Omega$ die Gleichung

$$\nu\left(E \cap \bigcup_{i=1}^{k} B_i\right) = \sum_{i=1}^{k} \nu(E \cap B_i). \tag{1.2.8}$$

Sei nun $(A_i)_{i\in\mathbb{N}^*} \subset \mathscr{A}_\nu$ eine beliebige Folge. Wir müssen nachweisen, dass $\bigcup_{i=1}^\infty A_i \in \mathscr{A}_\nu$. Hierzu betrachten wir die Folge $(B_i)_{i\in\mathbb{N}^*} \subset \mathscr{A}_\nu$ paarweise disjunkter Mengen, gegeben durch

$$B_1 := A_1, \quad B_i := A_i \setminus (A_1 \cup \cdots \cup A_{i-1}),\ i > 1.$$

Nach Konstruktion gilt für jedes $k \in \mathbb{N}^*$

$$\bigcup_{i=1}^{k} B_i = \bigcup_{i=1}^{k} A_i.$$

Da jedes A_i ν-messbar ist und weil wir bereits wissen, dass $\mathscr{A}_\nu$ eine Algebra ist, folgt die ν-Messbarkeit der Mengen $\bigcup_{i=1}^k A_i$, also für beliebige Mengen $E \subset \Omega$

$$\begin{aligned}
\nu(E) &= \nu\left(E \cap \bigcup_{i=1}^{k} A_i\right) + \nu\left(E \cap \left(\bigcup_{i=1}^{k} A_i\right)^c\right) \\
&= \nu\left(E \cap \bigcup_{i=1}^{k} B_i\right) + \nu\left(E \cap \left(\bigcup_{i=1}^{k} A_i\right)^c\right) \\
&\overset{(1.2.8)}{=} \sum_{i=1}^{k} \nu(E \cap B_i) + \nu\left(E \cap \left(\bigcup_{i=1}^{k} A_i\right)^c\right) \\
&\geq \sum_{i=1}^{k} \nu(E \cap B_i) + \nu\left(E \cap \left(\bigcup_{i=1}^{\infty} A_i\right)^c\right)
\end{aligned}$$

Bilden wir in dieser Ungleichung den Grenzwert $k \to \infty$, so ergibt sich

$$\nu(E) \geq \sum_{i=1}^{\infty} \nu(E \cap B_i) + \nu\left(E \cap \left(\bigcup_{i=1}^{\infty} A_i\right)^c\right)$$

und dann wegen der σ-Subadditivität des äußeren Maßes noch

$$\nu(E) \geq \nu\left(\bigcup_{i=1}^{\infty} E \cap B_i\right) + \nu\left(E \cap \left(\bigcup_{i=1}^{\infty} A_i\right)^c\right).$$

Da aber

$$\bigcup_{i=1}^{\infty} E \cap B_i = E \cap \bigcup_{i=1}^{\infty} B_i = E \cap \bigcup_{i=1}^{\infty} A_i,$$

erhalten wir

$$\nu(E) \geq \nu\left(E \cap \bigcup_{i=1}^{\infty} A_i\right) + \nu\left(E \cap \left(\bigcup_{i=1}^{\infty} A_i\right)^c\right).$$

Da wegen der Subadditivität von ν ebenfalls die Ungleichung

$$\nu(E) \leq \nu\left(E \cap \bigcup_{i=1}^{\infty} A_i\right) + \nu\left(E \cap \left(\bigcup_{i=1}^{\infty} A_i\right)^c\right)$$

erfüllt ist, gilt sogar Gleichheit. Weil E beliebig war, folgt hieraus die ν-Messbarkeit von $\bigcup_{i=1}^{\infty} A_i$. ⊛

1.21 Definition (Nullmengen, vollständige Maße)

(a) Gegeben sei eine Mengenfunktion $\mu : \mathscr{A} \to [0,\infty]$ auf einer Menge $\mathscr{A} \subset \mathfrak{P}(\Omega)$. Eine Menge $A \in \mathscr{A}$ heißt *μ-Nullmenge*, falls $\mu(A) = 0$.

(b) Ein Maßraum $(\Omega, \mathscr{A}, \mu)$ heißt *vollständig*, wenn jede Teilmenge einer μ-Nullmenge wieder zu $\mathscr{A}$ gehört und damit wegen der Monotonie des Maßes ebenfalls eine μ-Nullmenge ist.

(c) Es sei $(\Omega, \mathscr{A}, \mu)$ ein vollständiger Maßraum. Zu jedem $x \in \Omega$ gehöre eine Aussage $\mathcal{A}(x)$. Wir sagen $\mathcal{A}$ ist *μ-fast überall* auf Ω erfüllt, wenn die Menge

$$N := \{x \in \Omega : \mathcal{A}(x) \text{ gilt nicht.}\}$$

eine μ-Nullmenge ist. Wir kennzeichnen dies in der Aussage durch den Zusatz *μ-f.ü.* oder auch einfach nur durch *f.ü.*, wenn klar ist, um welches Maß es sich handelt. Zum Beispiel bedeutet die Aussage

$$g \underset{\text{f.ü.}}{=} h$$

für zwei Funktionen $g, h : \Omega \to \mathbb{R}$, dass die Menge

$$N = \{x \in \Omega : g(x) \neq h(x)\}$$

eine Nullmenge ist.

Jedes Maß auf der σ-Algebra $\mathfrak{P}(\Omega)$ ist vollständig, da jede Teilmenge von Ω messbar ist. Insbesondere folgt, dass das Dirac-Maß und das Zählmaß vollständige Maße sind.

Ist $\mu : \mathscr{A} \to [0,\infty]$ kein vollständiges Maß, so lässt sich dieses zu einem vollständigen Maß erweitern. Dazu definiert man erst

$$\overline{\mathscr{A}} := \{B \subset \Omega : B = A \cup T \text{ mit } A \in \mathscr{A} \text{ und } T \subset N \in \mathscr{A}, \mu(N) = 0\}$$

und anschließend

$$\overline{\mu} : \overline{\mathscr{A}} \to [0,\infty], \quad \overline{\mu}(B) := \mu(A), \text{ wenn } B = A \cup T \text{ wie oben.}$$

Man kann sich leicht davon überzeugen, dass $\overline{\mathscr{A}}$ eine σ-Algebra ist, die sämtliche Teilmengen von μ-Nullmengen enthält (und damit auch von $\overline{\mu}$-Nullmengen) und dass $\overline{\mu}$ ein vollständiges Maß ist. Man nennt $(\Omega, \overline{\mathscr{A}}, \overline{\mu})$ die *Vervollständigung* des Maßraums $(\Omega, \mathscr{A}, \mu)$.

1.22 Satz
$\nu : \mathfrak{P}(\Omega) \to [0, \infty]$ sei ein äußeres Maß und $\mathscr{A}_\nu$ bezeichne die Menge der ν-messbaren Teilmengen von Ω. Dann ist $(\Omega, \mathscr{A}_\nu, \nu|_{\mathscr{A}_\nu})$ ein vollständiger Maßraum.

Beweis: Die Aussagen (i)-(vi) direkt vor Definition 1.21 zeigen bereits, dass $(\Omega, \mathscr{A}_\nu, \nu|_{\mathscr{A}_\nu})$ ein Maßraum ist. Es fehlt nur noch der Nachweis der Vollständigkeit. Sei hierzu $A \in \mathscr{A}_\nu$ eine beliebige ν-Nullmenge und $B \subset A$ eine Teilmenge. Wir müssen zeigen, dass B ebenfalls ν-messbar ist. Aus der Monotonie des äußeren Maßes folgt, dass jede Teilmenge von A wieder eine ν-Nullmenge ist, insbesondere gilt für beliebige Mengen $E \subset \Omega$

$$\nu(E \cap A) = 0, \quad \nu(E \cap B) = 0, \quad \nu(E \cap (A \setminus B)) = 0.$$

Aus $B^c = A^c \cup (A \setminus B)$ und aus der Subadditivität von ν folgt

$$\begin{aligned} \nu(E \cap B^c) &= \nu\big((E \cap A^c) \cup (E \cap (A \setminus B))\big) \\ &\leq \nu(E \cap A^c) + \nu(E \cap (A \setminus B)) \\ &= \nu(E \cap A^c). \end{aligned}$$

Andererseits implizieren die Monotonie von ν und $E \cap A^c \subset E \cap B^c$ auch

$$\nu(E \cap A^c) \leq \nu(E \cap B^c),$$

sodass also

$$\nu(E \cap A^c) = \nu(E \cap B^c).$$

Nutzen wir die Messbarkeit von A aus, so ergibt sich jetzt

$$\begin{aligned} \nu(E) &= \nu(E \cap A) + \nu(E \cap A^c) \\ &= \nu(E \cap A^c) = \nu(E \cap B^c) \\ &= \nu(E \cap B) + \nu(E \cap B^c). \end{aligned}$$

Folglich ist B ebenfalls ν-messbar. □

1.23 Satz (Maßerweiterungssatz von Carathéodory)
$\mu : \mathscr{A} \to [0, \infty]$ sei ein Prämaß auf der Algebra $\mathscr{A}$ über der Menge Ω. Dann ist die Mengenfunktion $\mu^* : \mathfrak{P}(\Omega) \to [0, \infty]$ mit

$$\mu^*(A) := \inf \left\{ \sum_{k=1}^{\infty} \mu(A_k) : A_k \in \mathscr{A} \text{ und } A \subset \bigcup_{k=1}^{\infty} A_k \right\}$$

ein äußeres Maß. Für den vollständigen Maßraum $(\Omega, \mathscr{A}_{\mu^*}, \mu^*)$ *gilt* $\mathscr{A} \subset \mathscr{A}_{\mu^*}$ *und* $\mu^*|_{\mathscr{A}} = \mu$.

Beweis:

(i) Wir zeigen zunächst $\mu^*|_{\mathscr{A}} = \mu$. Sei hierzu $A \in \mathscr{A}$. Da insbesondere $A \subset A$, folgt aus der Definition von μ^* sofort $\mu^*(A) \leq \mu(A)$. Da μ nach Satz 1.16 subadditiv ist, folgt aus der Monotonie von μ für jede Auswahl von Mengen $A_k \in \mathscr{A}$ mit $A \subset \bigcup_{k=1}^{\infty} A_k$ auch

$$\mu(A) \leq \mu\left(\bigcup_{k=1}^{\infty} A_k\right) \leq \sum_{k=1}^{\infty} \mu(A_k)$$

und somit nach Definition von $\mu^*(A)$ ebenfalls $\mu(A) \leq \mu^*(A)$. Insgesamt ist $\mu^*(A) = \mu(A)$. Insbesondere ergibt sich noch $\mu^*(\varnothing) = 0$.

(ii) Direkt aus der Definition von μ^* folgt, dass μ^* monoton ist, das heißt $\mu^*(A) \leq \mu^*(B)$ für jede Auswahl von Teilmengen $A \subset B \subset \Omega$.

(iii) μ^* ist σ-subadditiv auf $\mathfrak{P}(\Omega)$.

Beweis: Es sei $(A_k)_{k\in\mathbb{N}^*} \subset \mathfrak{P}(\Omega)$ eine Folge. Zu jedem $\epsilon > 0$ und jedem $k \in \mathbb{N}^*$ finden wir eine Folge $(A_{k,l})_{l\in\mathbb{N}^*} \subset \mathscr{A}$ mit $A_k \subset \bigcup_{l=1}^{\infty} A_{k,l}$ und

$$\sum_{l=1}^{\infty} \mu(A_{k,l}) \leq \mu^*(A_k) + \epsilon 2^{-k}.$$

Es folgt

$$\sum_{k,l=1}^{\infty} \mu(A_{k,l}) \leq \sum_{k=1}^{\infty} \mu^*(A_k) + \epsilon,$$

also wegen $\bigcup_{k\in\mathbb{N}^*} A_k \subset \bigcup_{k,l\in\mathbb{N}^*} A_{k,l}$ nach Definition von μ^* ebenfalls

$$\mu^*\left(\bigcup_{k=1}^{\infty} A_k\right) \leq \sum_{k=1}^{\infty} \mu^*(A_k) + \epsilon.$$

Die σ-Subadditivität ergibt sich nun für $\epsilon \to 0$. ⊛

(iv) Aus (i)-(iii) folgt, dass μ^* ein äußeres Maß ist. Es bleibt zu zeigen, dass $\mathscr{A} \subset \mathscr{A}_{\mu^*}$. Sei dazu $B \in \mathscr{A}$ beliebig. Wir müssen nachweisen, dass

$$\mu^*(E) = \mu^*(E \cap B) + \mu^*(E \cap B^c)$$

für alle Teilmengen $E \subset \Omega$ erfüllt ist. Nach Definition von $\mu^*(E)$ existiert zu $\epsilon > 0$ eine Folge $(A_k)_{k \in \mathbb{N}^*} \subset \mathscr{A}$ mit

$$\sum_{k=1}^{\infty} \mu(A_k) \leq \mu^*(E) + \epsilon \text{ und } E \subset \bigcup_{k=1}^{\infty} A_k. \qquad (*)$$

Dann liegen die Mengen $B \cap A_k$ und $B^c \cap A_k$ aber ebenfalls in $\mathscr{A}$, denn $\mathscr{A}$ ist eine Algebra. Außerdem folgt

$$E \cap B \subset \bigcup_{k=1}^{\infty} A_k \cap B, \quad E \cap B^c \subset \bigcup_{k=1}^{\infty} A_k \cap B^c$$

und damit nach Definition von μ^* jetzt auch

$$\mu^*(E \cap B) \leq \sum_{k=1}^{\infty} \mu(A_k \cap B), \quad \mu^*(E \cap B^c) \leq \sum_{k=1}^{\infty} \mu(A_k \cap B^c).$$

Addieren der letzten beiden Ungleichungen führt wegen der Disjunktheit der Mengen $A_k \cap B$, $A_k \cap B^c$ zu

$$\mu^*(E \cap B) + \mu^*(E \cap B^c) \leq \sum_{k=1}^{\infty} \mu(A_k).$$

Mit $(*)$ folgt dann noch

$$\mu^*(E \cap B) + \mu^*(E \cap B^c) \leq \mu^*(E) + \epsilon.$$

Da dies für alle $\epsilon > 0$ gilt, haben wir gezeigt:

$$\mu^*(E \cap B) + \mu^*(E \cap B^c) \leq \mu^*(E).$$

Mit der Subadditivität von μ^* leiten wir ebenfalls her

$$\mu^*(E) \leq \mu^*(E \cap B) + \mu^*(E \cap B^c),$$

sodass insgesamt Gleichheit folgt.

Das war zu zeigen. □

1.24 Bemerkung
Weil $\mathscr{A}_{\mu^*}$ eine σ-Algebra ist, die $\mathscr{A}$ enthält, gilt sogar $\sigma(\mathscr{A}) \subset \mathscr{A}_{\mu^*}$.

1.25 Definition (Äußeres Maß zu einem Prämaß)
Das in Satz 1.23 zu einem Prämaß $\mu : \mathscr{A} \to [0, \infty]$ definierte äußere Maß $\mu^* : \mathfrak{P}(\Omega) \to [0, \infty]$ heißt das zu μ gehörende *äußere Maß*.

Fassen wir die letzten Ergebnisse zusammen, so haben wir gezeigt:

Ist $\mu : \mathscr{A} \to [0, \infty]$ ein Prämaß auf einer Algebra $\mathscr{A}$ über Ω, so ist das zugehörige äußere Maß $\mu^* : \mathfrak{P}(\Omega) \to [0, \infty]$ auf der σ-Algebra $\mathscr{A}_{\mu^*}$ der μ^*-messbaren Mengen ein vollständiges Maß, welches auf $\mathscr{A}$ mit μ übereinstimmt. Zudem gilt $\sigma(\mathscr{A}) \subset \mathscr{A}_{\mu^*}$.

Ist $\mu : \mathscr{A} \to [0, \infty]$ ein Prämaß, so ist es eine berechtigte Frage, ob die durch $\mathscr{A}$ erzeugte σ-Algebra $\sigma(\mathscr{A})$ mit der σ-Algebra $\mathscr{A}_{\mu^*}$ der μ^*-messbaren Mengen übereinstimmt, wobei μ^* das zu μ gehörende äußere Maß sei. Das braucht im Allgemeinen nicht der Fall zu sein, da zum Beispiel der Maßraum $(\Omega, \sigma(\mathscr{A}), \mu^*|_{\sigma(\mathscr{A})})$ nicht vollständig sein muss, der Maßraum $(\Omega, \mathscr{A}_{\mu^*}, \mu^*)$ es aber immer ist. Dann kann man aber fragen, ob denn die Vervollständigung des Maßraums $(\Omega, \sigma(\mathscr{A}), \mu^*|_{\sigma(\mathscr{A})})$ mit $(\Omega, \mathscr{A}_{\mu^*}, \mu^*)$ übereinstimmt. Wir werden etwas weiter unten sehen, dass dies tatsächlich der Fall ist, falls μ ein σ-finites Maß ist.

Zunächst benötigen wir eine neue Definition.

1.26 Definition
Ein äußeres Maß $\nu : \mathfrak{P}(\Omega) \to [0, \infty]$ heißt *regulär*, wenn es zu jedem $E \subset \Omega$ eine ν-messbare Menge $A \in \mathscr{A}_\nu$ mit $\nu(E) = \nu(A)$ gibt.

1.27 Satz
Das äußere Maß μ^* zu einem Prämaß $\mu : \mathscr{A} \to [0, \infty]$ ist regulär.

***Beweis*:** Es sei $E \subset \Omega$ beliebig. Nach Definition von $\mu^*(E)$ existiert zu jedem $n \in \mathbb{N}^*$ eine Folge $(A_k)_{k \in \mathbb{N}^*} \subset \mathscr{A}$ mit $E \subset \bigcup_{k=1}^{\infty} A_k$ und

$$\mu^*(E) \leq \sum_{k=1}^{\infty} \mu(A_k) \leq \mu^*(E) + \frac{1}{n}.$$

Da man dann die Mengen A_k auch paarweise disjunkt wählen kann, weil $\mathscr{A} \subset \sigma(\mathscr{A})$ und weil μ^* auf $\sigma(\mathscr{A})$ σ-additiv ist, folgt daraus, dass es zu jedem $n \in \mathbb{N}^*$ eine Menge $B_n \subset \sigma(\mathscr{A})$ mit $E \subset B_n$ und

$$\mu^*(E) \leq \mu(B_n) \leq \mu^*(E) + \frac{1}{n}$$

gibt. Es sei

$$A := \bigcap_{n \in \mathbb{N}^*} B_n.$$

Weil $\sigma(\mathscr{A})$ als σ-Algebra auch σ-$\cap$-stabil ist, folgt $E \subset A \in \sigma(\mathscr{A})$. Außerdem ist $A \subset B_n$, für alle $n \in \mathbb{N}^*$. Damit schließen wir

$$\mu^*(E) \leq \mu^*(A) \leq \mu^*(B_n) \leq \mu^*(E) + \frac{1}{n}, \text{ für alle } n \in \mathbb{N}^*.$$

Durch Grenzübergang $n \to \infty$ ergibt sich offenbar $\mu^*(E) = \mu^*(A)$ und weil nach Bemerkung 1.24 sogar $\sigma(\mathscr{A}) \subset \mathscr{A}_{\mu^*}$, ist insbesondere $A \in \mathscr{A}_{\mu^*}$. Damit ist alles bewiesen. □

1.28 Satz
$\mu : \mathscr{A} \to [0, \infty]$ sei ein σ-finites Prämaß. Dann stimmt die Vervollständigung des Maßraums $(\Omega, \sigma(\mathscr{A}), \mu^*|_{\sigma(\mathscr{A})})$ mit $(\Omega, \mathscr{A}_{\mu^*}, \mu^*)$ überein.

Beweis: Es sei $\overline{\sigma(\mathscr{A})}$ die Vervollständigung der σ-Algebra $\sigma(\mathscr{A})$ bezüglich $\mu^*|_{\sigma(\mathscr{A})}$, das heißt

$$\overline{\sigma(\mathscr{A})} = \{A \cup N : A \in \sigma(\mathscr{A}), N \subset N_0 \in \sigma(\mathscr{A}), \mu^*(N_0) = 0\}.$$

Wir müssen $\overline{\sigma(\mathscr{A})} = \mathscr{A}_{\mu^*}$ nachweisen.

(i) Sei $B \in \overline{\sigma(\mathscr{A})}$, also

$$B = A \cup N \text{ mit } A \in \sigma(\mathscr{A}), N \subset N_0 \in \sigma(\mathscr{A}), \mu^*(N_0) = 0.$$

Wegen $\sigma(\mathscr{A}) \subset \mathscr{A}_{\mu^*}$ ist $A \in \mathscr{A}_{\mu^*}$. Weil $\mu^*(N_0) = 0$ und μ^* auf $\mathscr{A}_{\mu^*}$ vollständig ist, folgt aus $N \subset N_0$ auch $N \in \mathscr{A}_{\mu^*}$ und $\mu^*(N) = 0$. Also ist $B = A \cup N \in \mathscr{A}_{\mu^*}$ und wir haben $\overline{\sigma(\mathscr{A})} \subset \mathscr{A}_{\mu^*}$ nachgewiesen.

(ii) Es sei nun $A \in \mathscr{A}_{\mu^*}$. Wie im Beweis von Satz 1.27 gezeigt wurde, existiert eine Menge $B \in \sigma(\mathscr{A})$ mit $A \subset B$ und $\mu^*(A) = \mu^*(B)$. Da $B \in \sigma(\mathscr{A}) \subset \mathscr{A}_{\mu^*}$, folgt $B \setminus A \in \mathscr{A}_{\mu^*}$ und daher existiert analog eine Menge $C \in \sigma(\mathscr{A})$ mit $B \setminus A \subset C$ und $\mu^*(B \setminus A) = \mu^*(C)$.

(a) Es sei $\mu^*(A) < \infty$. Weil sich B als disjunkte Vereinigung der Mengen A und $B \setminus A$ schreiben lässt, folgt

$$\mu^*(A) = \mu^*(B) = \mu^*(B \setminus A) + \mu^*(A) = \mu^*(C) + \mu^*(A)$$

und damit auch $\mu^*(C) = 0$. Weiterhin gilt

$$B \setminus C = (A \cup (B \setminus A)) \setminus C = (A \setminus C) \cup \big((B \setminus A) \setminus C\big) = A \setminus C,$$

denn wegen $B \setminus A \subset C$ ist $(B \setminus A) \setminus C = \varnothing$. Da $B, C \in \sigma(\mathscr{A})$, folgt daher auch $A \setminus C \in \sigma(\mathscr{A})$. Damit wird die Zerlegung

$$A = (A \setminus C) \cup (A \cap C)$$

zu einer disjunkten Zerlegung mit $A \setminus C \in \overline{\sigma(\mathscr{A})}$ und $A \cap C \subset C \in \sigma(\mathscr{A}), \mu^*(C) = 0$, das heißt $A \in \overline{\sigma(\mathscr{A})}$.

(b) Sei nun $\mu^*(A) = \infty$. Weil μ σ-finit ist, existiert eine Folge $(B_k)_{k \in \mathbb{N}^*} \subset \sigma(\mathscr{A})$ mit $\Omega = \bigcup_{k \in \mathbb{N}^*} B_k$ und $\mu(B_k) < \infty$, für $k \in \mathbb{N}^*$. Damit ist aber ebenfalls

$$A = \bigcup_{k \in \mathbb{N}^*} A \cap B_k, \quad \mu^*(A \cap B_k) < \infty.$$

Wenden wir das in (a) Gezeigte auf $A_k := A \cap B_k \in \mathscr{A}_{\mu^*}$ an, so folgt jeweils $A_k \in \overline{\sigma(\mathscr{A})}$. Weil $\overline{\sigma(\mathscr{A})}$ eine σ-Algebra ist, muss dann ebenfalls $A = \bigcup_{k \in \mathbb{N}^*} A_k \in \overline{\sigma(\mathscr{A})}$ gelten.

Aus (a) und (b) ergibt sich insgesamt $\mathscr{A}_{\mu^*} \subset \overline{\sigma(\mathscr{A})}$.

Aus (i) und (ii) folgt $\mathscr{A}_{\mu^*} = \overline{\sigma(\mathscr{A})}$. Das war zu zeigen. □

1.29 Satz (Maßerweiterungssatz von Hahn)
Ist $\mu : \mathscr{A} \to [0, \infty]$ ein σ-finites Prämaß, so existiert genau ein Maß $\hat{\mu}$ auf $\sigma(\mathscr{A})$, welches μ fortsetzt, das heißt für das $\hat{\mu}|_{\mathscr{A}} = \mu$ gilt. Dieses ist selbst wieder σ-finit und ist durch das zu μ gehörende äußere Maß μ^* gegeben.

Beweis: Aus dem Maßerweiterungsssatz von CARATHÉODORY, Satz 1.23, folgt zunächst die Existenz eines Maßes μ^* mit diesen Eigenschaften, nämlich das zu μ gehörende äußere Maß μ^*. Sei ein weiteres Maß $\hat{\mu} : \sigma(\mathscr{A}) \to [0, \infty]$ mit $\hat{\mu}|_{\mathscr{A}} = \mu^*|_{\mathscr{A}}$ gegeben. Weil μ σ-finit ist, lässt sich Ω durch eine monoton wachsende Folge $(A_k)_{k \in \mathbb{N}^*} \subset \mathscr{A}$ μ-endlicher Mengen ausschöpfen, das heißt

$$\Omega = \bigcup_{k \in \mathbb{N}^*} A_k, \quad \mu(A_k) < \infty, \quad A_k \subset A_{k+1}, \text{ für alle } k \in \mathbb{N}^*.$$

Sei nun $B \in \sigma(\mathscr{A})$ beliebig. Dann ist die Folge $(A_k \cap B)_{k \in \mathbb{N}^*}$ ebenfalls eine monoton wachsende Ausschöpfung von B. Da die Maße $\mu^*, \hat{\mu}$ nach Satz 1.16 auf $\sigma(\mathscr{A})$ von unten stetig sind, gilt

$$\mu^*(B) = \lim_{k \to \infty} \mu^*(A_k \cap B), \quad \hat{\mu}(B) = \lim_{k \to \infty} \hat{\mu}(A_k \cap B).$$

Daher genügt es zu zeigen, dass $\mu^*(A_k \cap B) = \hat{\mu}(A_k \cap B)$. Wir zeigen etwas allgemeiner die folgende Aussage: Sind $A \in \mathscr{A}$, $T \in \sigma(\mathscr{A})$ beliebige Mengen mit $T \subset A$ und $\mu(A) < \infty$, so gilt $\mu^*(T) = \hat{\mu}(T)$ (diese Aussage können wir dann auf $T = A_k \cap B$, $A = A_k$ anwenden).

BEWEIS: Ist $(X_k)_{k \in \mathbb{N}^*} \subset \mathscr{A}$ eine beliebige Folge mit $T \subset \bigcup_{k \in \mathbb{N}^*} X_k$, so folgt

$$\hat{\mu}(T) \leq \hat{\mu}\left(\bigcup_{k \in \mathbb{N}^*} X_k\right) \leq \sum_{k=1}^{\infty} \hat{\mu}(X_k) = \sum_{k=1}^{\infty} \mu(X_k).$$

Daher ist insbesondere

$$\hat{\mu}(T) \leq \inf\left\{\sum_{k=1}^{\infty} \mu(X_k) : T \subset \bigcup_{k \in \mathbb{N}^*} X_k,\, (X_k)_{k \in \mathbb{N}^*} \subset \mathscr{A}\right\} = \mu^*(T).$$

Analog folgt $\hat{\mu}(A \setminus T) \leq \mu^*(A \setminus T)$. Daraus leiten wir wegen $A \in \mathscr{A}$ und $\mu^*|_{\mathscr{A}} = \hat{\mu}|_{\mathscr{A}} = \mu$ ab, dass

$$\mu^*(A) = \hat{\mu}(A) = \hat{\mu}(T) + \hat{\mu}(A \setminus T) \leq \mu^*(T) + \mu^*(A \setminus T) = \mu^*(A),$$

sodass überall Gleichheit gelten muss und wir

$$\hat{\mu}(T) + \hat{\mu}(A \setminus T) = \mu^*(T) + \mu^*(A \setminus T)$$

erhalten. Wegen der Monotonie der Maße und weil $\mu(A) = \mu^*(A) = \hat{\mu}(A) < \infty$, können wir die Gleichung zu

$$\hat{\mu}(T) - \mu^*(T) = \mu^*(A \setminus T) - \hat{\mu}(A \setminus T)$$

umformen. Da in dieser Gleichung links ein nicht-positiver und rechts ein nicht-negativer Term stehen, verschwinden beide Seiten der Gleichung. ⊛

Das war noch zu zeigen. □

1.30 Korollar
Es sei $\mu : \mathscr{A} \to [0,\infty]$ *ein* σ*-finites Prämaß und* $\overline{\sigma(\mathscr{A})}$ *sei die Vervollständigung der* σ*-Algebra* $\sigma(\mathscr{A})$ *bezüglich* μ*. Dann ist das zu* μ *gehörende äußere Maß* μ^* *das einzige Maß, welches* μ *auf* $\overline{\sigma(\mathscr{A})}$ *fortsetzt. Es ist* σ*-finit, regulär und vollständig und die* σ*-Algebra* $\mathscr{A}_{\mu^*}$ *der* μ^**-messbaren Mengen stimmt mit* $\overline{\sigma(\mathscr{A})}$ *überein.*

1.2.3 Das Lebesgue–Borelsche Maß

In diesem Abschnitt werden wir das LEBESGUE–BORELSCHE Maß und den LEBESGUESCHEN Maßraum einführen. Wir erinnern dazu daran, dass wir bereits in Beispiel 1.13(b) den n-dimensionalen Elementarinhalt λ_n auf der Algebra $\mathscr{E}_n$ der n-dimensionalen elementaren Mengen eingeführt hatten.

1.31 Satz
Der n*-dimensionale Elementarinhalt* $\lambda_n : \mathscr{E}_n \to [0,\infty]$ *ist ein* σ*-finites Prämaß.*

***Beweis*:** Die σ-Finitheit ist trivial, da die Intervalle

$$I_k := [-k,k]^n$$

endlichen Elementarinhalt besitzen und eine monoton aufsteigende Folge von Intervallen bilden, deren Vereinigung $\mathbb{R}^n$ ergibt. Weil λ_n ein Inhalt auf $\mathscr{E}_n$ ist und weil $\alpha(\mathscr{I}_n) = \mathscr{E}_n$, genügt es für den Nachweis der σ-Additivität nach Satz 1.17, die σ-Additivität von λ_n auf $\mathscr{I}_n$ zu zeigen. Sei $I \in \mathscr{I}_n$ und $I = \bigcup_{k=1}^{\infty} I_k$, $I_k \in \mathscr{I}_n$, eine disjunkte Vereinigung von Intervallen. Da λ_n als Inhalt additiv ist, gilt nach Lemma 1.14(d)

$$\lambda_n\left(\bigcup_{k=1}^{\infty} I_k\right) \geq \sum_{k=1}^{\infty} \lambda_n(I_k).$$

Um die σ-Additivität von λ_n zu zeigen, müssen wir jetzt noch die umgekehrte Ungleichung nachweisen. Sei $\epsilon > 0$. Zu jedem $k \in \mathbb{N}^*$ existiert ein offenes Intervall $U_k \supset I_k$ mit $\lambda_n(U_k) \leq \lambda_n(I_k) + \epsilon 2^{-k}$ und damit

$$\sum_{k=1}^{\infty} \lambda_n(U_k) \leq \sum_{k=1}^{\infty} \lambda_n(I_k) + \epsilon.$$

Ist nun $K \subset I = \bigcup_{k=1}^{\infty} I_k$ ein kompaktes Intervall, so folgt wegen $I_k \subset U_k$ auch

$$K \subset \bigcup_{k=1}^{\infty} U_k$$

und aus dem Überdeckungssatz von Heine–Borel ergibt sich sodann

$$K \subset \bigcup_{k=1}^{N} U_k$$

für ein $N \in \mathbb{N}$. Damit schließen wir (man beachte, dass die Monotonie von λ_n hier erst auf $\mathscr{E}_n$ bekannt ist)

$$\lambda_n(K) \leq \lambda_n\left(\bigcup_{k=1}^{N} U_k\right) \leq \sum_{k=1}^{N} \lambda_n(U_k) \leq \sum_{k=1}^{\infty} \lambda_n(U_k) \leq \sum_{k=1}^{\infty} \lambda_n(I_k) + \epsilon.$$

Da man jedes Intervall von innen durch kompakte Intervalle ausschöpfen kann, ist es leicht zu sehen, dass generell für jedes Intervall I gilt:

$$\lambda_n(I) = \sup\{\lambda_n(K) : K \subset I,\ K \text{ ist ein kompaktes Intervall}\}.$$

Durch Supremumsbildung über alle kompakten Intervalle $K \subset I$ erhält man daher aus der Ungleichung $\lambda_n(K) \leq \sum_{k=1}^{\infty} \lambda_n(I_k) + \epsilon$ auch die Ungleichung

$$\lambda_n(I) = \lambda_n\left(\bigcup_{k=1}^{\infty} I_k\right) \leq \sum_{k=1}^{\infty} \lambda_n(I_k) + \epsilon.$$

Durch Grenzübergang $\epsilon \to 0$ auf der rechten Seite erhalten wir zum Schluss

$$\lambda_n\left(\bigcup_{k=1}^{\infty} I_k\right) \leq \sum_{k=1}^{\infty} \lambda_n(I_k).$$

Das war noch zu zeigen. □

Direkt aus dem Maßerweiterungssatz 1.29 von HAHN ergibt sich:

1.32 Korollar

Der n-dimensionale Elementarinhalt λ_n lässt sich eindeutig zu einem Maß auf der σ-Algebra $\mathscr{B}_n = \sigma(\mathscr{E}_n)$ der BORELSCHEN *Mengen fortsetzen. Dieses ist durch die Einschränkung $\lambda_n^*|_{\mathscr{B}_n}$ des zu λ_n gehörenden äußeren Maßes λ_n^* gegeben.*

1.33 Definition

(a) Das äußere Maß $\lambda_n^* : \mathfrak{P}(\mathbb{R}^n) \to [0, \infty]$ zum Elementarinhalt λ_n heißt *äußeres* LEBESGUE-Maß. Die Einschränkung $\lambda_n^*|_{\mathscr{B}_n}$ heißt LEBESGUE–BORELSCHES *Maß* und $(\mathbb{R}^n, \mathscr{B}_n, \lambda_n^*|_{\mathscr{B}_n})$ heißt LEBESGUE–BORELSCHER *Maßraum*.

(b) Weil $\lambda_n : \mathscr{E}_n \to [0, \infty]$ ein σ-finites Prämaß ist, folgt aus Korollar 1.30, dass die σ-Algebra $\mathscr{L}_n := \mathscr{A}_{\lambda_n^*}$ der λ_n^*-messbaren Mengen die Vervollständigung $\overline{\mathscr{B}_n}$ von $\mathscr{B}_n$ bezüglich λ_n^* ist. Wir nennen $\mathscr{L}_n$ die LEBESGUE-*σ-Algebra*. Eine LEBESGUE-*messbare* Menge ist eine Menge $A \in \mathscr{L}_n$. Die Einschränkung $\lambda_n^*|_{\mathscr{L}_n}$ von λ_n^* auf $\mathscr{L}_n$ heißt LEBESGUE-*Maß* und wird in Zukunft der Einfachheit halber ebenfalls mit λ_n bezeichnet. $(\mathbb{R}^n, \mathscr{L}_n, \lambda_n)$ heißt n-dimensionaler LEBESGUESCHER *Maßraum*.

Im nächsten Satz geben wir eine Charakterisierung von LEBESGUE-messbaren Mengen an.

1.34 Satz

λ_n^* sei das äußere LEBESGUE-*Maß auf $\mathfrak{P}(\mathbb{R}^n)$*[1]*. Für eine Teilmenge $A \subset \mathbb{R}^n$ sind äquivalent:*

(a) *$A \in \mathscr{L}_n$.*

(b) *Zu jedem $\epsilon > 0$ existiert eine offene Teilmenge $U_\epsilon \subset \mathbb{R}^n$ mit $A \subset U_\epsilon$ und $\lambda_n^*(U_\epsilon \setminus A) < \epsilon$.*

(c) *Zu jedem $\epsilon > 0$ existiert eine abgeschlossene Teilmenge $F_\epsilon \subset \mathbb{R}^n$ mit $F_\epsilon \subset A$ und $\lambda_n^*(A \setminus F_\epsilon) < \epsilon$.*

***Beweis*:** Wir führen den Beweis in mehreren Schritten.

(a) $\Rightarrow$ (b): 1. Fall. Es sei $A \in \mathscr{L}_n$ mit $\lambda_n(A) < \infty$. Da $\lambda_n : \mathscr{L}_n \to [0, \infty]$ das äußere Maß zum Prämaß $\lambda_n : \mathscr{E}_n \to [0, \infty]$

[1] Nach Definition stimmt λ_n^* auf $\mathscr{L}_n$ mit dem LEBESGUE-Maß überein.

ist, existiert zu $\epsilon > 0$ eine Folge $(A_k)_{k\in\mathbb{N}^*} \subset \mathscr{E}_n$ mit $A \subset \bigcup_{k=1}^{\infty} A_k$ und

$$\lambda_n(A) \leq \sum_{k=1}^{\infty} \lambda_n(A_k) < \lambda_n(A) + \frac{\epsilon}{2}.$$

Da jede elementare Menge eine endliche Vereinigung von Intervallen ist und weil die abzählbare Vereinigung abzählbarer Mengen wieder abzählbar ist, können wir daher auch eine Folge $(I_k)_{k\in\mathbb{N}^*} \subset \mathscr{I}_n$ von Intervallen finden, mit $A \subset \bigcup_{k=1}^{\infty} I_k$ und

$$\lambda_n(A) \leq \sum_{k=1}^{\infty} \lambda_n(I_k) < \lambda_n(A) + \frac{\epsilon}{2}. \tag{1.2.9}$$

Jedes dieser Intervalle I_k ist in einem offenen Intervall U_k mit $\lambda_n(U_k) \leq \lambda_n(I_k) + \frac{\epsilon}{2^{k+1}}$ enthalten. Es folgt, A ist in der offenen Mengen $U_\epsilon := \bigcup_{k=1}^{\infty} U_k$ enthalten und

$$\begin{aligned} \lambda_n(U_\epsilon) &\leq \sum_{k=1}^{\infty} \lambda_n(U_k) \\ &\leq \sum_{k=1}^{\infty} \lambda_n(I_k) + \frac{\epsilon}{2}\sum_{k=1}^{\infty}\frac{1}{2^k} \\ &< \lambda_n(A) + \frac{\epsilon}{2} + \frac{\epsilon}{2} = \lambda_n(A) + \epsilon. \end{aligned}$$

Da $\lambda_n(U_\epsilon) = \lambda_n(A) + \lambda_n(U_\epsilon \setminus A)$, folgt $\lambda_n(U_\epsilon \setminus A) < \epsilon$.

2. Fall. Sei jetzt $\lambda_n(A) = \infty$. Für jedes $k \in \mathbb{N}^*$ ist die Menge $A_k := A \cap [-k,k]^n$ λ_n-endlich und daher existiert wegen des ersten Falls zu jedem $k \in \mathbb{N}^*$ eine offene Teilmenge U_k mit $A_k \subset U_k$ und $\lambda_n(U_k \setminus A_k) \leq \frac{\epsilon}{2^{k+1}}$. A ist dann in der offenen Menge $U_\epsilon := \bigcup_{k\in\mathbb{N}^*} U_k$ enthalten und es ist

$$\begin{aligned} \lambda_n(U_\epsilon \setminus A) &= \lambda_n\left(\bigcup_{k\in\mathbb{N}^*} U_k \setminus A\right) \\ &\leq \sum_{k=1}^{\infty} \lambda_n(U_k \setminus A) \\ &\leq \sum_{k=1}^{\infty} \lambda_n(U_k \setminus A_k) \leq \sum_{k=1}^{\infty} \frac{\epsilon}{2^{k+1}} < \epsilon. \end{aligned}$$

(a) $\Rightarrow$ (c): Mit $A \in \mathscr{L}_n$ ist auch $A^c = \Omega \setminus A \in \mathscr{L}_n$. Nach (b) existiert damit eine offene Menge $U_\epsilon \subset \mathbb{R}^n$ mit $A^c \subset U_\epsilon$ und $\lambda_n(U_\epsilon \setminus A^c) \leq \epsilon$. Es sei $F_\epsilon := U_\epsilon^c$. F_ϵ ist abgeschlossen und $F_\epsilon \subset A$. Außerdem ergibt sich aus $A \setminus U_\epsilon^c = A \cap U_\epsilon = U_\epsilon \setminus A^c$ noch

$$\lambda_n(A \setminus F_\epsilon) = \lambda_n(A \setminus U_\epsilon^c) = \lambda_n(U_\epsilon \setminus A^c) \leq \epsilon.$$

(b) $\Rightarrow$ (a): Es sei $(U_k)_{k \in \mathbb{N}^*}$ eine Folge offener Mengen mit $A \subset U_k$ und $\lambda_n^*(U_k \setminus A) < \frac{1}{k}$, für alle $k \in \mathbb{N}^*$. Die Menge $U := \bigcap_{k \in \mathbb{N}^*} U_k$ liegt als Schnitt abzählbar vieler offener Mengen in $\mathscr{B}_n \subset \mathscr{L}_n$. Es ist $A \subset U$. Da die Menge $U \setminus A$ in jedem $U_k \setminus A$ enthalten ist, folgt $\lambda_n^*(U \setminus A) \leq \lambda_n^*(U_k \setminus A) < \frac{1}{k}$, für alle $k \in \mathbb{N}^*$ und daher ist $\lambda_n^*(U \setminus A) = 0$. Weil λ_n^* auf $\mathscr{L}_n$ vollständig ist, muss $U \setminus A$ in $\mathscr{L}_n$ liegen. Dann ist aber auch $A^c = (U \setminus A) \cup U^c$ in $\mathscr{L}_n$ und damit ebenfalls $A \in \mathscr{L}_n$.

(c) $\Rightarrow$ (a): Es sei $(F_k)_{k \in \mathbb{N}^*}$ eine Folge abgeschlossener Mengen mit $F_k \subset A$ und $\lambda_n^*(A \setminus F_k) < \frac{1}{k}$, für alle $k \in \mathbb{N}^*$. Die Menge $F := \bigcup_{k \in \mathbb{N}^*} F_k$ liegt als Vereinigung abzählbar vieler abgeschlossener Mengen in $\mathscr{B}_n \subset \mathscr{L}_n$. Es ist $F \subset A$. Da die Menge $A \setminus F$ in jedem $A \setminus F_k$ enthalten ist, folgt $\lambda_n^*(A \setminus F) \leq \lambda_n^*(A \setminus F_k) < \frac{1}{k}$, für alle $k \in \mathbb{N}^*$ und daher ist $\lambda_n^*(A \setminus F) = 0$. Weil λ_n^* auf $\mathscr{L}_n$ vollständig ist, muss $A \setminus F$ in $\mathscr{L}_n$ liegen. Dann ist aber auch $A = (A \setminus F) \cup F$ in $\mathscr{L}_n$.

□

Das System der LEBESGUE-Mengen ist sehr reichhaltig. Alle offenen, abgeschlossenen und abzählbaren Mengen gehören zu $\mathscr{L}_n$. Ebenso jede Teilmenge einer Menge A mit $\lambda_n^*(A) = 0$ (dies können auch überabzählbare Mengen sein, vergleiche mit Aufgabe 1.6). Man kann sich daher fragen, ob überhaupt Teilmengen $A \subset \mathbb{R}^n$ existieren, die nicht in $\mathscr{L}_n$ liegen. Das ist in der Tat der Fall, wie von VITALI (Vit05) gezeigt wurde.

1.2.4 Das Hausdorff-Maß

Wir werden jetzt ein weiteres wichtiges Maß vorstellen, das sogenannte n-dimensionale HAUSDORFF-*Maß* $\mathcal{H}^n$. Hierzu setzen wir zunächst

$$\omega_n := \lambda_n\big(\{x \in \mathbb{R}^n : \|x\| \leq 1\}\big),$$

das heißt ω_n bezeichnet den n-dimensionalen Elementarinhalt der n-dimensionalen Einheitskugel $B(0,1) \subset \mathbb{R}^n$. Ist $B \subset \mathbb{R}^n$ eine beliebige nicht leere Menge, so sei

$$\operatorname{diam}(B) := \sup\{\|x-y\| : x, y \in B\}$$

der *Durchmesser* von B. Man setzt $\operatorname{diam}(\varnothing) := 0$. Für eine Kugel $B(0,r)$ vom Radius r ist $\operatorname{diam}(B(0,r)) = 2r$, sodass damit

$$\lambda_n(B(0,r)) = \omega_n r^n = \omega_n \left(\frac{\operatorname{diam}(B(0,r))}{2}\right)^n.$$

Sind $A \subset \mathbb{R}^n$, $\epsilon > 0$, so sei

$$\mathcal{H}^n_\epsilon(A) := \inf\left\{\sum_{k=1}^{\infty} \omega_n \left(\frac{\operatorname{diam}(B_k)}{2}\right)^n : \right.$$
$$\left. A \subset \bigcup_{k \in \mathbb{N}^*} B_k, B_k \subset \mathbb{R}^n, \operatorname{diam}(B_k) < \epsilon \right\}.$$

Bezeichnet $B(x,r) \subset \mathbb{R}^n$ die Kugel vom Radius r um x, so folgt aus

$$\mathbb{R}^n = \bigcup_{x \in \mathbb{Q}^n} B(x,r),$$

dass für kein $A \subset \mathbb{R}^n$, $\epsilon > 0$ die Menge

$$\mathcal{U}_\epsilon(A) := \left\{(B_k)_{k \in \mathbb{N}^*} \subset \mathfrak{P}(\mathbb{R}^n) : A \subset \bigcup_{k \in \mathbb{N}^*} B_k, \operatorname{diam}(B_k) < \epsilon\right\}$$

leer ist.

(i) Es ist $\mathcal{H}^n_\epsilon(\varnothing) = 0$.

(ii) Aus $A_1 \subset A_2$ folgt sofort $\mathcal{H}^n_\epsilon(A_1) \leq \mathcal{H}^n_\epsilon(A_2)$, denn jede Überdeckung von A_2 ist auch eine Überdeckung von A_1.

(iii) Ist eine Folge $(A_k)_{k\in\mathbb{N}^*} \subset \mathfrak{P}(\mathbb{R}^n)$ gegeben und wird jedes A_k durch eine Folge $(B_{k,n})_{n\in\mathbb{N}^*}$ mit $\operatorname{diam}(B_{k,n}) < \epsilon$ überdeckt, so wird $A := \bigcup_{k\in\mathbb{N}^*} A_k$ ebenfalls durch abzählbar viele Mengen mit dieser Eigenschaft überdeckt, nämlich

$$\bigcup_{k\in\mathbb{N}^*} A_k \subset \bigcup_{k,n\in\mathbb{N}^*} B_{k,n}.$$

Daher gilt auf jeden Fall

$$\mathcal{H}_\epsilon^n\left(\bigcup_{k\in\mathbb{N}^*} A_k\right) \leq \sum_{k=1}^{\infty} \mathcal{H}_\epsilon^n(A_k)$$

und $\mathcal{H}_\epsilon^n$ ist σ-subadditiv.

Aus (i)-(iii) ergibt sich, dass $\mathcal{H}_\epsilon^n$ ein äußeres Maß ist.

Weiter folgt aus $\mathcal{U}_\epsilon(A) \subset \mathcal{U}_{\epsilon'}(A)$ für $\epsilon \leq \epsilon'$, dass

$$\mathcal{H}_{\epsilon'}(A) \leq \mathcal{H}_\epsilon(A), \text{ für } \epsilon \leq \epsilon'.$$

Diese Ungleichung impliziert insbesondere, dass der Grenzwert

$$\mathcal{H}^n(A) := \lim_{\epsilon\to 0} \mathcal{H}_\epsilon^n(A)$$

in $[0,\infty]$ existiert. Wie man sich leicht überlegt, ist

$$\mathcal{H}^n : \mathfrak{P}(\mathbb{R}^n) \to [0,\infty]$$

wieder ein äußeres Maß, welches wir das *äußere* HAUSDORFF-*Maß* nennen. Die Einschränkung von $\mathcal{H}^n$ auf die in Definition 1.20 erklärten CARATHÉODORY-messbaren Mengen bezüglich $\mathcal{H}^n$ nennt man schließlich das n-dimensionale HAUSDORFF-*Maß* $\mathcal{H}^n$.

Aufgaben

Semialgebren, Algebren und Sigma-Algebren

Aufgabe 1.1
Ω sei eine nicht leere Menge.

(a) Man zeige, dass

$$\mathscr{A} := \{A \subset \Omega : A \text{ abzählbar oder } A^c \text{ abzählbar}\}$$

eine σ-Algebra ist.

(b) Ω sei unendlich und $\mathscr{A} := \{A \subset \Omega : A \text{ endlich oder } A^c \text{ endlich}\}$. Man zeige, $\mathscr{A}$ ist eine Algebra, aber keine σ-Algebra.

(c) Ω sei nun überabzählbar und es sei $\mathscr{E} := \{\{x\} : x \in \Omega\}$ das System aller ein-elementigen Teilmengen von Ω. Man bestimme die von $\mathscr{E}$ erzeugte σ-Algebra $\sigma(\mathscr{E})$.

Aufgabe 1.2
Es bezeichne $\mathcal{O}_n$ das System der offenen Teilmengen des $\mathbb{R}^n$. Analog seien $\mathcal{F}_n$ bzw. $\mathcal{K}_n$ die abgeschlossenen bzw. kompakten Teilmengen von $\mathbb{R}^n$. Man zeige, dass die Menge $\mathscr{B}_n$ der Borelschen Mengen jeweils durch diese Mengensysteme erzeugt wird, das heißt es gilt

$$\mathscr{B}_n = \sigma(\mathcal{O}_n) = \sigma(\mathcal{F}_n) = \sigma(\mathcal{K}_n).$$

Man schließe, dass der topologische Abschluss $\bar{A}$ einer BOREL-messbaren Menge A wieder BOREL-messbar ist.

Aufgabe 1.3
$(\Omega, \mathscr{A})$ sei ein messbarer Raum.

(a) $A \in \mathscr{A}$ heißt *Atom*, falls kein $B \in \mathscr{A}$ mit $\varnothing \neq B \neq A$ und $B \subset A$ existiert. Man zeige

  (i) Zwei verschiedene Atome sind stets disjunkt.

  (ii) Ist Ω abzählbar, so existiert zu jedem $x \in \Omega$ ein Atom $A(x)$ mit $x \in A(x)$. $\mathscr{A}$ ist die Menge aller Vereinigungen seiner Atome.

(b) Ist $B \subset \Omega$ beliebig, so ist

$$\sigma(\mathscr{A} \cup \{B\}) = \{(A_1 \cap B) \cup (A_2 \cap B^c) : A_1, A_2 \in \mathscr{A}\}.$$

Maßräume

Aufgabe 1.4
(a) Ω sei eine abzählbar unendliche Menge und $\mathscr{A}$ sei die Algebra

$$\mathscr{A} := \{A \subset \Omega : A \text{ endlich oder } A^c \text{ endlich}\}.$$

Man zeige, dass die Mengenfunktion

$$\mu : \mathscr{A} \to [0, \infty], \quad \mu(A) := \begin{cases} 0 & , A \text{ ist endlich} \\ 1 & , A^c \text{ ist endlich} \end{cases}$$

auf $\mathscr{A}$ einen Inhalt aber kein Prämaß definiert.

(b) Ω sei eine überabzählbare Menge und $\mathscr{A}$ sei die σ-Algebra

$$\mathscr{A} := \{A \subset \Omega : A \text{ abzählbar oder } A^c \text{ abzählbar}\}.$$

Man zeige, dass die Mengenfunktion

$$\mu : \mathscr{A} \to [0, \infty], \quad \mu(A) := \begin{cases} 0 & , A \text{ ist abzählbar} \\ 1 & , A^c \text{ ist abzählbar} \end{cases}$$

auf $\mathscr{A}$ ein Maß definiert. Ist der Maßraum $(\Omega, \mathscr{A}, \mu)$ vollständig?

Aufgabe 1.5
Ω sei eine nicht leere Menge. Man zeige, dass die Mengenfunktion

$$\mu : \mathfrak{P}(\Omega) \to [0, \infty], \quad \mu(A) := \begin{cases} 0 & , A = \varnothing \\ 1 & , A \text{ ist endlich} \\ \infty & , A \text{ ist unendlich} \end{cases}$$

ein äußeres Maß aber kein Maß ist.

Aufgabe 1.6
λ_n sei das LEBESGUE-Maß auf $\mathbb{R}^n$.

(a) Man zeige, jede abzählbare Menge $A \subset \mathbb{R}^n$ ist eine λ_n-Nullmenge, falls $n \geq 1$.

(b) (CANTORSCHES Diskontinuum). Die CANTOR-Menge lässt sich mit folgender Iteration konstruieren: In einem ersten Schritt entfernt man aus dem Intervall $[0, 1] \subset \mathbb{R}$ das offene mittlere Drittel und erhält die beiden Intervalle $[0, 1/3]$, $[2/3, 1]$. Im nächsten Schritt entfernt man aus diesen beiden Intervallen wieder die offenen mittleren Drittel (vergleiche mit Abbildung 1.4) und erhält die vier Intervalle $[0, 1/9]$, $[2/9, 1/3]$, $[2/3, 7/9]$, $[8/9, 1]$. Aus diesen werden wieder die mittleren

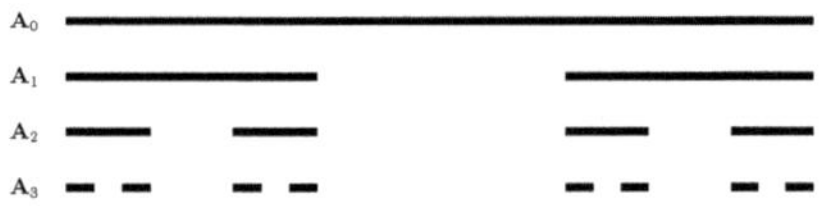

Abbildung 1.4: Konstruktion einer überabzählbaren LEBESGUE-Nullmenge $\mathcal{C}$.

offenen Drittel entfernt, usw. Man iteriert diesen Schritt unendlich oft. Betrachtet man die Abbildung

$$W : \mathfrak{P}([0, 1]) \to \mathfrak{P}([0, 1]), \quad A \mapsto \frac{1}{3}(A \cup (A + 2)),$$

so ist mit $A_0 := [0, 1]$

$$\begin{aligned} A_1 &:= W(A_0) = [0, 1/3] \cup [2/3, 1] \\ A_2 &:= W(A_1) = [0, 1/9] \cup [2/9, 1/3] \cup [2/3, 7/9] \cup [8/9, 1]. \end{aligned}$$

Die CANTOR-Menge ist demnach

$$\mathcal{C} := \lim_{n \to \infty} W^n([0, 1]) = \bigcap_{n \in \mathbb{N}^*} A_n.$$

Man zeige, dass $\mathcal{C}$ eine überabzählbare λ_1-Nullmenge ist.

Hinweis: Entwickle jedes $x \in \mathcal{C}$ in eine ternäre Zahl, das heißt in eine Kommazahl zur Basis 3.

Aufgabe 1.7
λ_n sei das LEBESGUE-Maß auf $\mathbb{R}^n$.

(a) $c \in \mathbb{R}$ sei eine Konstante und $i \in \{1, \ldots, n\}$. Man weise nach, dass die Hyperebene $H_i := \{x = (x_1, \ldots, x_n) \in \mathbb{R}^n : x_i = c\}$ eine λ_n-Nullmenge ist.

(b) Allgemeiner zeige man:

(i) Sind $M \subset \mathbb{R}^m$, $x \in \mathbb{R}^n$, $m, n \in \mathbb{N}^*$, so gilt

$$M \in \mathscr{B}_m \quad \Leftrightarrow \quad M \times \{x\} \in \mathscr{B}_{m+n}.$$

(ii)

$$M \in \mathscr{B}_m \quad \Rightarrow \quad \lambda_{m+n}(M \times \{x\}) = 0.$$

Aufgabe 1.8
λ_n sei das LEBESGUES-Maß auf $\mathbb{R}^n$. Man zeige, dass eine Menge $A \subset \mathbb{R}^n$ genau dann eine λ_n-Nullmenge ist, wenn es zu jedem $\epsilon > 0$ eine Folge $(I_k)_{k \in \mathbb{N}^*} \subset \mathscr{I}_n$ offener Intervalle $I_k \subset \mathbb{R}^n$ gibt, mit

$$A \subset \bigcup_{k \in \mathbb{N}^*} I_k \quad \text{und} \quad \sum_{k=1}^{\infty} \lambda_n(I_k) < \epsilon.$$

Man folgere hieraus, dass die abzählbare Vereinigung von Nullmengen wieder eine Nullmenge ist.

Aufgabe 1.9
$(\Omega, \mathscr{A}, \mu)$ sei ein Maßraum und $(A_k)_{k \in \mathbb{N}^*} \subset \mathscr{A}$ eine Mengenfolge.

(a) Man zeige

$$\mu\left(\liminf_{k \to \infty} A_k\right) \leq \liminf_{k \to \infty} \mu(A_k).$$

Hierbei ist wie üblich $\liminf\limits_{k \to \infty} A_k := \bigcup\limits_{k=1}^{\infty} \bigcap\limits_{n \geq k} A_n.$

(b) Sei nun zusätzlich $(A_k)_{k \in \mathbb{N}^*}$ monoton fallend gegen A, das heißt $A_{k+1} \subset A_k$ und $A = \bigcap_{k \in \mathbb{N}^*} A_k$. Man zeige: Ist dann $\mu(A_1) < \infty$, so folgt $\mu(A) = \lim_{k \to \infty} \mu(A_k)$. Ist die Bedingung $\mu(A_1) < \infty$ notwendig?

Aufgabe 1.10
$f : \mathbb{R} \to (0, \infty)$ sei eine stetige Funktion. Auf der Algebra $\mathscr{E}_1$ der elementaren Teilmengen von $\mathbb{R}$ definieren wir die Mengenfunktion

$$\mu : \mathscr{E}_1 \to [0, \infty], \quad \mu(A) := \int_A f(x)dx.$$

Hierbei sei das RIEMANN-Integral verwendet. Man zeige, dass μ ein Prämaß ist, das heißt man weise die σ-Additivität nach. Ist μ σ-finit?

2 Integrationstheorie

In diesem Kapitel werden wir einen wesentlich besseren Integrationsbegriff als den des RIEMANN-Integrals vorstellen. Er basiert auf den Konstruktionen von Maßräumen im letzten Kapitel. Insbesondere werden wir uns mit dem Integral beschäftigen, welches durch das LEBESGUE-Maß induziert wird. Zunächst gilt es allerdings zu klären, welche Abbildungen auf Maßräumen sich zumindest prinzipiell integrieren (messen) lassen. Ähnlich wie schon im vorhergehenden Kapitel, werden wir erst messbare Abbildungen und danach später das Integral dieser messbaren Abbildungen erklären.

2.1 Messbare Abbildungen

2.1 Definition (Messbare Abbildungen)
$(\Omega, \mathscr{A})$, $(\Omega', \mathscr{A}')$ seien messbare Räume. Eine Abbildung $f : \Omega \to \Omega'$ heißt *$\mathscr{A}$-$\mathscr{A}'$-messbar*, wenn

$$f^{-1}(A') \in \mathscr{A}, \text{ für alle } A' \in \mathscr{A}'.$$

2.2 Lemma
$(\Omega_1, \mathscr{A}_1)$, $(\Omega_2, \mathscr{A}_2)$, $(\Omega_3, \mathscr{A}_3)$ seien messbare Räume und

$$f_1 : \Omega_1 \to \Omega_2, \quad f_2 : \Omega_2 \to \Omega_3$$

seien messbar. Dann ist auch die Verkettung $f_2 \circ f_1 : \Omega_1 \to \Omega_3$ messbar.

***Beweis*:** Dies folgt sofort aus

$$(f_2 \circ f_1)^{-1}(A_3) = f_1^{-1}(f_2^{-1}(A_3)), \text{ für alle } A_3 \subset \Omega_3.$$

□

Wie der nächste Satz zeigt, genügt es, sich bei der Überprüfung der Messbarkeit auf erzeugende Systeme zu beschränken.

2.3 Satz
$(\Omega, \mathscr{A})$ und $(\Omega', \mathscr{A}')$ seien messbare Räume. Es gelte $\mathscr{A}' = \sigma(\mathscr{A}_0')$ für eine Teilmenge $\mathscr{A}_0' \subset \mathscr{A}'$. Dann ist eine Abbildung $f : \Omega \to \Omega'$ genau dann $\mathscr{A}$-$\mathscr{A}'$-messbar, wenn

$$f^{-1}(A') \in \mathscr{A} \text{ für alle } A' \in \mathscr{A}_0'.$$

***Beweis*:** Es sei $f^{-1}(A') \in \mathscr{A}$ für alle $A' \in \mathscr{A}_0'$. Die Menge

$$\mathscr{A}_1' := \{A' \in \mathscr{A}' : f^{-1}(A') \in \mathscr{A}\}$$

ist eine σ-Algebra und sie enthält $\mathscr{A}_0'$. Es folgt

$$\mathscr{A}' \supset \mathscr{A}_1' \supset \sigma(\mathscr{A}_0') = \mathscr{A}',$$

also $\mathscr{A}_1' = \mathscr{A}'$, das heißt f ist $\mathscr{A}$-$\mathscr{A}'$-messbar. Die Notwendigkeit der Bedingung ist trivial. □

Ist $f : \Omega \to \Omega'$ eine Abbildung, so induziert jede über einer der beiden Mengen Ω, Ω' gegebene σ-Algebra in natürlicher Weise eine σ-Algebra über der anderen Menge, genauer gilt:

2.4 Satz
$f : \Omega \to \Omega'$ sei eine Abbildung.

(a) *Ist $\mathscr{A}$ eine σ-Algebra über Ω, so ist*

$$\mathscr{A}' := \{A' \subset \Omega' : f^{-1}(A') \in \mathscr{A}\}$$

eine σ-Algebra über Ω'. Diese nennt man finale σ-Algebra.

(b) *Ist umgekehrt $\mathscr{A}'$ eine σ-Algebra über Ω', so ist*

$$\mathscr{A} := \{A \subset \Omega : A = f^{-1}(A') \text{ für ein } A' \in \mathscr{A}\}$$

eine σ-Algebra über Ω, die sogenannte initiale σ-Algebra.

***Beweis*:** Dies ist eine unmittelbare Folgerung aus der Operationstreue der Abbildung, das heißt von

$$f^{-1}(\varnothing) = \varnothing,$$
$$f^{-1}((A')^c) = \left(f^{-1}(A')\right)^c,$$
$$f^{-1}\left(\bigcup_{k \in \mathbb{N}^*} A_k'\right) = \bigcup_{k \in \mathbb{N}^*} f^{-1}(A_k').$$

□

2.5 Satz
$(\Omega, \mathscr{A}, \mu)$ sei ein Maßraum und $(\Omega', \mathscr{A}')$ ein messbarer Raum. Ferner sei $f : \Omega \to \Omega'$ eine $\mathscr{A}$-$\mathscr{A}'$-messbare Abbildung. Dann wird durch

$$\mu'(A') := \mu\left(f^{-1}(A')\right), \quad A' \in \mathscr{A}'$$

ein Maß auf $(\Omega', \mathscr{A}')$ erzeugt.

***Beweis*:** Für disjunkte $A'_n \in \mathscr{A}'$, $n \in \mathbb{N}$, sind die Urbilder $A_n := f^{-1}(A'_n) \in \mathscr{A}$ ebenfalls disjunkt und es folgt die σ-Additivität von μ', denn

$$\begin{aligned} \mu'\left(\bigcup_{n\in\mathbb{N}} A'_n\right) &= \mu\left(f^{-1}\left(\bigcup_{n\in\mathbb{N}} A'_n\right)\right) = \mu\left(\bigcup_{n\in\mathbb{N}} f^{-1}(A'_n)\right) \\ &= \sum_{n=1}^{\infty} \mu(f^{-1}(A'_n)) = \sum_{n=1}^{\infty} \mu'(A'_n). \end{aligned}$$

□

2.6 Definition
Das in Satz 2.5 definierte Maß μ' heißt das durch μ und f auf $(\Omega', \mathscr{A}')$ erzeugte *Bildmaß* und wird mit $\mu \circ f^{-1}$ bezeichnet.

2.1.1 Messbare und einfache Funktionen

Besonders wichtig für uns ist der Fall $(\Omega', \mathscr{A}') = (\mathbb{R}, \mathscr{B})$, wobei wir hier und im Folgenden $\mathscr{B} := \mathscr{B}_1$ setzen werden, das heißt $\mathscr{B}$ sind die BORELSCHEN Teilmengen von $\mathbb{R}$.

2.7 Definition
$(\Omega, \mathscr{A})$ sei ein messbarer Raum. Unter einer *$\mathscr{A}$-messbaren* Funktion verstehen wir eine $\mathscr{A}$-$\mathscr{B}$-messbare Funktion $f : \Omega \to \mathbb{R}$. Wenn klar ist, um welche σ-Algebra $\mathscr{A}$ es sich handelt, so nennen wir f einfach nur *messbar*. Die Menge aller $\mathscr{A}$-messbaren Funktionen wird mit $\mathscr{M}(\Omega, \mathscr{A})$ gekennzeichnet. Die $\mathscr{B}_n$-messbaren Funktionen $f : \mathbb{R}^n \to \mathbb{R}$ nennen wir BOREL-*messbar* und die $\mathscr{L}_n$-messbaren Funktionen entsprechend LEBESGUE-*messbar*. Analog heißen $\mathscr{B}_n$-$\mathscr{B}_m$-messbare Abbildungen $f : \mathbb{R}^n \to \mathbb{R}^m$ BOREL-*messbar* und $\mathscr{L}_n$-$\mathscr{B}_m$-messbare Abbildungen LEBESGUE-*messbar*.

2.8 Bemerkung
Da $\mathscr{B}_n \subset \mathscr{L}_n$, ist $\mathscr{M}(\mathbb{R}^n, \mathscr{B}_n) \subset \mathscr{M}(\mathbb{R}^n, \mathscr{L}_n)$. Jede BOREL-messbare Funktion (Abbildung) ist somit auch LEBESGUE-messbar. Die Umkehrung gilt jedoch nicht, da $\mathscr{L}_n$ eine echte Obermenge von $\mathscr{B}_n$ ist.

2.9 Satz
$(\Omega, \mathscr{A})$ sei ein messbarer Raum und $f : \Omega \to \mathbb{R}$ eine Abbildung. Jede der folgenden Bedingungen ist mit $f \in \mathscr{M}(\Omega, \mathscr{A})$ gleichwertig:

(a) $f^{-1}(U) \in \mathscr{A}$ *für alle offenen Menge* $U \subset \mathbb{R}$.

(b) $f^{-1}(A) \in \mathscr{A}$ *für alle abgeschlossenen Mengen* $A \subset \mathbb{R}$.

(c) $\{f < a\} \in \mathscr{A}$ *für alle* $a \in \mathbb{R}$.

(d) $\{f \leq a\} \in \mathscr{A}$ *für alle* $a \in \mathbb{R}$.

(e) $\{f > a\} \in \mathscr{A}$ *für alle* $a \in \mathbb{R}$.

(f) $\{f \geq a\} \in \mathscr{A}$ *für alle* $a \in \mathbb{R}$.

***Beweis*:** Dieser Satz ist ein Spezialfall von Satz 2.3, da jedes der Mengensysteme

$$\{U \subset \mathbb{R} : U \text{ ist offen}\},$$
$$\{A \subset \mathbb{R} : A \text{ ist abgeschlossen}\},$$
$$\{(-\infty, a) : a \in \mathbb{R}\},$$
$$\{(-\infty, a] : a \in \mathbb{R}\},$$
$$\{(a, \infty) : a \in \mathbb{R}\},$$
$$\{[a, \infty) : a \in \mathbb{R}\}$$

die σ-Algebra $\mathscr{B}$ der BORELSCHEN Mengen erzeugt. □

Für Produktabbildungen ist die nachstehende Aussage relevant.

2.10 Lemma
Es sei $(\Omega, \mathscr{A})$ ein messbarer Raum und $f_1, \ldots, f_n : \Omega \to \mathbb{R}$ seien Abbildungen. $f := (f_1, \ldots, f_n)$ sei die zugehörige Produktabbildung, das heißt

$$f : \Omega \to \mathbb{R}^n, \quad f(x) := (f_1(x), \ldots, f_n(x)), \text{ für alle } x \in \Omega.$$

Dann gilt

$$f \text{ ist } \mathscr{A}\text{-}\mathscr{B}_n\text{-messbar} \quad \Leftrightarrow \quad f_1, \ldots, f_n \text{ sind } \mathscr{A}\text{-}\mathscr{B}\text{-messbar.}$$

***Beweis*:**

„⇒": Für jedes $i \in \{1, \ldots, n\}$ und jede reelle Konstante $a \in \mathbb{R}$ ist

$$I(i,a) := \{(x_1, \ldots, x_n) \in \mathbb{R}^n : x_i < a\} \in \mathscr{B}_n.$$

Demnach gilt die folgende Gleichheit

$$\{x \in \Omega : f_i(x) < a\} = \{x \in \Omega : f(x) \in I(i,a)\} \in \mathscr{A},$$

das heißt die Abbildungen f_i liegen in $\mathscr{M}(\Omega, \mathscr{A})$.

„⇐": Für alle Intervalle $[a,b) := [a_1, b_1) \times \cdots \times [a_n, b_n) \subset \mathbb{R}^n$ gilt

$$\{x \in \Omega : f(x) \in [a,b)\} = \bigcap_{1 \leq i \leq n} \{x \in \Omega : f_i(x) \in [a_i, b_i)\} \in \mathscr{A}.$$

Da die halb-offenen Intervalle die σ-Algebra $\mathscr{B}_n$ erzeugen, folgt also $f^{-1}(B) \in \mathscr{A}$ für alle $B \in \mathscr{B}_n$.

□

2.11 Satz
$(\Omega, \mathscr{A})$ sei ein messbarer Raum. Sind $f_1, \ldots, f_n \in \mathscr{M}(\Omega, \mathscr{A})$ und ist $g : \mathbb{R}^n \to \mathbb{R}$ BOREL-messbar, so ist auch $g \circ (f_1, \ldots, f_n) \in \mathscr{M}(\Omega, \mathscr{A})$.

***Beweis*:** Dies ist ein Spezialfall von Lemma 2.2 und Lemma 2.10.□

2.12 Satz
Jede stetige Abbildung $f : \mathbb{R}^n \to \mathbb{R}^m$ ist BOREL-messbar (und damit auch LEBESGUE-messbar).

***Beweis*:** Da bei stetigen Abbildungen die Urbilder offener Mengen offen sind und die offenen Mengen die σ-Algebra der BORELSCHEN Mengen erzeugen, folgt die Behauptung aus Satz 2.3. □

2.13 Schreibweise
Für zwei Abbildungen $f_1, f_2 : \Omega \to \mathbb{R}$ setzen wir

$$(f_1 \veebar f_2)(x) := \min\{f_1(x), f_2(x)\},$$

$$(f_1 \barwedge f_2)(x) := \max\{f_1(x), f_2(x)\}.$$

2.14 Satz
Es seien f bzw. $f_i \in \mathscr{M}(\Omega, \mathscr{A})$ und $a \in \mathbb{R}$. Dann sind die folgenden Funktionen ebenfalls in $\mathscr{M}(\Omega, \mathscr{A})$:

$$a \cdot f,\ |f|,\ \exp(f),\ f_1 + f_2,\ f_1 \cdot f_2,\ f_1 \veebar f_2,\ f_1 \barwedge f_2.$$

***Beweis*:** Direkt aus den Sätzen 2.11 und 2.12. □

2.15 Satz
$(f_n)_{n\in\mathbb{N}^*} \subset \mathscr{M}(\Omega, \mathscr{A})$ sei gegeben. Dann gilt:

(a) *$\inf_{n\in\mathbb{N}^*} f_n \in \mathscr{M}(\Omega, \mathscr{A})$, falls $\{f_n(x) : n \in \mathbb{N}^*\}$ für alle x nach unten beschränkt ist.*

(b) *$\sup_{n\in\mathbb{N}^*} f_n \in \mathscr{M}(\Omega, \mathscr{A})$, falls $\{f_n(x) : n \in \mathbb{N}^*\}$ für alle x nach oben beschränkt ist.*

(c) *$lim_{n\to\infty} f_n \in \mathscr{M}(\Omega, \mathscr{A})$, falls $\lim_{n\to\infty} f_n(x)$ für alle x eigentlich existiert.*

***Beweis*:** Die Aussagen ergeben sich durch folgende Gleichungen:

(a)

$$\left\{\inf_{n\in\mathbb{N}^*} f_n < a\right\} = \bigcup_{n\in\mathbb{N}^*} \{f_n < a\},$$

(b)

$$\left\{\sup_{n\in\mathbb{N}^*} f_n > a\right\} = \bigcup_{n\in\mathbb{N}^*} \{f_n > a\},$$

(c)

$$\lim_{n\to\infty} f_n = \sup_{n\in\mathbb{N}^*} \left(\inf_{m\geq n} f_m\right).$$

Damit ist alles bewiesen. □

2.16 Definition
$(\Omega, \mathscr{A})$ sei ein messbarer Raum. Eine messbare Abbildung $e : \Omega \to \mathbb{R}$ heißt *einfache Funktion* bezüglich des messbaren Raums $(\Omega, \mathscr{A})$, wenn sie nur endlich viele verschiedene Werte $a_1, \ldots, a_m \in \mathbb{R}$ annimmt. Jede einfache Funktion kann damit in der Form

$$e = \sum_{k=1}^{m} a_k 1_{A_k},\ \text{mit } m \in \mathbb{N},\ a_k \in \mathbb{R},\ A_k \in \mathscr{A}$$

mit paarweise disjunkten Mengen $A_k := e^{-1}(a_k)$ geschrieben werden. Dabei ist

$$1_{A_k}(x) = \begin{cases} 1, & \text{falls } x \in A_k \\ 0, & \text{falls } x \notin A_k \end{cases}$$

die *charakteristische Funktion* der Menge A_k. Die Menge der einfachen Funktionen bezüglich $(\Omega, \mathscr{A})$ wird mit $\mathscr{E}(\Omega, \mathscr{A})$ bezeichnet. Weiter bezeichne $\mathscr{E}_+(\Omega, \mathscr{A})$ die Menge der nicht-negativen einfachen Funktionen.

Jede messbare Funktion $e : \Omega \to \mathbb{R}$ mit einer Darstellung der Form

$$e = \sum_{k=1}^{m} a_k 1_{A_k}, \qquad A_k \text{ messbar}, a_k \in \mathbb{R}$$

nimmt nur endlich viele verschiedenen Werte an und ist deshalb einfach, selbst dann, wenn die Mengen A_k nicht paarweise disjunkt sind.

Wir setzen

$$\mathscr{M}_+(\Omega, \mathscr{A}) := \{f \in \mathscr{M}(\Omega, \mathscr{A}) : f \geq 0\}.$$

2.17 Satz

Zu jedem $f \in \mathscr{M}_+(\Omega, \mathscr{A})$ existiert eine monoton aufsteigende Folge einfacher Funktionen $(e_n)_{n \in \mathbb{N}^*} \subset \mathscr{E}_+(\Omega, \mathscr{A})$ mit $\lim_{n\to\infty} e_n = f$.

Beweis: Man setze zum Beispiel

$$e_n := \sum_{0 \leq k \leq n2^n - 1} \frac{k}{2^n} 1_{A_{n,k}} \quad \text{mit} \quad A_{n,k} := \left\{ \frac{k}{2^n} \leq f \leq \frac{k+1}{2^n} \right\}.$$

□

2.1.2 Charakterisierungen von Lebesgue-messbaren Funktionen

Wir hatten in Satz 2.12 gesehen, dass stetige Funktionen Borel-messbar sind, also insbesondere Lebesgue-messbar. Wir fragen, bis zu welchem Maß umgekehrt eine LEBESGUE-messbare Funktion stetig sein muss. Als erstes wichtiges Beispiel hierzu betrachten wir die charakteristische Funktion $1_{\mathbb{Q}}$. Diese ist LEBESGUE-messbar, aber nirgends stetig. Allerdings ist zum Beispiel die Funktion $1_{\mathbb{Q}}|_{\mathbb{Q}}$ stetig, denn sie ist konstant 1. Man beachte, dass für eine Funktion $f : \Omega \to \mathbb{R}$ und eine Teilmenge $E \subset \Omega$ im Allgemeinen die Aussage

$$f \text{ ist stetig in } E$$

nicht gleichbedeutend mit der Aussage

$$f|_E \text{ ist stetig}$$

ist. Um die Stetigkeit der Funktion $f|_E$ in $x \in E$ nachzuprüfen, muss man nämlich nur die Grenzwerte von Folgen $(f(x_k))_{k\in\mathbb{N}}$ mit $\lim_{k\to\infty} x_k = x$ **und** $(x_k)_{k\in\mathbb{N}} \subset E$ untersuchen. Daher gilt zwar

$$f \text{ ist stetig in } E \quad \Rightarrow \quad f|_E \text{ ist stetig,}$$

aber nicht notwendigerweise die Umkehrung dieser Aussage.

Das nächste Lemma ist weiter unten für den Beweis des Satzes von LUSIN wichtig.

2.18 Lemma
Gegeben seien eine Funktion $f : \mathbb{R}^n \to \mathbb{R}$ und zwei abgeschlossene Teilmengen $F_1, F_2 \subset \mathbb{R}^n$. Sind $f|_{F_1}$ und $f|_{F_2}$ stetig, so gilt dies ebenfalls für $f|_{F_1 \cup F_2}$.

Beweis: $x \in F_1 \cup F_2$ sei beliebig und für eine Folge $(x_k)_{k\in\mathbb{N}} \subset F_1 \cup F_2$ gelte $\lim_{k\to\infty} x_k = x$. Es gibt nun zwei mögliche Fälle:

(i) Es existiert ein $k_0 \in \mathbb{N}^*$, sodass $x_k \in F_1 \setminus F_2$ für alle $k \geq k_0$ oder $x_k \in F_2 \setminus F_1$ für alle $k \geq k_0$. Ohne Einschränkung gelte $x_k \in F_1 \setminus F_2$ für alle $k \geq k_0$. Da F_1 abgeschlossen ist, gilt dann ebenfalls $x \in F_1$ und die Stetigkeit von $f|_{F_1}$ impliziert $\lim_{k\to\infty} f(x_k) = f(x)$.

(ii) Die Folge $(x_k)_{k\in\mathbb{N}}$ zerfällt in zwei Teilfolgen $(x_{k_i})_{i\in\mathbb{N}^*} \subset F_1$ und $(x_{k_j})_{j\in\mathbb{N}^*} \subset F_2$. Wegen der Abgeschlossenheit von F_1 und F_2 ist in diesem Fall $x \in F_1 \cap F_2$ und es gilt

$$\lim_{i\to\infty} f(x_{k_i}) = f(x) = \lim_{j\to\infty} f(x_{k_j}),$$

denn $f|_{F_1}, f|_{F_2}$ sind stetig. Da die Grenzwerte der Teilfolgen $(f(x_{k_i}))_{i\in\mathbb{N}^*}$, $(f(x_{k_j}))_{j\in\mathbb{N}^*}$ übereinstimmen, konvergiert nun die Folge $(f(x_k))_{k\in\mathbb{N}^*}$ gegen denselben Grenzwert $f(x)$.

In jedem Fall folgt somit $\lim_{k\to\infty} f(x_k) = f(x)$ und $f|_{F_1\cup F_2}$ ist ebenfalls stetig. □

2.19 Bemerkung

Wie das Beispiel $f = 1_{\mathbb{Q}}$ zeigt, kann auf die Abgeschlossenheit der Mengen F_1, F_2 nicht verzichtet werden, denn in diesem Fall sind für $F_1 := \mathbb{Q}$ und $F_2 := \mathbb{R}\setminus\mathbb{Q}$ die beiden Funktionen $f|_{F_1} = 1$, $f|_{F_2} = 0$ stetig, nicht aber $f|_{F_1\cup F_2} = f$.

2.20 Satz (Lusin)

$A \subset \mathbb{R}^n$ sei Lebesgue*-messbar. Eine Funktion $f : A \to \mathbb{R}$ ist genau dann* Lebesgue*-messbar, wenn es zu jedem $\epsilon > 0$ eine abgeschlossene Menge F_ϵ mit $F_\epsilon \subset A$ gibt, sodass*

(i) $f|_{F_\epsilon}$ *ist stetig.*

(ii) $\lambda_n(A \setminus F_\epsilon) < \epsilon$.

Bedingungen (i) *und* (ii) *heißen* Lusin*-Bedingungen.*

Beweis:

„$\Leftarrow$“: Die Lusin-Bedingungen seien erfüllt. Für $a \in \mathbb{R}$ setzen wir

$$B_a := \{x \in A : f(x) \geq a\}.$$

Um die Messbarkeit von f zu beweisen, genügt es die Messbarkeit der Mengen B_a für alle $a \in \mathbb{R}$ nachzuweisen. Sei F_ϵ wie in der Lusin-Bedingung und

$$C_\epsilon := B_a \cap F_\epsilon = \{x \in F_\epsilon : f(x) \geq a\}.$$

Weil $f|_{F_\epsilon}$ stetig ist, ist die Menge C_ϵ als Urbild einer abgeschlossenen Menge selbst abgeschlossen in F_ϵ. Da jedoch F_ϵ in $\mathbb{R}^n$ abgeschlossen ist, gilt dies nun ebenfalls für C_ϵ. Wegen

$$B_a \setminus C_\epsilon - B_a \setminus F_\epsilon \subset A \setminus F_\epsilon$$

folgt dann noch

$$\lambda_n^*(B_a \setminus C_\epsilon) \leq \lambda_n^*(A \setminus F_\epsilon) = \lambda_n(A \setminus F_\epsilon) < \epsilon,$$

denn $A \setminus F_\epsilon$ ist messbar. Aus Satz 1.34 ergibt sich nun die Messbarkeit von B_a.

„$\Rightarrow$“: $f : A \to \mathbb{R}$ sei LEBESGUE-messbar.

1. Fall: f sei eine einfache Funktion, das heißt es gelte

$$f = \sum_{k=1}^{m} c_k 1_{A_k}, \quad A = A_1 \cup \cdots \cup A_m$$

mit paarweise disjunkten messbaren Mengen $A_k \in \mathscr{L}_n$ und Konstanten $c_k \in \mathbb{R}$, $k = 1, \ldots, m$. Da die A_k LEBESGUE-messbar sind, existieren nach Satz 1.34 abgeschlossene Mengen $F_k \subset A_k$ mit $\lambda_n(A_k \setminus F_k) < \frac{\epsilon}{m}$. Dann ist die Vereinigung $F = F_1 \cup \cdots \cup F_m$ ebenfalls abgeschlossen und $\lambda_n(A \setminus F) < \epsilon$. Weil $f|_{F_k}$, $k = 1, \ldots, m$ stetig und die Mengen $F_1, \ldots, F_m$ abgeschlossen sind, folgt aus Lemma 2.18 die Stetigkeit von $f|_F$. Somit sind die LUSIN-Bedingungen für einfache Funktionen erfüllt.

2. Fall: f sei eine beliebige beschränkte LEBESGUE-messbare Funktion und $C > 0$ sei eine Schranke für $|f|$. Wir definieren die Funktionenfolge

$$f_m(x) := \begin{cases} -m & , \text{ falls } f(x) < -m, \\ \frac{k}{2^m} & , \text{ falls } -m \leq \frac{k}{2^m} \leq f(x) < \frac{k+1}{2^m} \leq m, \\ m & , \text{ falls } f(x) \geq m. \end{cases}$$

$(f_m)_{m \in \mathbb{N}}$ ist eine Folge einfacher Funktionen, die auf A gleichmäßig gegen f konvergiert, denn für $m \geq C$ gilt

$$|f_m(x) - f(x)| \leq \frac{1}{2^m}, \text{ für alle } x \in A.$$

Da wir bereits gezeigt haben, dass die LUSIN-Bedingungen für die einfachen Funktionen erfüllt sind, existiert zu jedem $\epsilon > 0$ und jedem $m \in \mathbb{N}$ eine abgeschlossene Teilmenge $F_m \subset A$ mit

- $f_m|_{F_m}$ ist stetig und
- $\lambda_n(A \setminus F_m) < \frac{\epsilon}{2^m}$.

Für den abgeschlossenen Durchschnitt $F := \bigcap_{m\in\mathbb{N}^*} F_m \subset A$ gilt dann

$$\lambda_n(A \setminus F) = \lambda_n\left(\bigcup_{m\in\mathbb{N}^*} (A \setminus F_m)\right) < \sum_{m=1}^{\infty} \frac{\epsilon}{2^m} = \epsilon.$$

Weil $(f_m|_F)_{m\in\mathbb{N}^*}$ gleichmäßig gegen $f|_F$ konvergiert und die Funktionen $f_m|_F$ stetig sind, gilt dies nun ebenfalls für den Grenzwert $f|_F$, das heißt wir haben die LUSIN-Bedingungen für f nachgewiesen.

3. Fall: f sei messbar, aber nicht notwendig beschränkt. Die Funktion $\arctan : \mathbb{R} \to (-\pi/2, \pi/2)$ ist ein Homöomorphismus und die Funktion

$$g := \arctan \circ f : A \to \left(-\frac{\pi}{2}, \frac{\pi}{2}\right)$$

ist messbar und beschränkt, sodass g die LUSIN-Bedingungen erfüllt. Wegen $f = \tan \circ g$ erfüllt f diese Bedingungen ebenfalls.

□

2.21 Satz (Frechet)
$A \subset \mathbb{R}^n$ sei eine LEBESGUE-*Menge und $f : A \to \mathbb{R}$ sei* LEBESGUE-*messbar. Dann existiert eine Folge $(f_k : A \to \mathbb{R})_{k\in\mathbb{N}}$ stetiger Funktionen, die λ_n-fast überall gegen f konvergiert.*

***Beweis*:** Aus dem Satz von LUSIN schließen wir, dass es zu jedem $k \in \mathbb{N}^*$ eine abgeschlossene Menge $F_k \subset A$ gibt, sodass $f|_{F_k}$ stetig ist und $\lambda_n(A \setminus F_k) < \frac{1}{k}$. Für die abgeschlossenen Mengen $C_m := F_1 \cup \ldots \cup F_m$ gilt dann

(i) $C_m \subset C_{m+1}$, für alle $m \in \mathbb{N}^*$.

(ii) $f|_{C_m}$ ist stetig (nach Lemma 2.18).

(iii) $\lambda_n(A \setminus \bigcup_{m\in\mathbb{N}^*} C_m) = 0$, denn für alle $m \in \mathbb{N}^*$ ist

$$\lambda_n\left(A \setminus \bigcup_{m\in\mathbb{N}^*} C_m\right) \leq \lambda_n(A \setminus C_m) \leq \lambda_n(A \setminus F_m) < \frac{1}{m}.$$

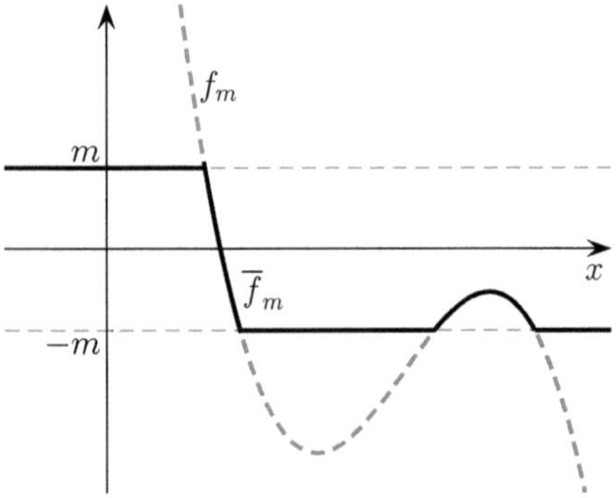

Abbildung 2.1: Ist $\overline{f}_m = \max\bigl(\min(f, m), -m\bigr)$ die Abschneidefunktion einer stetigen Funktion f, so ist $\overline{f}_m$ stetig und der Graph liegt zwischen den Werten m und $-m$.

Zu jedem $m \in \mathbb{N}^*$ betrachten wir nun die *Abschneidefunktion* (siehe Abbildung 2.1)

$$\overline{f}_m : C_m \to \mathbb{R}, \quad \overline{f}_m := \max\bigl(\min(f|_{C_m}, m), -m\bigr).$$

Diese Funktion ist ebenfalls auf C_m stetig. Wegen der Abgeschlossenheit von C_m impliziert der Fortsetzungssatz von TIETZE (Rin75), dass es eine stetige Fortsetzung von $\overline{f}_m$ auf A gibt, das heißt es existiert eine stetige Funktion $G_m : A \to \mathbb{R}$ mit $G_m|_{C_m} = \overline{f}_m$.

Wir behaupten nun, dass die Folge $(G_m)_{m\in\mathbb{N}^*}$ auf $\bigcup_{m\in\mathbb{N}^*} C_m$ punktweise gegen f konvergiert.

Zu $x \in \bigcup_{m\in\mathbb{N}^*} C_m$ existiert nämlich ein m_0 mit $x \in C_{m_0}$ und wegen (i) ist dann für alle $m \geq m_0$ ebenfalls $x \in C_m$ und

$$\begin{aligned} G_m(x) = \overline{f}_m(x) &= \max\bigl(\min(f|_{C_m}(x), m), -m\bigr) \\ &= \max\bigl(\min(f(x), m), -m\bigr). \end{aligned}$$

Daraus folgt

$$\begin{aligned} \lim_{m\to\infty} G_m(x) &= \lim_{m\to\infty} \overline{f}_m(x) \\ &= \lim_{m\to\infty} \max\bigl(\min(f(x), m), -m\bigr) = f(x). \end{aligned}$$

Damit ist der Satz von FRECHET bewiesen. □

2.1.3 Numerische Funktionen

Es ist oft zweckmäßig, ebenso Funktionen zuzulassen, die Werte im Bereich $[-\infty, \infty]$ annehmen. Hierzu benötigen wir einige Definitionen bzw. Vereinbarungen.

Im Folgenden verstehen wir unter der Menge $\overline{\mathbb{R}}$ die Menge

$$\overline{\mathbb{R}} := [-\infty, \infty] := \mathbb{R} \cup \{-\infty\} \cup \{\infty\}.$$

Es hat sich in der gesamten Maßtheorie als sinnvoll erwiesen, mit dieser erweiterten „Zahlenmenge“ wie folgt zu rechnen:

$$\begin{aligned}
(\pm\infty) + (\pm\infty) &:= \pm\infty, \\
a + (\pm\infty) &:= (\pm\infty) + a := \pm\infty, \text{ für alle } a \in \mathbb{R} \\
a \cdot (\pm\infty) &:= (\pm\infty) \cdot a := \begin{cases} 0 & , a = 0 \\ \pm\infty & , a \in (0, \infty] \\ \mp\infty & , a \in [-\infty, 0) \end{cases}
\end{aligned}$$

Eine Festlegung von $(+\infty)+(-\infty)$, $(-\infty)+(+\infty)$ werden wir jedoch nicht vornehmen[1)].

2.22 Definition
Eine Abbildung $f : \Omega \to \overline{\mathbb{R}}$ heißt *numerische Funktion* auf Ω. Eine numerische Funktion f heißt *messbar* bezüglich einer σ-Algebra $\mathscr{A}$ über Ω, wenn $\{f < a\} \in \mathscr{A}$ für alle $a \in \mathbb{R}$. Wir setzen

$$\bar{\mathscr{M}}(\Omega, \mathscr{A}) := \{f : \Omega \to \overline{\mathbb{R}} : f \text{ ist messbar}\},$$

$$\bar{\mathscr{M}}_+(\Omega, \mathscr{A}) := \{f \in \bar{\mathscr{M}}(\Omega, \mathscr{A}) : f \geq 0\}.$$

2.23 Bemerkung
(a) Für $f \in \bar{\mathscr{M}}(\Omega, \mathscr{A})$ gelten

$$\begin{aligned}
\{f = -\infty\} &= \bigcap_{n \in \mathbb{N}} \{f < -n\} \in \mathscr{A}, \\
\{f = \infty\} &= \bigcap_{n \subset \mathbb{N}} (\Omega \setminus \{f < n\}) \in \mathscr{A}
\end{aligned}$$

1) In einigen Büchern wird $(+\infty) + (-\infty) = (-\infty) + (+\infty) = 0$ gesetzt, wir wollen diesem Ansatz aber hier nicht folgen.

und daher ist $f \cdot 1_{\{|f|<\infty\}} \in \mathscr{M}(\Omega, \mathscr{A})$. Eine numerische Funktion $f : \Omega \to \overline{\mathbb{R}}$ ist also genau dann messbar, wenn sie $\mathscr{A}$-$\widehat{\mathscr{B}}$-messbar ist, wobei hier und im Folgenden die σ-Algebra $\widehat{\mathscr{B}}$ durch

$$\widehat{\mathscr{B}} := \{B \subset \overline{\mathbb{R}} : B \cap \mathbb{R} \subset \mathscr{B}\}$$

gegeben sei.

(b) $f \in \bar{\mathscr{M}}(\Omega, \mathscr{A}) \Rightarrow |f| \in \bar{\mathscr{M}}_+(\Omega, \mathscr{A})$.

(c) $f \in \bar{\mathscr{M}}(\Omega, \mathscr{A})\,, a \in \mathbb{R} \Rightarrow af \in \bar{\mathscr{M}}(\Omega, \mathscr{A})$.

(d) $f, g \in \bar{\mathscr{M}}_+(\Omega, \mathscr{A}) \Rightarrow f + g \in \bar{\mathscr{M}}_+(\Omega, \mathscr{A})$.

Analog zu Satz 2.15 erhalten wir noch:

2.24 Satz
Gegeben sei eine Folge $(f_n)_{n\in\mathbb{N}} \subset \bar{\mathscr{M}}(\Omega, \mathscr{A})$. Dann folgt

(a) $\inf_{n\in\mathbb{N}} f_n, \sup_{n\in\mathbb{N}} f_n \in \bar{\mathscr{M}}(\Omega, \mathscr{A})$.

(b) *Ist $(f_n)_{n\in\mathbb{N}}$ konvergent, zum Beispiel $\lim_{n\to\infty} f_n = f$, so folgt $f \in \bar{\mathscr{M}}(\Omega, \mathscr{A})$.*

2.2 Integration von Funktionen

Wir möchten nun schrittweise Integrale für messbare Funktionen einführen. Wir beginnen mit einfachen Funktionen und werden danach den Integrationsbegriff auf die Menge der nicht-negativen messbaren Funktionen ausdehnen. Zum Schluss lösen wir uns noch von der Vorzeichenbedingung.

2.2.1 Integrale einfacher Funktionen

Für einfache Funktionen lässt sich ein Integral erklären.

2.25 Lemma
$(\Omega, \mathscr{A}, \mu)$ sei ein Maßraum. Gilt

$$e = \sum_{k=1}^{m} a_k 1_{A_k} = \sum_{l=1}^{n} b_l 1_{B_l} \in \mathscr{E}_+(\Omega, \mathscr{A})$$

mit paarweise disjunkten Mengen A_k, $k = 1, \ldots, m$ *und paarweise disjunkten Mengen* B_l, $l = 1, \ldots, n$, *so ist*

$$\sum_{k=1}^{m} a_k \mu(A_k) = \sum_{l=1}^{n} b_l \mu(B_l) \in [0, \infty].$$

***Beweis*:** Wir können ohne Einschränkung annehmen, dass

$$\bigcup_{k=1}^{m} A_k = \Omega = \bigcup_{l=1}^{n} B_l.$$

Dann wird

$$1_{A_k} = \sum_{l=1}^{n} 1_{A_k \cap B_l}, \quad 1_{B_l} = \sum_{k=1}^{m} 1_{A_k \cap B_l}.$$

Dies impliziert

$$e = \sum_{k=1}^{m} a_k 1_{A_k} = \sum_{k=1}^{m} \sum_{l=1}^{n} a_k 1_{A_k \cap B_l}$$

und ebenso

$$e = \sum_{k=1}^{m} \sum_{l=1}^{n} b_l 1_{A_k \cap B_l}.$$

Da auch die Mengen $C_{kl} := A_k \cap B_l$ paarweise disjunkt sind, folgt hieraus wiederum $a_k = b_l$ für jedes Indexpaar (k, l) mit $C_{kl} \neq \varnothing$. Also

$$\begin{aligned} \sum_{k=1}^{m} a_k \mu(A_k) &= \sum_{k=1}^{m} \sum_{l=1}^{n} a_k \mu(A_k \cap B_l) \\ &= \sum_{k=1}^{m} \sum_{l=1}^{n} b_l \mu(A_k \cap B_l) = \sum_{l=1}^{n} b_l \mu(B_l). \end{aligned}$$

□

Nach Lemma 2.25 ist das folgende Integral einer nicht-negativen einfachen Funktion wohldefiniert.

2.26 Definition
Für einfache Funktionen

$$e = \sum_{k=1}^{m} a_k 1_{A_k} \in \mathscr{E}_+(\Omega, \mathscr{A})$$

mit paarweise disjunkten messbaren Mengen $A_1, \ldots, A_m$ setzen wir

$$\int_\Omega e d\mu := \sum_{k=1}^{m} a_k \mu(A_k)$$

und nennen die rechte Seite das *Integral* von e über Ω bezüglich μ.

2.27 Bemerkung
Da $\mu(A_k) = \infty$ möglich wäre, kann man an dieser Stelle noch nicht auf dieselbe Weise ein Integral für alle einfachen Funktionen erklären. Zum Beispiel wäre dies ein Problem für einfache Funktionen der Form $e = a \cdot 1_A - b \cdot 1_B$, für disjunkte Mengen A, B mit $\mu(A) = \mu(B) = \infty$.

2.28 Satz
Das Integral bezüglich μ auf $\mathscr{E}_+(\Omega, \mathscr{A})$ erfüllt die folgenden Aussagen:

(a) $e \in \mathscr{E}_+(\Omega, \mathscr{A})$, $a \in [0, \infty) \Rightarrow a \cdot e \in \mathscr{E}_+(\Omega, \mathscr{A})$ *und*

$$\int_\Omega (ae) d\mu = a \int_\Omega e d\mu.$$

(b) $e_1, e_2 \in \mathscr{E}_+(\Omega, \mathscr{A}) \Rightarrow e_1 + e_2 \in \mathscr{E}_+(\Omega, \mathscr{A})$ *und*

$$\int_\Omega (e_1 + e_2) d\mu = \int_\Omega e_1 d\mu + \int_\Omega e_2 d\mu.$$

(c) *Für $a_k \in [0, \infty)$, $k = 1, \ldots, m$, und nicht notwendigerweise paarweise disjunkte $A_k \in \mathscr{A}$ gilt*

$$\int_\Omega \sum_{k=1}^{m} a_k 1_{A_k} d\mu = \sum_{k=1}^{m} a_k \mu(A_k).$$

(d) $e_1, e_2 \in \mathscr{E}_+(\Omega, \mathscr{A})$, $e_1 \underset{\text{f.ü.}}{\leq} e_2 \Rightarrow \int_\Omega e_1 d\mu \leq \int_\Omega e_2 d\mu.$

Beweis:

(a) Trivial.

(b) Es seien $e_1 = \sum_{k=1}^m a_k 1_{A_k}$ mit $a_k \in [0, \infty)$ und paarweise disjunkten $A_k \in \mathscr{A}$, $\bigcup_{k=1}^m A_k = \Omega$, sowie $e_2 = \sum_{l=1}^n b_l 1_{B_l}$ mit $b_l \in [0, \infty)$ und paarweise disjunkten $B_l \in \mathscr{A}$, $\bigcup_{l=1}^n B_l = \Omega$. Es folgt

$$e_1 = \sum_{k=1}^m \sum_{l=1}^n a_k 1_{A_k \cap B_l}, \quad e_2 = \sum_{k=1}^m \sum_{l=1}^n b_l 1_{A_k \cap B_l}$$

mit paarweise disjunkten Mengen $C_{kl} := A_k \cap B_l$. Dies impliziert

$$e_1 + e_2 = \sum_{k=1}^m \sum_{l=1}^n (a_k + b_l) 1_{A_k \cap B_l}$$

und dann

$$\begin{aligned} \int_\Omega (e_1 + e_2) d\mu &= \sum_{k=1}^m \sum_{l=1}^n (a_k + b_l) \mu(A_k \cap B_l) \\ &= \sum_{k=1}^m a_k \mu(A_k) + \sum_{l=1}^n b_l \mu(B_l) \\ &= \int_\Omega e_1 d\mu + \int_\Omega e_2 d\mu. \end{aligned}$$

(c) Dies folgt aus den ersten beiden Teilen, denn $\int_\Omega 1_A d\mu = \mu(A)$ für $A \in \mathscr{A}$.

(d) Nach Beweisteil (b) besitzen e_1 und e_2 Darstellungen der Form $e_1 = \sum_{k=1}^m a_k 1_{A_k}$, $e_2 = \sum_{k=1}^m b_k 1_{A_k}$ mit paarweise disjunkten A_k. Da $e_1 \underset{\text{f.ü.}}{\leq} e_2$, folgt $a_k \leq b_k$ für alle k mit $\mu(A_k) > 0$. Damit ist aber auch

$$\int_\Omega e_1 d\mu = \sum_{k=1}^m a_k \mu(A_k) \leq \sum_{k=1}^m b_k \mu(A_k) = \int_\Omega e_2 d\mu.$$

□

2.2.2 Integration von messbaren und numerischen Funktionen

2.29 Satz

Für eine monoton aufsteigende Folge $(e_n)_{n\in\mathbb{N}} \subset \mathscr{E}_+(\Omega, \mathscr{A})$ *und ein* $e \in \mathscr{E}_+(\Omega, \mathscr{A})$ *gelte* $e \underset{\text{f.ü.}}{\leq} \lim_{n\to\infty} e_n$. *Dann ist*

$$\int_\Omega e d\mu \leq \lim_{n\to\infty} \int_\Omega e_n d\mu.$$

Beweis: Es sei $N \subset \Omega$ die Nullmenge, sodass $e \leq \lim_{n\to\infty} e_n$ auf $\Omega \setminus N$ erfüllt ist. Indem wir e durch die einfache Funktion

$$\tilde{e}(x) := \begin{cases} e(x) & , x \in \Omega \setminus N \\ 0 & , x \in N \end{cases}$$

ersetzen, können wir von Anfang an ohne Einschränkung annehmen, dass sogar $e \leq \lim_{n\to\infty} e_n$ auf ganz Ω gilt. Es gelte

$$e = \sum_{k=1}^m a_k 1_{A_k}, \text{ mit } A_k \in \mathscr{A}, \bigcup_{k=1}^m A_k = \Omega.$$

Für $a \in [0, 1)$ sei

$$K_n := \{a \cdot e \leq e_n\}.$$

K_n ist messbar, denn die Funktion $ae - e_n$ ist messbar. Es gilt

$$e \cdot 1_{K_n} = \sum_{k=1}^m a_k 1_{A_k \cap K_n} \in \mathscr{E}_+(\Omega, \mathscr{A})$$

und wegen $a < 1$ ist $(K_n)_{n\in\mathbb{N}} \uparrow \Omega$, also auch $(A_k \cap K_n)_{n\in\mathbb{N}} \uparrow A_k$ und $\lim_{n\to\infty} \mu(A_k \cap K_n) = \mu(A_k)$, für $k = 1, \ldots, m$. Es folgt

$$\begin{aligned} a \int_\Omega e d\mu &= a \sum_{k=1}^m a_k \mu(A_k) = a \lim_{n\to\infty} \sum_{k=1}^m a_k \mu(A_k \cap K_n) \\ &= \lim_{n\to\infty} \int_\Omega ae \cdot 1_{K_n} d\mu \leq \lim_{n\to\infty} \int_\Omega e_n d\mu, \end{aligned}$$

denn auf K_n ist $ae \cdot 1_{K_n} \leq e_n$. Da dies für jedes $a \in [0, 1)$ gilt, folgt die Behauptung durch Grenzübergang $a \to 1$. □

2.30 Korollar

$(e_n)_{n\in\mathbb{N}}, (f_n)_{n\in\mathbb{N}} \subset \mathscr{E}_+(\Omega,\mathscr{A})$ seien zwei aufsteigende Folgen einfacher Funktionen. Dann gilt

$$\lim_{n\to\infty} e_n \underset{\text{f.ü.}}{=} \lim_{n\to\infty} f_n \quad \Rightarrow \quad \lim_{n\to\infty} \int_\Omega e_n d\mu = \lim_{n\to\infty} \int_\Omega f_n d\mu.$$

***Beweis*:** Nach Voraussetzung gilt für alle $k \in \mathbb{N}$ die Ungleichung

$$e_k \leq \lim_{n\to\infty} e_n \underset{\text{f.ü.}}{\leq} \lim_{n\to\infty} f_n,$$

also nach Satz 2.29 auch

$$\int_\Omega e_k d\mu \leq \lim_{n\to\infty} \int_\Omega f_n d\mu.$$

Für $k \to \infty$ ergibt sich daraus

$$\lim_{n\to\infty} \int_\Omega e_n d\mu \leq \lim_{n\to\infty} \int_\Omega f_n d\mu.$$

Analog erhält man die Ungleichung in die andere Richtung. □

Mit Satz 2.17 und Korollar 2.30 können wir nun das Integral als Abbildung

$$\int : \mathscr{E}_+(\Omega,\mathscr{A}) \to [0,\infty], \quad e \mapsto \int_\Omega e d\mu$$

zu einer Abbildung

$$\int : \mathscr{M}_+(\Omega,\mathscr{A}) \to [0,\infty]$$

fortsetzen.

2.31 Definition

Für $f \in \mathscr{M}_+(\Omega,\mathscr{A})$ sei

$$\int_\Omega f d\mu := \lim_{n\to\infty} \int_\Omega e_n d\mu \in [0,\infty],$$

falls $(e_n)_{n\in\mathbb{N}} \subset \mathscr{E}_+(\Omega,\mathscr{A})$ mit $(e_n)_{n\in\mathbb{N}} \underset{\text{f.ü.}}{\uparrow} f$.

Die Aussagen von Satz 2.28 lassen sich nun auf nicht-negative messbare Funktionen übertragen.

2.32 Satz
Für $f, g \in \mathscr{M}_+(\Omega, \mathscr{A})$ *gilt*

(a) $\displaystyle\int_\Omega af d\mu = a \int_\Omega f d\mu$, *für alle* $a \in [0, \infty)$,

(b) $\displaystyle\int_\Omega (f+g) d\mu = \int_\Omega f d\mu + \int_\Omega g d\mu$,

(c) $\displaystyle f \underset{\text{f.ü.}}{\leq} g \Rightarrow \int_\Omega f d\mu \leq \int_\Omega g d\mu$.

***Beweis*:** Direkt aus den Sätzen 2.17, 2.28 und 2.29. □

Satz 2.17 lässt sich ebenfalls auf numerische Funktionen übertragen.

2.33 Satz
Zu jedem $f \in \bar{\mathscr{M}}_+(\Omega, \mathscr{A})$ *existiert eine monoton aufsteigende Folge einfacher Funktionen* $(e_n)_{n\in\mathbb{N}} \subset \mathscr{E}_+(\Omega, \mathscr{A})$ *mit* $\lim_{n\to\infty} e_n = f$.

Da für $f \in \bar{\mathscr{M}}_+(\Omega, \mathscr{A})$ die Funktion $f \cdot 1_{\{f<\infty\}} \in \mathscr{M}_+(\Omega, \mathscr{A})$, können wir das Integral nicht-negativer numerischer Funktionen wie folgt festlegen.

$$\int_\Omega f d\mu := \begin{cases} \displaystyle\int_\Omega f \cdot 1_{\{f<\infty\}} d\mu & \text{, falls } \mu(\{f=\infty\}) = 0, \\ \infty & \text{, falls } \mu(\{f=\infty\}) > 0. \end{cases}$$

Die Aussage von Satz 2.32 gilt damit unverändert, das heißt

2.34 Satz
Für $f, g \in \bar{\mathscr{M}}_+(\Omega, \mathscr{A})$ *gilt:*

(a) $\displaystyle\int_\Omega af d\mu = a \int_\Omega f d\mu$, *für alle* $a \in [0, \infty)$,

(b) $\displaystyle\int_\Omega (f+g) d\mu = \int_\Omega f d\mu + \int_\Omega g d\mu$,

(c) $\displaystyle f \underset{\text{f.ü.}}{\leq} g \Rightarrow \int_\Omega f d\mu \leq \int_\Omega g d\mu$.

2.2.3 Quasi-integrierbare und integrierbare Funktionen

Bisher haben wir nur für nicht-negative messbare Funktionen ein Integral erklärt. Im nächsten Schritt möchten wir, wenn möglich, ein

Integral für $f \in \mathscr{M}(\Omega, \mathscr{A})$ definieren. Dazu zerlegen wir f zunächst in den Positiv- und Negativteil.

2.35 Definition
Für $f \in \mathscr{M}(\Omega, \mathscr{A})$ seien

$$f^+ := f \mathbin{\overline{\wedge}} 0 = \max\{f, 0\} = \frac{1}{2}(|f| + f),$$
$$f^- := (-f) \mathbin{\overline{\wedge}} 0 = \frac{1}{2}(|f| - f).$$

Wir nennen f^+ den *Positivteil* und f^- den *Negativteil* von f. Man beachte, dass nach Satz 2.14 f^+ und f^- beide in $\mathscr{M}_+(\Omega, \mathscr{A})$ liegen. Außerdem sind $f = f^+ - f^-$ und $|f| = f^+ + f^-$.

2.36 Definition (Integrierbare Funktion)
$(\Omega, \mathscr{A}, \mu)$ sei ein Maßraum und $f \in \mathscr{M}(\Omega, \mathscr{A})$. Wir definieren

(a) f heißt *μ-quasi-integrierbar*, wenn

$$\int_\Omega f^+ d\mu < \infty \quad \text{oder} \quad \int_\Omega f^- d\mu < \infty.$$

Wir setzen

$$\mathscr{L}_q(\Omega, \mathscr{A}, \mu) := \{f \in \mathscr{M}(\Omega, \mathscr{A}) : f \text{ ist } \mu\text{-quasi-integrierbar}\}.$$

(b) f heißt *μ-integrierbar*, wenn

$$\int_\Omega f^+ d\mu < \infty \quad \text{und} \quad \int_\Omega f^- d\mu < \infty.$$

Ferner sei

$$\mathscr{L}(\Omega, \mathscr{A}, \mu) := \{f \in \mathscr{M}(\Omega, \mathscr{A}) : f \text{ ist } \mu\text{-integrierbar}\}.$$

(c) Sowohl für $f \in \mathscr{L}(\Omega, \mathscr{A}, \mu)$ als auch für $f \in \mathscr{L}_q(\Omega, \mathscr{A}, \mu)$ setzt man

$$\int_\Omega f d\mu := \int_\Omega f^+ d\mu - \int_\Omega f^- d\mu \in [-\infty, \infty]$$

und nennt dies das LEBESGUE-Integral von f bezüglich μ.

2.37 Satz
Für jede messbare Funktion $f \in \mathscr{M}(\Omega, \mathscr{A})$ gelten die beiden folgenden Aussagen.

(a) $f \in \mathscr{L}(\Omega, \mathscr{A}, \mu) \Leftrightarrow |f| \in \mathscr{L}(\Omega, \mathscr{A}, \mu) \Leftrightarrow \int_\Omega |f| d\mu < \infty$.

(b) *Sind* $g, h \in \mathscr{L}(\Omega, \mathscr{A}, \mu)$ *mit* $g \underset{\text{f.ü.}}{\leq} f \underset{\text{f.ü.}}{\leq} h$*, so folgt* $f \in \mathscr{L}(\Omega, \mathscr{A}, \mu)$*.*

***Beweis*:**

(a) Trivial, da $|f| = f^+ + f^-$.

(b) Nach Voraussetzung gilt $f^+ \underset{\text{f.ü.}}{\leq} h^+$ und $f^- \underset{\text{f.ü.}}{\leq} g^-$ und daher sowohl

$$\int_\Omega f^+ d\mu \leq \int_\Omega h^+ d\mu < \infty$$

als auch

$$\int_\Omega f^- d\mu \leq \int_\Omega g^- d\mu < \infty.$$

□

2.38 Satz

$\mathscr{L}(\Omega, \mathscr{A}, \mu)$ *ist ein Vektorraum und* $\int : \mathscr{L}(\Omega, \mathscr{A}, \mu) \to \mathbb{R}$ *ist eine Linearform. Außerdem gilt für je zwei Funktionen* $f, g \in \mathscr{L}(\Omega, \mathscr{A}, \mu)$ *mit* $f \underset{\text{f.ü.}}{\leq} g$ *auch*

$$\int_\Omega f d\mu \leq \int_\Omega g d\mu,$$

das heißt das Integral ist eine isotone Linearform.

***Beweis*:**

(i) Es seien $a \geq 0$ und $f \in \mathscr{L}(\Omega, \mathscr{A}, \mu)$. Dann ist $(af)^+ = af^+$, $(af)^- = af^-$ und somit

$$\int_\Omega (af) d\mu = a \int_\Omega f d\mu.$$

Da

$$(-af)^+ = \frac{1}{2}(|-af| + (-af)) = \frac{1}{2}(|af| - af) = af^-$$

und

$$(-af)^- = \frac{1}{2}(|-af| - (-af)) = \frac{1}{2}(|af| + af) = af^+,$$

gilt aber auch

$$\begin{aligned}\int_\Omega (-af)d\mu &= \int_\Omega (-af)^+ d\mu - \int_\Omega (-af)^- d\mu \\ &= a\int_\Omega f^- d\mu - a\int_\Omega f^+ d\mu = -a\int_\Omega f d\mu.\end{aligned}$$

also insgesamt für alle $a \in \mathbb{R}$

$$\int_\Omega (af)d\mu = a\int_\Omega f d\mu.$$

(ii) Es seien $f, g \in \mathscr{L}(\Omega, \mathscr{A}, \mu)$. Wegen $f + g \in \mathscr{M}(\Omega, \mathscr{A})$ und

$$\int_\Omega |f+g|d\mu \leq \int_\Omega (|f|+|g|)d\mu = \int_\Omega |f|d\mu + \int_\Omega |g|d\mu < \infty$$

ist $f + g \in \mathscr{L}(\Omega, \mathscr{A}, \mu)$. Im Allgemeinen gilt nicht $(f+g)^+ = f^+ + g^+$, jedoch gilt

$$(f+g)^+ + f^- + g^- = (f+g)^- + f^+ + g^+.$$

Dies impliziert

$$\begin{aligned}&\int_\Omega (f+g)^+ d\mu + \int_\Omega f^- d\mu + \int_\Omega g^- d\mu \\ &= \int_\Omega (f+g)^- d\mu + \int_\Omega f^+ d\mu + \int_\Omega g^+ d\mu \\ \Rightarrow\quad &\int_\Omega (f+g)d\mu = \int_\Omega (f+g)^+ d\mu - \int_\Omega (f+g)^- d\mu \\ &= \int_\Omega f^+ d\mu + \int_\Omega g^+ d\mu - \int_\Omega f^- d\mu - \int_\Omega g^- d\mu \\ &= \int_\Omega f d\mu + \int_\Omega g d\mu.\end{aligned}$$

(iii) Aus $f \underset{\text{f.ü.}}{\leq} g$ folgt $f^+ \underset{\text{f.ü.}}{\leq} g^+$ und $f^- \underset{\text{f.ü.}}{\geq} g^-$. Der Rest ergibt sich dann aus Satz 2.32.

□

Zum Schluss möchten wir die Integration auf numerische Funktionen ausdehnen.

2.39 Definition

(a) Eine numerische Funktion $f \in \bar{\mathscr{M}}(\Omega, \mathscr{A})$ heißt *quasi-integrierbar*, falls

$$\int_\Omega f^+ d\mu < \infty \quad \text{oder} \quad \int_\Omega f^- d\mu < \infty.$$

$\bar{\mathscr{L}}_q(\Omega, \mathscr{A}, \mu)$ sei die Menge der quasi-integrierbaren numerischen Funktionen.

(b) $f \in \bar{\mathscr{M}}(\Omega, \mathscr{A})$ heißt *integrierbar*, falls

$$\int_\Omega f^+ d\mu < \infty \quad \text{und} \quad \int_\Omega f^- d\mu < \infty.$$

$\bar{\mathscr{L}}(\Omega, \mathscr{A}, \mu)$ sei die Menge der integrierbaren numerischen Funktionen.

In beiden Fällen setzen wir

$$\int_\Omega f d\mu := \int_\Omega f^+ d\mu - \int_\Omega f^- d\mu.$$

Zusätzlich vereinbaren wir: Ist $A \in \mathscr{A}$ gegeben, so sei für jede numerische Funktion $f : \Omega \to \overline{\mathbb{R}}$ mit $f \cdot 1_A \in \bar{\mathscr{M}}(\Omega, \mathscr{A})$

$$\int_A f d\mu := \int_\Omega f \cdot 1_A d\mu,$$

sofern $f \cdot 1_A$ wenigstens quasi-integrierbar ist.

2.40 Bemerkung

(a) Es gelten folgende Inklusionen:

$$\begin{aligned} \mathscr{M}(\Omega, \mathscr{A}) &\subset \bar{\mathscr{M}}(\Omega, \mathscr{A}), & \mathscr{M}_+(\Omega, \mathscr{A}) &\subset \mathscr{L}_q(\Omega, \mathscr{A}, \mu), \\ \mathscr{M}_+(\Omega, \mathscr{A}) &\subset \bar{\mathscr{M}}_+(\Omega, \mathscr{A}), & \bar{\mathscr{M}}_+(\Omega, \mathscr{A}) &\subset \bar{\mathscr{L}}_q(\Omega, \mathscr{A}, \mu), \\ \mathscr{L}_q(\Omega, \mathscr{A}, \mu) &\subset \bar{\mathscr{L}}_q(\Omega, \mathscr{A}, \mu), & \mathscr{L}(\Omega, \mathscr{A}, \mu) &\subset \mathscr{L}_q(\Omega, \mathscr{A}, \mu), \\ \mathscr{L}(\Omega, \mathscr{A}, \mu) &\subset \bar{\mathscr{L}}(\Omega, \mathscr{A}, \mu), & \bar{\mathscr{L}}(\Omega, \mathscr{A}, \mu) &\subset \bar{\mathscr{L}}_q(\Omega, \mathscr{A}, \mu). \end{aligned}$$

(b) Sind A, B disjunkte messbare Mengen, so gilt $1_{A \cup B} = 1_A + 1_B$ und daher wird für $f : \Omega \to \overline{\mathbb{R}}$ mit $f \cdot 1_{A \cup B} \in \bar{\mathscr{M}}(\Omega, \mathscr{A})$

$$\begin{aligned} \int_{A \cup B} f d\mu &= \int_\Omega f \cdot 1_{A \cup B} d\mu = \int_\Omega f \cdot (1_A + 1_B) d\mu \\ &= \int_\Omega f \cdot 1_A d\mu + \int_\Omega f \cdot 1_B d\mu = \int_A f d\mu + \int_B f d\mu. \end{aligned}$$

(c) Für jede numerische Funktion $f : \Omega \to \overline{\mathbb{R}}$ gilt

$$f \underset{\text{f.ü.}}{=} 0 \quad \Leftrightarrow \quad f \in \bar{\mathscr{L}}(\Omega, \mathscr{A}, \mu) \text{ und } \int_\Omega |f| d\mu = 0.$$

Beweis:

„⇒": Ist $f \underset{\text{f.ü.}}{=} 0$, so ist insbesondere

$$\mu(\{x : |f(x)| = \infty\}) = 0$$

und $f \in \bar{\mathscr{M}}(\Omega, \mathscr{A})$ ist integrabel mit

$$\int_\Omega f^+ d\mu = \int_\Omega f^- d\mu = 0.$$

„⇐": Für $k \in \mathbb{N}^*$ sei $N_k := \{x \in \Omega : |f(x)| \geq \frac{1}{k}\}$. N_k ist messbar und wegen

$$\begin{aligned} 0 &= \int_\Omega |f| d\mu = \int_{N_k} |f| d\mu + \int_{\Omega \setminus N_k} |f| d\mu \\ &\geq \int_{N_k} |f| d\mu \geq \frac{1}{k}\mu(N_k) \end{aligned}$$

ist $\mu(N_k) = 0$. Dann ist aber auch die Menge

$$\{x \in \Omega : |f(x)| > 0\} = \bigcup_{k \in \mathbb{N}^*} N_k$$

als abzählbare Vereinigung von Nullmengen wieder eine Nullmenge (vergleiche mit Aufgabe 1.8), das heißt $|f|$ und damit ebenfalls f verschwinden μ-fast überall.

⊛

(d) Für $f \in \bar{\mathscr{M}}(\Omega, \mathscr{A})$ sind die folgenden Aussagen äquivalent

$$\begin{aligned} & f \in \bar{\mathscr{L}}(\Omega, \mathscr{A}, \mu) \\ \Leftrightarrow \quad & |f| \in \bar{\mathscr{L}}(\Omega, \mathscr{A}, \mu) \\ \Leftrightarrow \quad & \mu(\{|f| = \infty\}) = 0 \text{ und } |f| \cdot 1_{\{|f|<\infty\}} \in \mathscr{L}(\Omega, \mathscr{A}, \mu) \\ \Leftrightarrow \quad & \mu(\{|f| = \infty\}) = 0 \text{ und } f \cdot 1_{\{|f|<\infty\}} \in \mathscr{L}(\Omega, \mathscr{A}, \mu). \end{aligned}$$

(e) Ist $f \in \bar{\mathscr{L}}_q(\Omega, \mathscr{A}, \mu)$, so folgt auch $|f| \in \bar{\mathscr{L}}_q(\Omega, \mathscr{A}, \mu)$ (die Umkehrung dieser Aussage stimmt jedoch nicht) und es gilt die *Dreiecksungleichung für Integrale*

$$\left|\int_\Omega f d\mu\right| \leq \int_\Omega |f| d\mu. \tag{2.2.1}$$

BEWEIS: Dies folgt unmittelbar durch Zerlegung von f in Positiv- und Negativteil. Aus $f = f^+ - f^+$ und $|f| = f^+ + f^-$ ergibt sich sowohl

$$\int_\Omega f d\mu = \int_\Omega f^+ - f^- d\mu \leq \int_\Omega f^+ + f^- d\mu = \int_\Omega |f| d\mu$$

als auch

$$-\int_\Omega f d\mu = \int_\Omega f^- - f^+ d\mu \leq \int_\Omega f^+ + f^- d\mu = \int_\Omega |f| d\mu.$$

⊛

2.2.4 Riemann-Integral versus Lebesgue-Integral

Für reelle Funktionen $f : [a, b] \to \mathbb{R}$ haben wir inzwischen zwei verschiedene Integrationsbegriffe entwickelt, das RIEMANN-Integral und das LEBESGUE-Integral. Es ist daher sinnvoll, sowohl die Gemeinsamkeiten als auch die Unterschiede dieser beiden Integrationsbegriffe näher zu beleuchten.

In diesem Abschnitt möchten wir erste Vergleiche zwischen den beiden Integrationsbegriffen ziehen. Hierzu erinnern wir an Begriffe und Ergebnisse aus dem ersten Band.

2.41 Definition (Treppenfunktion)
$[a, b] \subset \mathbb{R}$ sei ein kompaktes Intervall. Eine Funktion $\tau : [a, b] \to \mathbb{R}$ heißt *Treppenfunktion*, falls es eine Unterteilung

$$a = x_0 < x_1 < \ldots < x_n = b$$

gibt, sodass $\tau|_{(x_{i-1}, x_i)}$ für jedes $i = 1, \ldots, n$ jeweils konstant ist. Mit $T[a, b]$ bezeichnen wir die Menge aller Treppenfunktionen auf dem Intervall $[a, b]$.

Eine Treppenfunktion ist damit auch immer eine einfache Funktion, das heißt es gilt $T[a,b] \subset \mathscr{E}(\mathbb{R}, \mathscr{L}_1, \lambda_1)$. Insbesondere sind Treppenfunktionen LEBESGUE-messbar.

Für die Definition des RIEMANN-Integrals führt man zunächst die Integrale von Treppenfunktionen und danach die Ober- und Unterintegrale ein. Diese waren wie folgt erklärt.

2.42 Definition

$[a,b] \subset \mathbb{R}$ sei ein kompaktes Intervall.

(a) $\tau \in T[a,b]$ sei eine Treppenfunktion und $a = x_0 < \ldots < x_n = b$ sei eine Unterteilung von $[a,b]$, sodass $\tau|_{(x_{i-1},x_i)} = c_i$ mit Konstanten $c_i \in \mathbb{R}, i = 1,\ldots,n$. Dann ist das RIEMANN-Integral von τ auf $[a,b]$ gegeben durch

$$\int_a^b \tau(x)dx := \sum_{i=1}^n c_i(x_i - x_{i-1}).$$

(b) $f : [a,b] \to \mathbb{R}$ sei eine beschränkte Funktion. Dann setzt man

$$\int_a^{b^*} f(x)dx := \inf\left\{\int_a^b \tau(x)dx : \tau \in T[a,b],\ \tau \geq f\right\}$$

und

$$\int_{a_*}^b f(x)dx := \sup\left\{\int_a^b \tau(x)dx : \tau \in T[a,b],\ \tau \leq f\right\}.$$

Man nennt $\int_a^{b^*} f(x)dx$ das *Oberintegral* und $\int_{a_*}^b f(x)dx$ das *Unterintegral* von f auf dem Intervall $[a,b]$.

Insbesondere stimmen natürlich das RIEMANN-Integral einer Treppenfunktion $\tau \in T[a,b]$ und das LEBESGUE-Integral der einfachen Funktion $\tau \cdot 1_{[a,b]}$ miteinander überein, also

$$\int_a^b \tau(x)dx = \int_{\mathbb{R}} \tau \cdot 1_{[a,b]} d\lambda_1. \tag{2.2.2}$$

RIEMANN-integrierbare Funktionen auf dem Intervall $[a, b]$ sind nun allgemeiner beschränkte Funktionen, bei denen Ober- und Unterintegrale übereinstimmen, also

2.43 Definition (Riemann-Integral)
Eine Funktion $f : [a, b] \to \mathbb{R}$ heißt RIEMANN-integrierbar, falls sie beschränkt ist und

$$\int_a^{b*} f(x)dx = \int_{a*}^{b} f(x)dx.$$

In diesem Fall heißt der gemeinsame Wert

$$\int_a^b f(x)dx := \int_a^{b*} f(x)dx = \int_{a*}^{b} f(x)$$

das RIEMANN-Integral von f auf dem Intervall $[a, b]$. Den Raum aller auf $[a, b]$ RIEMANN-integrierbaren Funktionen bezeichnen wir mit $\mathrm{R}[a, b]$.

Ein wichtiges Integrationskriterium zum RIEMANN-Integral war der folgende Satz.

2.44 Satz
Eine Funktion $f : [a, b] \to \mathbb{R}$ ist genau dann RIEMANN-integrierbar, wenn es zu jedem $\epsilon > 0$ zwei Treppenfunktionen $\tau, \sigma \in T[a, b]$ mit $\tau \leq f \leq \sigma$ gibt, sodass

$$\int_a^b \sigma(x)dx - \int_a^b \tau(x)dx \leq \epsilon.$$

Da das Minimum $\sigma := \min(\sigma_1, \ldots, \sigma_m)$ von m Treppenfunktionen wieder eine Treppenfunktion ist (analog für die Maxima von Treppenfunktionen), kann man das obige Kriterium auch noch etwas anders formulieren.

2.45 Satz
Eine Funktion $f : [a, b] \to \mathbb{R}$ ist genau dann RIEMANN-integrierbar, wenn es zu jedem $k \in \mathbb{N}^*$ Treppenfunktionen $\tau_k, \sigma_k \in T[a, b]$ mit

$$\tau_1 \leq \ldots \leq \tau_k \leq \tau_{k+1} \leq f \leq \sigma_{k+1} \leq \sigma_k \leq \ldots \leq \sigma_1$$

gibt, sodass

$$\int\limits_a^b \sigma_k(x)dx - \int\limits_a^b \tau_k(x)dx < \frac{1}{k}.$$

Für das RIEMANN-Integral von f gilt dann in diesem Fall

$$\int_a^b f(x)dx = \lim_{k\to\infty} \int_a^b \sigma_k(x)dx = \lim_{k\to\infty} \int_a^b \tau_k(x)dx.$$

Da die Treppenfunktionen insbesondere LEBESGUE-messbar sind, sind es auch die Funktionen $\sigma, \tau : [a, b] \to \mathbb{R}$ mit

$$\sigma(x) := \inf\{\sigma_k(x) : k \in \mathbb{N}^*\}, \quad \tau(x) := \sup\{\tau_k(x) : k \in \mathbb{N}^*\}.$$

Weil die Folgen $(\sigma_k \cdot 1_{[a,b]})_{k\in\mathbb{N}^*}$, $(\tau_k \cdot 1_{[a,b]})_{k\in\mathbb{N}^*}$ zudem einfache Funktionen sind, die gegen $\sigma \cdot 1_{[a,b]}$ bzw. $\tau \cdot 1_{[a,b]}$ punktweise konvergieren, folgt direkt aus der Definition des LEBESGUE-Integrals messbarer Funktionen, dass $\sigma \cdot 1_{[a,b]}$, $\tau \cdot 1_{[a,b]}$ LEBESGUE-integrierbar sind und sich deren LEBESGUE-Integrale als Grenzwerte

$$\int_{\mathbb{R}} \sigma \cdot 1_{[a,b]} d\lambda_1 = \lim_{k\to\infty} \int_{\mathbb{R}} \sigma_k \cdot 1_{[a,b]} d\lambda_1,$$

$$\int_{\mathbb{R}} \tau \cdot 1_{[a,b]} d\lambda_1 = \lim_{k\to\infty} \int_{\mathbb{R}} \tau_k \cdot 1_{[a,b]} d\lambda_1$$

ergeben. Weil $\sigma_k \geq f \geq \tau_k$ für alle $k \in \mathbb{N}^*$, folgt zusätzlich noch

$$\sigma \geq f \geq \tau.$$

Da aber für jede Treppenfunktion die RIEMANN- und LEBESGUE-Integrale übereinstimmen, das heißt

$$\int_{\mathbb{R}} \sigma_k \cdot 1_{[a,b]} d\lambda_1 = \int_a^b \sigma_k(x)dx, \quad \int_{\mathbb{R}} \tau_k \cdot 1_{[a,b]} d\lambda_1 = \int_a^b \tau_k(x)dx,$$

folgt sogar, dass die LEBESGUE-Integrale von $\sigma \cdot 1_{[a,b]}$ und $\tau \cdot 1_{[a,b]}$ mit dem RIEMANN-Integral von f übereinstimmen, also

$$\int_{\mathbb{R}} \sigma \cdot 1_{[a,b]} d\lambda_1 = \int_a^b f(x)dx = \int_{\mathbb{R}} \tau \cdot 1_{[a,b]} d\lambda_1.$$

Insbesondere ist

$$\int_{\mathbb{R}} (\sigma - \tau) \cdot 1_{[a,b]} d\lambda_1 = 0.$$

Aus Bemerkung 2.40(c) folgt, dass das LEBESGUE-Integral einer nicht-negativen LEBESGUE-integrierbaren Funktion genau dann verschwindet, wenn diese Funktion selbst λ_1-fast überall verschwindet. Daher haben wir

$$\sigma \underset{\lambda_1\text{-f.ü.}}{=} \tau.$$

Aus $\sigma \geq f \geq \tau$ folgt daher, dass sowohl σ als auch τ auf $[a,b]$ λ_1-fast überall mit f übereinstimmen. Insbesondere ist $f \cdot 1_{[a,b]}$ damit selbst LEBESGUE-messbar und dann sogar LEBESGUE-integrierbar, denn die Folge der einfachen Funktionen $(\sigma_k \cdot 1_{[a,b]})_{k\in\mathbb{N}^*}$ konveriert λ_1-fast überall gegen $f \cdot 1_{[a,b]}$ und dann sogar nach Abändern von f auf einer Nullmenge überall. Wiederum aus der Definition des LEBESGUE-Integrals ergibt sich

$$\int_{\mathbb{R}} f \cdot 1_{[a,b]} d\lambda_1 = \lim_{k\to\infty} \int_{\mathbb{R}} \sigma_k \cdot 1_{[a,b]} d\lambda_1 = \int_a^b f(x)dx,$$

das heißt die RIEMANN- und LEBESGUE-Integrale von f stimmen überein. Wir halten dies im folgenden Satz fest.

2.46 Satz
Eine RIEMANN-*integrierbare Funktion* $f : [a,b] \to \mathbb{R}$ *ist ebenfalls* LEBESGUE-*integrierbar und es gilt*

$$\int_a^b f(x)dx = \int_{\mathbb{R}} f \cdot 1_{[a,b]} d\lambda_1.$$

Als Spezialfälle hieraus leiten wir insbesondere ab, dass auf einem Intervall $[a,b]$ stetige oder monotone Funktionen dort LEBESGUE-integrierbar sind. Umgekehrt ist nicht jede LEBESGUE-integrierbare Funktion RIEMANN-integrierbar, wie das Beispiel $f = 1_{\mathbb{Q}\cap[a,b]}$ zeigt.

Wir möchten nun die Menge der Unstetigkeitsstellen RIEMANN-integrierbarer Funktionen näher untersuchen.

2.47 Definition
Gegeben sei eine beschränkte Funktion $f : I \to \mathbb{R}$ auf einem Intervall $I \subset \mathbb{R}$. Die *Oszillation* von f in $x_0 \in I$ ist gegeben durch

$$\begin{aligned}\operatorname{osz}(f, x_0) := \lim_{\delta \searrow 0}\Big(&\sup\{f(x) : |x - x_0| < \delta, x \in I\}\\ &- \inf\{f(x) : |x - x_0| < \delta, x \in I\}\Big).\end{aligned}$$

Ist f in x_0 stetig, so gilt $\operatorname{osz}(f, x_0) = 0$. Die Umkehrung stimmt ebenfalls, das heißt die Menge der Unstetigkeitsstellen von f in I ist gegeben durch die Menge

$$\mathcal{U} := \{x_0 \in I : \operatorname{osz}(f, x_0) \neq 0\}. \tag{2.2.3}$$

Trivial ist auch, dass für jedes $x_0 \in I$ die folgende Abschätzung gültig ist.

$$\operatorname{osz}(f, x_0) \leq \sup\{f(x) : x \in I\} - \inf\{f(x) : x \in I\}. \tag{2.2.4}$$

2.48 Satz
Ist $f : [a, b] \to \mathbb{R}$ RIEMANN-integrierbar, so ist die Menge $\mathcal{U} \subset [a, b]$ der Unstetigkeitsstellen von f eine LEBESGUE-Nullmenge.

Beweis: Wegen (2.2.3) gilt

$$\mathcal{U} = \bigcup_{k \in \mathbb{N}^*} \mathcal{U}_k, \qquad \text{mit } \mathcal{U}_k := \left\{x \in [a, b] : \operatorname{osz}(f, x) \geq \frac{1}{k}\right\}.$$

Die $\mathcal{U}_k$ sind abgeschlossen und daher sind $\mathcal{U}_k$ sowie $\mathcal{U}$ LEBESGUE-messbar. Da die abzählbare Vereinigung von Nullmengen wieder eine Nullmenge ist (vergleiche mit Aufgabe 1.8), genügt es für jedes $k \in \mathbb{N}^*$ die Gleichung $\lambda_1(\mathcal{U}_k) = 0$ zu zeigen. Sei $\epsilon > 0$ beliebig. Weil die Funktion f RIEMANN-integrierbar ist, existieren Treppenfunktionen $\sigma, \tau \in T[a, b]$ und eine Unterteilung

$$a = x_0 < x_1 < \ldots < x_n = b,$$

sodass $(\sigma - \tau)|_{(x_{i-1}, x_i)} = c_i$, mit Konstanten $c_i \geq 0$, $i = 1, \ldots, n$, und

$$\tau \leq f \leq \sigma, \quad \int_a^b (\sigma - \tau)(x) dx \leq \frac{\epsilon}{k}.$$

Ist $i \in \{1, \ldots, n\}$ ein Index mit

$$\sup\{f(x) : x \in (x_{i-1}, x_i)\} - \inf\{f(x) : x \in (x_{i-1}, x_i)\} < \frac{1}{k},$$

so gilt wegen der Abschätzung in (2.2.4) für alle $x \in (x_{i-1}, x_i)$ die Ungleichung $\operatorname{osz}(f, x) < \frac{1}{k}$, sodass insbesondere $\mathcal{U}_k \cap (x_{i-1}, x_i) = \varnothing$. Bezeichnet daher $K \subset \{1, \ldots, n\}$ die Teilmenge der Indizes i, für die

$$\sup\{f(x) : x \in (x_{i-1}, x_i)\} - \inf\{f(x) : x \in (x_{i-1}, x_i)\} \geq \frac{1}{k},$$

so ist

$$\lambda_1(\mathcal{U}_k) \leq \sum_{i \in K} (x_i - x_{i-1}).$$

Nun gilt aber auf jedem Intervall (x_{i-1}, x_i) wegen $\tau \leq f \leq \sigma$ ebenfalls die Ungleichung

$$\sup\{f(x) : x \in (x_{i-1}, x_i)\} - \inf\{f(x) : x \in (x_{i-1}, x_i)\} \leq c_i,$$

sodass für alle $i \in K$ die Abschätzung

$$c_i \geq \frac{1}{k} \tag{2.2.5}$$

erfüllt ist. Jetzt können wir wie folgt abschätzen:

$$\begin{aligned} \frac{\epsilon}{k} &\geq \int_a^b (\sigma - \tau)(x)dx = \sum_{i=1}^n c_i(x_i - x_{i-1}) \\ &\geq \sum_{i \in K} c_i(x_i - x_{i-1}) \overset{(2.2.5)}{\geq} \frac{1}{k} \sum_{i \in K} (x_i - x_{i-1}) \geq \frac{\lambda_1(\mathcal{U}_k)}{k}, \end{aligned}$$

also $\lambda_1(\mathcal{U}_k) \leq \epsilon$ für alle $\epsilon > 0$. Daraus folgt $\lambda_1(\mathcal{U}_k) = 0$. Das war zu zeigen. □

Aufgaben

Messbare Abbildungen

Aufgabe 2.1
$(\Omega, \mathscr{A}, \mu)$ sei ein vollständiger Maßraum und $f : \Omega \to \mathbb{R}$ sei messbar. Man zeige, dass $g : \Omega \to \mathbb{R}$ ebenfalls messbar ist, falls $f \underset{\text{f.ü.}}{=} g$.

Aufgabe 2.2
Gegeben sei eine Funktion $f : \mathbb{R} \to \mathbb{R}$. Man beweise:

(a) Besitzt f nur abzählbar viele Unstetigkeitsstellen, so ist f Borel-messbar.

(b) Monotone Funktionen f sind Borel-messbar.

(c) Ist die Menge der Unstetigkeitsstellen von f eine λ_1-Nullmenge, so ist f Lebesgue-messbar.

Aufgabe 2.3
Es sei $(\Omega, \mathscr{A}, \mu)$ ein Maßraum und $(\Omega, \overline{\mathscr{A}}, \overline{\mu})$ sei seine Vervollständigung. Ferner sei $e \in \mathscr{E}(\Omega, \overline{\mathscr{A}})$ eine einfache Funktion.

(a) Man weise die Existenz von einfachen Funktionen $e_1, e_2 \in \mathscr{E}(\Omega, \mathscr{A})$ nach, sodass

  (i) $e_1 \le e \le e_2$ und

  (ii) $\mu(\{x \in \Omega : e_1(x) \neq e_2(x)\}) = 0$.

(b) Man zeige, dass für einfache Funktionen $e_1, e_2 \in \mathscr{E}(\Omega, \mathscr{A})$, welche (i) und (ii) erfüllen, auch

$$\int_\Omega e_1 d\mu = \int_\Omega e_2 d\mu = \int_\Omega e d\overline{\mu}.$$

Aufgabe 2.4
$(\Omega, \mathscr{A})$ sei ein messbarer Raum und $f \in \mathscr{M}_+(\Omega, \mathscr{A})$ sei beschränkt. Gibt es dann eine aufsteigende Folge $(e_n)_{n\in\mathbb{N}} \subset \mathscr{E}_+(\Omega, \mathscr{A})$ einfacher Funktionen, die gleichmäßig gegen f konvergieren? Vergleiche hierzu mit Satz 2.17.

Aufgabe 2.5
Es sei (X, d) ein metrischer Raum und $\mathscr{O} \subset \mathfrak{P}(X)$ sei die Menge der d-offenen Teilmengen von X. Man nennt die σ-Algebra $\mathscr{B}(X) := \sigma(\mathscr{O})$ die BORELSCHE σ-Algebra von X. Gegeben sei weiterhin ein äußeres Maß $\mu^* : \mathfrak{P}(X) \to [0, \infty]$. μ^* heißt *metrisch*, falls für alle nicht leeren Mengen $A, B \subset X$ mit $d(A, B) := \inf\{d(a, b) : a \in A, b \in B\} > 0$ gilt:

$$\mu^*(A \cup B) = \mu^*(A) + \mu^*(B).$$

Man zeige

$$\mathscr{B}(X) \subset \mathscr{A}_{\mu^*} \quad \Leftrightarrow \quad \mu^* \text{ ist ein metrisches äußeres Maß.}$$

Integration von Funktionen

Aufgabe 2.6
Man zeige, dass ein Maßraum $(\Omega, \mathscr{A}, \mu)$ genau dann σ-finit ist, wenn es eine μ-integrierbare Funktion $f : \Omega \to \mathbb{R}$, $f \in \mathscr{L}(\Omega, \mathscr{A}, \mu)$, mit $f(x) > 0$ für alle $x \in \Omega$ gibt.

Aufgabe 2.7
$B \subset \mathscr{B}_n$ sei BOREL-messbar und $f : B \to \mathbb{R}$ sei integrierbar, das heißt $f \cdot 1_B : \mathbb{R}^n \to \mathbb{R}$ sei integrierbar. Man zeige: Zu jedem $\epsilon > 0$ existiert ein $\delta > 0$, sodass für alle BOREL-messbaren Teilmengen $S \subset B$ mit $\lambda_n(S) < \delta$ die Abschätzung

$$\int_S |f| d\lambda_n < \epsilon$$

gilt.

Hinweis: Man setze zunächst $\psi_n(x) := \min\{n, |f(x)|\}$ und finde n mit $\int_B (|f| - \psi_n) d\lambda_n < \frac{\epsilon}{2}$.

Aufgabe 2.8 (Integrale komplexer Funktionen)
$(\Omega, \mathscr{A}, \mu)$ sei ein Maßraum.

(a) Man zeige: Identifiziert man $\mathbb{C}$ mit $\mathbb{R}^2$, so ist eine komplexe Funktion $f : \Omega \to \mathbb{C}$ genau dann $\mathscr{A}$-$\mathscr{B}_2$-messbar, wenn $\mathrm{Re} f$, $\mathrm{Im} f$ $\mathscr{A}$-$\mathscr{B}_1$-messbar sind.

(b) Eine $\mathscr{A}$-$\mathscr{B}_2$-messbare Funktion $f : \Omega \to \mathbb{C}$ heißt μ-integrierbar, wenn $|f| \in \mathscr{L}(\Omega, \mathscr{A}, \mu)$. Man weise nach, dass f genau dann μ-integrierbar ist, wenn $\mathrm{Re} f$, $\mathrm{Im} f \in \mathscr{L}(\Omega, \mathscr{A}, \mu)$.

(c) Das Integral einer μ-integrierbaren Funktion $f : \Omega \to \mathbb{C}$ sei definiert durch

$$\int_\Omega f d\mu := \int_\Omega \mathrm{Re} f \, d\mu + i \cdot \int_\Omega \mathrm{Im} f \, d\mu.$$

Man zeige, dass für Konstanten $\alpha, \beta \in \mathbb{C}$ und für μ-integrierbare Funktionen $f, g : \Omega \to \mathbb{C}$ die Gleichung

$$\int_\Omega (\alpha f + \beta g) d\mu = \alpha \int_\Omega f d\mu + \beta \int_\Omega g d\mu$$

erfüllt ist.

(d) Für μ-integrierbare Funktionen $f : \Omega \to \mathbb{C}$ weise man die Dreiecksungleichung

$$\left| \int_\Omega f d\mu \right| \leq \int_\Omega |f| d\mu$$

nach.

Aufgabe 2.9
Man bestimme für die folgenden Maßräume $(\Omega, \mathscr{A}, \mu)$ alle integrierbaren Funktionen f und deren Integrale $\int_\Omega f d\mu$.

(a) $\Omega = \mathbb{R}$, $\mathscr{A} = \mathfrak{P}(\mathbb{R})$ und für $x \in \mathbb{R}$ sei $\mu := \delta_x : \mathfrak{P}(\mathbb{R}) \to [0, \infty]$ das Dirac-Maß aus Beispiel 1.13.

(b) $\Omega = \mathbb{N}$, $\mathscr{A} = \mathfrak{P}(\mathbb{N})$ und $\mu := \sharp : \mathfrak{P}(\mathbb{N}) \to [0, \infty]$ sei das Zählmaß (vergleiche wieder mit Beispiel 1.13), definiert durch $\sharp(A) = |A|$, wobei $|A|$ die Anzahl der Elemente in A angibt, falls A endlich ist und $|A| := \infty$ für unendliche Mengen gesetzt wird.

Aufgabe 2.10
$(\Omega, \mathscr{A}, \mu)$ sei ein Maßraum, $(\Omega', \mathscr{A}')$ ein messbarer Raum und $T : \Omega \to \Omega'$ sei $\mathscr{A}$-$\mathscr{A}'$-messbar. $\mu' := \mu \circ T^{-1}$ sei das in Definition 2.6 erklärte Bildmaß von μ und T. Man zeige:

Ist $f : \Omega' \to [0, \infty]$ eine μ'-integrierbare Funktion, so ist $f \circ T : \Omega \to [0, \infty]$ μ-integrierbar und

$$\int_{\Omega'} f d\mu' = \int_\Omega f \circ T d\mu.$$

3 Vertauschungssätze

Wir kommen nun zu wichtigen *Vertauschungssätzen* der Integrationstheorie. Dabei geht es um die allgemeine Frage, wann man das Integral eines Grenzwerts von Funktionen mit dem Grenzwert der Integrale der einzelnen Funktionen vertauschen darf.

3.1 Konvergenzsätze

3.1.1 Der Satz von der monotonen Konvergenz

Wir beginnen mit dem Satz von Beppo Levi von der monotonen Konvergenz.

Ist $(f_k)_{k\in\mathbb{N}} : \Omega \to \overline{\mathbb{R}}$ eine Folge von Funktionen auf einem Maßraum $(\Omega, \mathscr{A}, \mu)$, so schreiben wir

$$f_k \underset{\mu\text{-f.ü.}}{\uparrow} f,$$

wenn eine Funktion $f : \Omega \to \overline{\mathbb{R}}$ und eine μ-Nullmenge $N \subset \Omega$ existieren, sodass für alle $x \in \Omega \setminus N$ die Folge $(f_k(x))_{k\in\mathbb{N}}$ monoton wachsend gegen $f(x)$ konvergiert.

3.1 Satz (Beppo Levi, monotone Konvergenz)
Für eine Folge $(f_k)_{k\in\mathbb{N}} \subset \mathscr{L}(\Omega, \mathscr{A}, \mu)$ *und eine messbare Funktion* $f \in \mathscr{M}(\Omega, \mathscr{A})$ *gelte* $f_k \underset{\mu\text{-f.ü.}}{\uparrow} f$. *Dann ist* $f \in \mathscr{L}_q(\Omega, \mathscr{A}, \mu)$ *und*

$$\int_\Omega f d\mu = \lim_{k\to\infty} \int_\Omega f_k d\mu.$$

***Beweis*:** Wir können ohne Einschränkung annehmen, dass μ-fast überall $f_k \geq 0$ gilt, denn sonst ersetzen wir f_k durch $f_k - f_0$ und f durch $f - f_0$.

Weil jedes f_k integrierbar ist, existiert zu jedem $k \in \mathbb{N}$ eine Folge $(e_{k,l})_{l\in\mathbb{N}} \subset \mathscr{E}(\Omega, \mathscr{A})$ mit $e_{k,l} \underset{\mu\text{-f.ü.}}{\uparrow} f_k$ für $l \to \infty$. Setzt man

$$e'_l := e_{1,l} \,\overline{\wedge} \cdots \overline{\wedge}\, e_{l,l},$$

so erhält man eine μ-fast-überall monoton aufsteigende Folge einfacher Funktionen mit

$$e'_l \underset{\mu\text{-f.ü.}}{\leq} f_l \underset{\mu\text{-f.ü.}}{\leq} f. \tag{$*$}$$

Da $e_{k,l} \leq e'_l$ für alle $k \leq l$, folgt

$$\lim_{l\to\infty} e'_l \underset{\mu\text{-f.ü.}}{\geq} \lim_{l\to\infty} e_{k,l} \underset{\mu\text{-f.ü.}}{=} f_k, \text{ für alle } k \in \mathbb{N},$$

also $e'_l \underset{\mu\text{-f.ü.}}{\uparrow} f$. Weil die Funktionen e'_l einfach sind, folgt aus der Definition des Integrals für die messbare Funktion f

$$\int_\Omega f d\mu = \lim_{l\to\infty} \int_\Omega e'_l d\mu \overset{(*)}{\leq} \lim_{l\to\infty} \int_\Omega f_l d\mu \overset{(*)}{\leq} \int_\Omega f d\mu,$$

also gilt überall Gleichheit und insbesondere

$$\int_\Omega f d\mu = \lim_{k\to\infty} \int_\Omega f_k d\mu.$$

□

3.2 Bemerkung
Setzt man in Satz 3.1 voraus, dass $(f_k)_{k\in\mathbb{N}} \subset \mathscr{L}(\Omega, \mathscr{A}, \mu)$ überall monoton aufsteigend gegen ein $f : \Omega \to \mathbb{R}$ konvergiert, so muss man nicht noch zusätzlich voraussetzen, dass f messbar ist. In diesem Fall ist f nämlich das Supremum der Folge und dieses Supremum ist nach Satz 2.15(b) automatisch messbar. Gilt hingegen die Konvergenz jedoch nur μ-fast überall gegen ein $f : \Omega \to \mathbb{R}$, so ist die Messbarkeit von f nur dann garantiert, wenn der Maßraum $(\Omega, \mathscr{A}, \mu)$ vollständig ist, denn dann ergibt sich die Messbarkeit von f daraus, dass f μ-fast überall mit dem Supremum der Folge übereinstimmt und Nullmengen ebenfalls messbar sind.

Eine Variante des Satzes von Beppo Levi für numerische Funktionen ist der folgende.

3.3 Satz (Beppo Levi)
$(f_k)_{k\in\mathbb{N}} \subset \bar{\mathscr{M}}_+(\Omega, \mathscr{A})$ *sei eine aufsteigende Folge. Dann liegt die Grenzfunktion* $f := \lim_{k\to\infty} f_k$ *ebenfalls in* $\bar{\mathscr{M}}_+(\Omega, \mathscr{A})$ *und*

$$\int_\Omega f d\mu = \lim_{k\to\infty} \int_\Omega f_k d\mu.$$

***Beweis*:** Da die Folge monoton aufsteigend ist, existiert der Grenzwert $f(x) := \lim_{k\to\infty} f_k(x) \in [0,\infty]$ für jedes $x \in \Omega$. Außerdem folgt aus der Monotonie noch

$$\{f \le a\} = \bigcap_{k\in\mathbb{N}} \{f_k \le a\}, \text{ für alle } a \in \mathbb{R}$$

und da die Menge auf der rechten Seite nach Voraussetzung messbar ist, folgt daraus $f \in \bar{\mathscr{M}}_+(\Omega, \mathscr{A})$. Wir unterscheiden nun zwei Fälle.

(i) Es gelte $\mu(\{f = \infty\}) = 0$. Dann ist erst recht $\mu(\{f_k = \infty\}) = 0$ für alle $k \in \mathbb{N}$. Die integrierbaren Funktionen $f_k \cdot 1_{\{f<\infty\}}$ konvergieren aufsteigend gegen die messbare Funktion $f \cdot 1_{\{f<\infty\}}$. Aus dem Satz von Beppo Levi ergibt sich daher

$$\begin{aligned}\int_\Omega f d\mu &= \int_\Omega f \cdot 1_{\{f<\infty\}} d\mu \\ &= \lim_{k\to\infty} \int_\Omega f_k \cdot 1_{\{f<\infty\}} d\mu = \lim_{k\to\infty} \int_\Omega f_k d\mu.\end{aligned}$$

(ii) Es gelte $\mu(\{f = \infty\}) > 0$. Per definitionem ist $\int_\Omega f d\mu = \infty$. Andererseits folgt für jedes $m \in \mathbb{N}$ aus der Abschätzung

$$\begin{aligned}\lim_{k\to\infty} \int_\Omega f_k d\mu &\ge \lim_{k\to\infty} \int_\Omega f_k \cdot 1_{\{f_k>m\}} d\mu \\ &\ge \lim_{k\to\infty} \int_\Omega m \cdot 1_{\{f_k>m\}} d\mu \\ &= \lim_{k\to\infty} m\mu(\{f_k > m\}) = m\mu(\{f = \infty\}),\end{aligned}$$

dass $\lim_{k\to\infty} \int_\Omega f_k d\mu = \infty$, also wieder

$$\int_\Omega f d\mu = \lim_{k\to\infty} \int_\Omega f_k d\mu.$$

□

3.4 Korollar
$(f_k)_{k\in\mathbb{N}} \subset \mathscr{L}(\Omega, \mathscr{A}, \mu)$ sei eine monoton aufsteigende Folge und es gebe eine Konstante $M > 0$ mit

$$\int_\Omega f_k d\mu \leq M, \text{ für alle } k \in \mathbb{N}.$$

Dann konvergiert $(f_k)_{k\in\mathbb{N}}$ gegen eine integrierbare numerische Funktion $f \in \bar{\mathscr{L}}(\Omega, \mathscr{A}, \mu)$ und es gilt

$$\int_\Omega f d\mu = \lim_{k\to\infty} \int_\Omega f_k d\mu.$$

***Beweis*:** Ohne Einschränkung können wir $f_k \geq 0$ annehmen (sonst ersetze man f_k durch $f_k - f_0$). Nach Satz 3.3 liegt die Grenzfunktion $f := \lim_{k\to\infty} f_k$ in $\bar{\mathscr{M}}_+(\Omega, \mathscr{A}) \subset \bar{\mathscr{L}}_q(\Omega, \mathscr{A}, \mu)$ und

$$\int_\Omega f d\mu = \lim_{k\to\infty} \int_\Omega f_k d\mu \leq M.$$

Da $f \geq 0$, folgt

$$\int_\Omega |f| d\mu = \int_\Omega f d\mu \leq M < \infty,$$

sodass $f \in \bar{\mathscr{L}}(\Omega, \mathscr{A}, \mu)$. □

3.5 Beispiel
Für jede Folge $(f_k)_{k\in\mathbb{N}} \subset \mathscr{M}_+(\Omega, \mathscr{A})$ gilt $\sum_{k=0}^\infty f_k \in \bar{\mathscr{M}}_+(\Omega, \mathscr{A})$ und

$$\int_\Omega \sum_{k=0}^\infty f_k d\mu = \sum_{k=0}^\infty \int_\Omega f_k d\mu.$$

Unbestimmtes Integral und μ-Dichten

Für $A \in \mathscr{A}$ und $f : \Omega \to \mathbb{R}$ mit $f \cdot 1_A \in \mathscr{L}_q(\Omega, \mathscr{A}, \mu)$ hatten wir bereits in Definition 2.39

$$\int_A f d\mu := \int_\Omega f \cdot 1_A d\mu$$

gesetzt.

3.6 Definition
$(\Omega, \mathscr{A}, \mu)$ sei ein Maßraum und $f \in \mathscr{L}_q(\Omega, \mathscr{A}, \mu)$. Die Abbildung

$$\mu_f : \mathscr{A} \to \overline{\mathbb{R}}, \quad A \mapsto \mu_f(A) := \int_A f d\mu$$

heißt *unbestimmtes μ-Integral von f.*

3.7 Satz
$(\Omega, \mathscr{A}, \mu)$ sei ein Maßraum, $f \in \mathscr{M}_+(\Omega, \mathscr{A})$. Dann wird durch das unbestimmte μ-Integral

$$\mu_f : \mathscr{A} \to [0, \infty], \quad \mu_f(A) = \int_A f d\mu$$

selbst ein Maß auf $(\Omega, \mathscr{A})$ definiert.

Beweis: μ_f ist eine Abbildung von $\mathscr{A}$ in $[0, \infty]$ mit $\mu_f(\varnothing) = 0$. Für jede Folge $(A_n)_{n \in \mathbb{N}} \subset \mathscr{A}$ disjunkter messbarer Mengen gilt

$$f \cdot 1_{\bigcup_{0 \le k \le n} A_k} \uparrow f \cdot 1_{\bigcup_{n \in \mathbb{N}} A_n}$$

und

$$f \cdot 1_{\bigcup_{0 \le k \le n} A_k} = \sum_{k=0}^{n} f \cdot 1_{A_k}.$$

Aus dem Satz von Beppo Levi folgt mit $f_n := f \cdot 1_{\bigcup_{0 \le k \le n} A_k}$, dass

$$\mu_f \left(\bigcup_{0 \le k \le n} A_k \right) = \int_\Omega f_n d\mu \uparrow \int_\Omega f \cdot 1_{\bigcup_{n \in \mathbb{N}} A_n} d\mu = \mu_f \left(\bigcup_{n \in \mathbb{N}} A_n \right).$$

Andererseits ist

$$\begin{aligned} \mu_f \left(\bigcup_{0 \le k \le n} A_k \right) &= \int_\Omega \sum_{k=0}^{n} f \cdot 1_{A_k} d\mu \\ &= \sum_{k=0}^{n} \int_\Omega f \cdot 1_{A_k} d\mu = \sum_{k=0}^{n} \mu_f(A_k), \end{aligned}$$

also

$$\mu_f \left(\bigcup_{n \in \mathbb{N}} A_n \right) = \lim_{n \to \infty} \mu_f \left(\bigcup_{0 \le k \le n} A_k \right) = \sum_{k=0}^{\infty} \mu_f(A_n),$$

das heißt μ_f ist σ-additiv. □

3.8 Definition
$(\Omega, \mathscr{A})$ sei eine σ-Algebra, μ, ν Maße auf $(\Omega, \mathscr{A})$ und $f \in \mathscr{M}_+(\Omega, \mathscr{A})$. f heißt eine *μ-Dichte von ν*, geschrieben $d\nu = f d\mu$ oder $f = \frac{d\nu}{d\mu}$, wenn $\mu_f = \nu$, dass heißt wenn ν die folgende Darstellung besitzt:

$$\nu(A) = \int_A f d\mu, \text{ für alle } A \in \mathscr{A}.$$

Wir beweisen nun, dass die μ-Dichte von ν bis auf Nullmengen eindeutig bestimmt ist, sofern eine Bedingung an μ bzw. ν gestellt wird.

3.9 Satz
$(\Omega, \mathscr{A})$ sei eine σ-Algebra, μ, ν seien Maße auf $(\Omega, \mathscr{A})$ und $f, g \in \mathscr{M}_+(\Omega, \mathscr{A})$ seien zwei μ-Dichten von ν. Ist μ σ-finit oder ν finit, so gilt μ-fast überall $f = g$.

***Beweis*:** Sind f, g zwei μ-Dichten von ν, so gilt für alle $A \in \mathscr{A}$ die Gleichheit

$$\nu(A) = \int_A f d\mu = \int_A g d\mu.$$

Das Problem ist, dass die Funktion $f - g$ zwar messbar ist, nicht jedoch integrabel oder quasi-integrabel sein muss. Wir können daher nicht einfach $\int_A (f-g) d\mu = 0$ schließen, da dieses Integral vielleicht gar nicht definiert ist.

(i) Es sei ν finit. In diesem Fall folgt aus

$$\int_\Omega f d\mu = \int_\Omega g d\mu = \nu(\Omega) < \infty,$$

dass f, g sogar integrabel sind. Damit ist aber $f - g$ ebenfalls integrabel und es ist

$$\int_A (f - g) d\mu = 0, \text{ für alle } A \in \mathscr{A}.$$

Für die messbaren Mengen

$$A_n^+ := \left\{ x \in \Omega : f - g > \frac{1}{n} \right\}, \; A_n^- := \left\{ x \in \Omega : f - g < -\frac{1}{n} \right\}$$

ergibt sich hieraus

$$0 = \int_{A_n^+} (f - g) d\mu \geq \frac{1}{n} \int_{A_n^+} d\mu = \frac{1}{n} \mu(A_n^+),$$

also $\mu(A_n^+) = 0$ und ebenso $\mu(A_n^-) = 0$. Folglich

$$\begin{aligned}\mu(\{f \neq g\}) &= \mu\left(\bigcup_{n\in\mathbb{N}^*} (A_n^+ \cup A_n^-)\right) \\ &\leq \sum_{n\in\mathbb{N}^*} \left(\mu(A_n^+) + \mu(A_n^-)\right) = 0,\end{aligned}$$

das heißt $\mu(\{f \neq g\}) = 0$.

(ii) Nun sei μ σ-finit. Es existiert also eine Zerlegung von Ω in abzählbar viele paarweise disjunkte μ-finite messbare Mengen $\Omega = \bigcup_{m\in\mathbb{N}^*} \Omega_m$. Für diese setzen wir

$$A_{m,n,k}^+ := \Omega_m \cap \left\{f - g > \frac{1}{n}\right\} \cap \{|f| \leq k, |g| \leq k\},$$
$$A_{m,n,k}^- := \Omega_m \cap \left\{f - g < -\frac{1}{n}\right\} \cap \{|f| \leq k, |g| \leq k\}.$$

Da f, g auf $A_{m,n,k}^+, A_{m,n,k}^-$ integrierbar sind, folgt wie oben

$$\mu(A_{m,n,k}^+) = \mu(A_{m,n,k}^-) = 0$$

und hieraus

$$\mu(\{f \neq g\}) = \mu\left(\bigcup_{m,n,k\in\mathbb{N}^*} (A_{m,n,k}^+ \cup A_{m,n,k}^-)\right) = 0.$$

□

Die nächste interessante Frage ist, ob eine μ-integrierbare Funktion auch bezüglich einer μ-Dichte eines anderen Maßes integrierbar ist.

3.10 Satz

μ, ν seien Maße auf $(\Omega, \mathscr{A})$ und $f \in \mathscr{M}_+(\Omega, \mathscr{A})$ sei eine μ-Dichte von ν, also $d\nu = f d\mu$. Dann gilt für $g \in \mathscr{M}(\Omega, \mathscr{A})$:

$$g \subset \mathscr{L}_q(\Omega, \mathscr{A}, \nu) \quad \Leftrightarrow \quad gf \subset \mathscr{L}_q(\Omega, \mathscr{A}, \mu)$$

und

$$\int_\Omega g d\nu = \int_\Omega g f d\mu, \quad \text{falls } g \in \mathscr{L}_q(\Omega, \mathscr{A}, \nu).$$

Beweis: Den Beweis führen wir in drei Schritten. Zunächst zeigen wir die Aussage für einfache Funktionen, danach für nicht-negative messbare Funktionen und zum Schluss dann für allgemeine messbare Funktionen.

(i) Sei $g = e = \sum_{k=1}^m c_k 1_{A_k} \in \mathscr{E}(\Omega, \mathscr{A})$. Dann ist

$$\begin{aligned}\int_\Omega e d\nu &= \sum_{k=1}^m c_k \nu(A_k) = \sum_{k=1}^m c_k \int_{A_k} f d\mu \\ &= \sum_{k=1}^m \int_\Omega c_k f \cdot 1_{A_k} d\mu = \int_\Omega \left(\sum_{k=1}^m c_k 1_{A_k} \right) f d\mu \\ &= \int_\Omega e f d\mu.\end{aligned}$$

(ii) Nun sei $g \in \mathscr{M}_+(\Omega, \mathscr{A})$. Es existiert eine monoton aufsteigende Folge einfacher Funktionen $(e_k)_{k\in\mathbb{N}} \subset \mathscr{E}_+(\Omega, \mathscr{A})$ mit $e_k \uparrow g$. Dies impliziert $e_k f \uparrow gf$ und aus dem Satz von Beppo Levi folgt

$$\int_\Omega g d\nu = \lim_{k\to\infty} \int_\Omega e_k d\nu = \lim_{k\to\infty} \int_\Omega e_k f d\mu = \int_\Omega g f d\mu.$$

(iii) Ist $g \in \mathscr{M}(\Omega, \mathscr{A})$ beliebig, so folgt die Behauptung durch Zerlegung in Positiv- und Negativteil, denn

$$\int_\Omega g^+ d\nu \overset{\text{(ii)}}{=} \int_\Omega g^+ f d\mu = \int_\Omega (gf)^+ d\mu$$

und ebenso

$$\int_\Omega g^- d\nu \overset{\text{(ii)}}{=} \int_\Omega g^- f d\mu = \int_\Omega (gf)^- d\mu.$$

□

3.1.2 Das Lemma von Fatou

3.11 Lemma (Lemma von Fatou)
Gegeben seien eine Folge $(f_k)_{k\in\mathbb{N}} \subset \mathscr{L}(\Omega, \mathscr{A}, \mu)$ sowie Funktionen $g : \Omega \to \mathbb{R}$ und $h \in \mathscr{L}(\Omega, \mathscr{A}, \mu)$.

(a) *Ist $g \leq f_k \leq h$, für alle $k \in \mathbb{N}$, so folgt*

$$\limsup_{k\to\infty} f_k \in \mathscr{L}_q(\Omega, \mathscr{A}, \mu)$$

und

$$\int_\Omega \limsup_{k\to\infty} f_k d\mu \geq \limsup_{k\to\infty} \int_\Omega f_k d\mu.$$

(b) *Ist $h \leq f_k \leq g$, für alle $k \in \mathbb{N}$, so folgt*

$$\liminf_{k\to\infty} f_k \in \mathscr{L}_q(\Omega, \mathscr{A}, \mu)$$

und

$$\int_\Omega \liminf_{k\to\infty} f_k d\mu \leq \liminf_{k\to\infty} \int_\Omega f_k d\mu.$$

Beweis: Es genügt Teil (a) zu beweisen. Es ist

$$\limsup_{k\to\infty} f_k = \lim_{k\to\infty} \left(\sup_{m\geq k} f_m \right).$$

Nach Satz 2.15 ist $g_k := \sup_{m\geq k} f_m \leq h$ messbar. Ebenfalls nach Satz 2.15 ist $\limsup_{k\to\infty} f_k = \lim_{k\to\infty} g_k$ messbar, denn die monoton fallende Folge $(g_k)_{k\in\mathbb{N}}$ ist durch g nach unten beschränkt. Da $g \leq f_k \leq g_k \leq h$, ist nach Satz 2.37(b) $g_k \in \mathscr{L}(\Omega, \mathscr{A}, \mu)$.

Wegen $g_k \downarrow \limsup_{k\to\infty} f_k$, impliziert der Satz von Beppo Levi

$$\limsup_{k\to\infty} f_k \in \mathscr{L}_q(\Omega, \mathscr{A}, \mu)$$

mit

$$\int_\Omega \limsup_{k\to\infty} f_k d\mu = \lim_{k\to\infty} \int_\Omega \sup_{m\geq k} f_m d\mu.$$

Nun ist aber

$$\begin{aligned}\limsup_{k\to\infty} \int_\Omega f_k d\mu &= \lim_{k\to\infty} \left(\sup_{m\geq k} \int_\Omega f_m d\mu \right) \\ &\leq \lim_{k\to\infty} \int_\Omega \sup_{m\geq k} f_m d\mu = \int_\Omega \limsup_{k\to\infty} f_k d\mu.\end{aligned}$$

□

3.1.3 Der Satz von der majorisierten Konvergenz

3.12 Satz (Lebesgue, majorisierte Konvergenz)
Gegeben seien ein Maßraum $(\Omega, \mathscr{A}, \mu)$, *eine Funktion* $f : \Omega \to \mathbb{R}$ *und eine Folge* $(f_k)_{k\in\mathbb{N}} \subset \mathscr{M}(\Omega, \mathscr{A})$ *mit* $\lim_{k\to\infty} f_k = f$. *Existiert dann eine Funktion* $g \in \mathscr{L}(\Omega, \mathscr{A}, \mu)$ *mit* $|f_k| \le g$ *für alle* $k \in \mathbb{N}$, *so liegen* f_k, f *selbst in* $\mathscr{L}(\Omega, \mathscr{A}, \mu)$ *und es gilt*

$$\int_\Omega f d\mu = \lim_{k\to\infty} \int_\Omega f_k d\mu.$$

Die Funktion g *heißt Majorante der Folge* $(f_k)_{k\in\mathbb{N}}$.

***Beweis*:** Dass f und f_n integrierbar sind, folgt direkt aus den Sätzen 2.15 und 2.37. Wenden wir das Lemma von FATOU auf

$$f = \limsup_{k\to\infty} f_k = \liminf_{k\to\infty} f_k$$

an, so ergibt sich

$$\liminf_{k\to\infty} \int_\Omega f_k d\mu \le \limsup_{k\to\infty} \int_\Omega f_k d\mu \le \int_\Omega f d\mu \le \liminf_{k\to\infty} \int_\Omega f_k d\mu$$

und somit die Behauptung. □

Aufgrund von Bemerkung 2.40(d) lässt sich auch leicht folgende verschärfte Version des Konvergenzsatzes von LEBESGUE beweisen.

3.13 Satz (Lebesgue, verschärfte Version)
$(\Omega, \mathscr{A}, \mu)$ *sei ein Maßraum. Gegeben seien* $(f_k)_{k\in\mathbb{N}} \subset \bar{\mathscr{M}}(\Omega, \mathscr{A})$ *und Funktionen* $f : \Omega \to \overline{\mathbb{R}}$, $g \in \bar{\mathscr{L}}(\Omega, \mathscr{A}, \mu)$ *und es gelte:*

(i) $\lim_{k\to\infty} f_k \underset{\mu\text{-f.ü.}}{=} f$.

(ii) $|f_k| \underset{\mu\text{-f.ü.}}{\le} g$, *für jedes* $k \in \mathbb{N}$.

Dann liegen f_k, f *selbst in* $\bar{\mathscr{L}}(\Omega, \mathscr{A}, \mu)$ *und*

$$\int_\Omega f d\mu = \lim_{k\to\infty} \int_\Omega f_k d\mu.$$

***Beweis*:** Da die abzählbare Vereinigung von Nullmengen wieder eine Nullmenge ist, existiert eine Nullmenge $N \subset \Omega$, sodass die

Funktionen $f_k \cdot 1_{N^c}, f \cdot 1_{N^c}, g \cdot 1_{N^c}$ die Bedingungen von Satz 3.12 erfüllen. Da N zusätzlich so gewählt werden kann, dass die Nullmenge $\{|g| = \infty\}$ in N liegt, sind auch die Mengen $\{|f_k| = \infty\}$, $\{|f| = \infty\}$ in N enthalten und nach Satz 3.12 ist

$$\begin{aligned}\lim_{k\to\infty} \int_\Omega f_k d\mu &= \lim_{k\to\infty} \int_\Omega f_k \cdot 1_{N^c} d\mu \\ &= \int_\Omega f \cdot 1_{N^c} d\mu = \int_\Omega f d\mu,\end{aligned}$$

insbesondere $f_k, f \in \bar{\mathscr{L}}(\Omega, \mathscr{A}, \mu)$. □

3.14 Satz (Ausschöpfungssatz)
$(\Omega, \mathscr{A}, \mu)$ sei ein Maßraum, $A \subset \mathscr{A}$, $f : A \to \overline{\mathbb{R}}$ messbar und $(A_k)_{k\in\mathbb{N}} \subset \mathscr{A}$ sei eine monoton wachsende Folge messbarer Mengen mit $A = \bigcup_{k\in\mathbb{N}} A_k$. Dann sind äquivalent:

(a) *f ist μ-integrierbar über A.*

(b) *f ist μ-integrierbar über jedem A_k und die Folge der Integrale $\left(\int_{A_k} |f| d\mu\right)_{k\in\mathbb{N}}$ konvergiert in $\mathbb{R}$.*

Ist eine dieser äquivalenten Bedingungen erfüllt, so ist

$$\int_A f d\mu = \lim_{k\to\infty} \int_{A_k} f d\mu.$$

***Beweis*:** Wir zeigen zunächst die Äquivalenz von (a) und (b).

(a) ⇒ (b): f ist μ-integrierbar über einer messbaren Menge B genau dann, wenn $\int_B |f| < \infty$. Es gilt also nach Voraussetzung insbesondere $\int_A |f| d\mu < \infty$. Wegen $A_k \subset A$ folgt jetzt

$$\int_{A_k} |f| d\mu \leq \int_A |f| d\mu < \infty,$$

also ist f über A_k ebenfalls μ-integrierbar. Da die monoton wachsende Folge $\left(\int_{A_k} |f| d\mu\right)_{k\in\mathbb{N}}$ durch das endliche Integral $\int_A |f| d\mu$ nach oben beschränkt ist, konvergiert $\left(\int_{A_k} |f| d\mu\right)_{k\in\mathbb{N}}$ in $\mathbb{R}$.

(b) $\Rightarrow$ (a): Nach Voraussetzung an die Mengen A_k folgt

$$|f| \cdot 1_{A_k} \uparrow |f| \cdot 1_A$$

und der Satz von Beppo Levi ergibt

$$\begin{aligned}\int_A |f| d\mu &= \int_\Omega |f| \cdot 1_A d\mu \\ &= \lim_{k\to\infty} \int_\Omega |f| \cdot 1_{A_k} d\mu = \lim_{k\to\infty} \int_{A_k} |f| d\mu.\end{aligned}$$

Da die rechte Seite nach Voraussetzung gegen eine reelle Zahl konvergiert, ist $\int_A |f| d\mu < \infty$ und somit ist f auf A μ-integrierbar.

Ist f auf A μ-integrierbar, so können wir wegen der Konvergenz von $f \cdot 1_{A_k}$ gegen $f \cdot 1_A$ und wegen der Abschätzung

$$|f \cdot 1_{A_k}| = |f| \cdot 1_{A_k} \leq |f| \cdot 1_A = |f \cdot 1_A|$$

den Satz von Lebesgue über die majorisierte Konvergenz anwenden und erhalten

$$\int_A f d\mu = \int_\Omega f \cdot 1_A d\mu = \lim_{k\to\infty} \int_\Omega f \cdot 1_{A_k} d\mu = \lim_{k\to\infty} \int_{A_k} f d\mu.$$

Das war noch zu zeigen. □

3.2 Parameterabhängige Integrale

In vielen Fällen ist man mit Integralen über eine Funktionenschar $(f_t)_t$ konfrontiert, die von einem Parameter t abhängen. In diesen Fällen interessiert man sich für die Frage, ob die Integrale stetig oder sogar differenzierbar von diesem Parameter abhängen und ob man die Grenzprozesse vertauschen darf. Wir hatten solche Fragen bereits in der Analysis 1 beim Riemann-Integral erörtert. Dort war die gleichmäßige Konvergenz der Funktionenschar ausschlaggebend. Beim Lebesgue-Integral ist dies nun wesentlich komfortabeler.

3.15 Satz (Stetigkeit parameterabhängiger Integrale)
(M, d) sei ein metrischer Raum und $(\Omega, \mathscr{A}, \mu)$ ein Maßraum. Ferner sei

$$f : M \times \Omega \to \overline{\mathbb{R}}$$

eine Funktion mit folgenden Eigenschaften:

(i) *Für jedes $t \in M$ sei die numerische Funktion*

$$f_t : \Omega \to \overline{\mathbb{R}}, \quad f_t(x) := f(t, x)$$

messbar, das heißt $f_t \in \bar{\mathscr{M}}(\Omega, \mathscr{A})$, für alle $t \in M$.

(ii) *Für ein $t_0 \in M$ gelte $\lim\limits_{t \to t_0} f_t \underset{\mu\text{-f.ü.}}{=} f_{t_0}$.*

(iii) *Es existiere $g \in \bar{\mathscr{L}}(\Omega, \mathscr{A}, \mu)$, sodass $|f_t| \underset{\mu\text{-f.ü.}}{\leq} g$, für alle $t \in M$.*

Dann ist jede Funktion f_t integrierbar und die durch $F(t) := \int_\Omega f_t d\mu$ definierte Funktion $F : M \to \mathbb{R}$ ist in t_0 stetig.

Beweis: Es sei $(t_k)_{k \in \mathbb{N}} \subset M$ eine Folge mit $\lim_{k \to \infty} t_k = t_0$. Wir setzen

$$f_k(x) := f(t_k, x).$$

Dann gilt für fast alle $x \in \Omega$ und alle $k \in \mathbb{N}$ die Ungleichung $|f_k(x)| \leq g(x)$ und es ist

$$\lim_{k \to \infty} f_k(x) \underset{\mu\text{-f.ü.}}{=} f(t_0, x).$$

Mit Satz 3.13 von Lebesgue folgt die Integrierbarkeit von f_k und

$$\begin{aligned} \lim_{k \to \infty} F(t_k) &= \lim_{k \to \infty} \int_\Omega f_k d\mu \\ &= \int_\Omega \lim_{k \to \infty} f_k d\mu = \int_\Omega f_{t_0} d\mu = F(t_0). \end{aligned}$$

Da die Folge $(t_k)_{k \in \mathbb{N}} \subset M$ mit $\lim_{k \to \infty} t_k = t_0$ beliebig gewählt werden kann und weil wie oben folgt, dass jede Funktion $f_k = f_{t_k}$ integrierbar ist, gilt die Integrierbarkeit von f_t für alle $t \in M$. □

3.16 Satz (Differenzieren unter dem Integral)
Gegeben seien eine nicht leere offene Teilmenge $U \subset \mathbb{R}^n$ und ein Maßraum $(\Omega, \mathscr{A}, \mu)$. Ferner sei

$$f : U \times \Omega \to \mathbb{R}$$

eine Funktion mit folgenden Eigenschaften:

(i) *Für jedes $t \in U$ sei die Funktion*

$$f_t : \Omega \to \mathbb{R}, \quad f_t(x) := f(t,x)$$

integrierbar, das heißt $f_t \in \mathscr{L}(\Omega, \mathscr{A}, \mu)$, für alle $t \in U$.

(ii) *Für jedes $x \in \Omega$ sei die Funktion*

$$f_x : U \to \mathbb{R}, \quad f_x(t) := f(t,x)$$

stetig partiell differenzierbar in Richtung der k-ten Koordinate t_k von $t = (t_1, \dots, t_n)$ mit einem $k \in \{1, \dots, n\}$.

(iii) *Es existiere $g \in \mathscr{L}(\Omega, \mathscr{A}, \mu)$ mit $\left|\frac{\partial f}{\partial t_k}(t,x)\right| \leq g(x)$ für alle t und für μ-fast alle $x \in \Omega$.*

Dann gilt:

(a) *Für jedes $t \in U$ ist die Funktion $x \mapsto \frac{\partial f}{\partial t_k}(t,x)$ μ-integrierbar.*

(b) *Die durch $F(t) := \int_\Omega f_t d\mu$ definierte Funktion ist nach t_k stetig partiell differenzierbar und*

$$\frac{\partial F}{\partial t_k}(t_0) = \int_\Omega \frac{\partial f}{\partial t_k}(t_0, x) d\mu(x), \text{ für alle } t_0 \in U.$$

Die Schreibweise

$$\int_\Omega \frac{\partial f}{\partial t_k}(t_0, x) d\mu(x)$$

bedeutet dabei, dass wir bei festem t_0 bezüglich x aufintegrieren.

Beweis:

(a) Die partielle Ableitung ist ein punktweiser Limes messbarer Funktionen und daher selbst messbar:

$$\frac{\partial f}{\partial t_k}(t,x) = \lim_{h \to 0} \frac{f(t + he_k, x) - f(t,x)}{h}.$$

Wegen (iii) ist die Funktion $x \mapsto \frac{\partial f}{\partial t_k}(t,x)$ sogar μ-integrierbar.

(b) Ohne Einschränkung sei $k = n = 1$. Aus dem Fundamentalsatz der Differential- und Integralrechnung folgt für jedes feste $x \in \Omega$

$$\frac{f(t,x) - f(t_0,x)}{t - t_0} = \int_0^1 \frac{\partial f}{\partial t}\big(t_0 + s(t - t_0), x\big)\, ds$$

und dann auch

$$\begin{aligned}\frac{F(t)-F(t_0)}{t-t_0} &= \int_\Omega \frac{f(t,x)-f(t_0,x)}{t-t_0}\,d\mu(x)\\ &= \int_\Omega\Big(\int_0^1 \frac{\partial f}{\partial t}\big(t_0+s(t-t_0),x\big)\,ds\Big)\,d\mu(x)\\ &= \int_\Omega \psi(t,x)d\mu(x)\end{aligned}$$

mit

$$\psi(t,x) := \int_0^1 \frac{\partial f}{\partial t}\big(t_0+s(t-t_0),x\big)\,ds.$$

Da μ-fast überall $\left|\frac{\partial f}{\partial t}\right| \leq g$ und $\lim_{t\to t_0}\frac{\partial f}{\partial t}\big(t_0+s(t-t_0),x\big) = \frac{\partial f}{\partial t}(t_0,x)$, folgt mit Satz 3.15 für μ-fast jedes $x \in \Omega$ die Stetigkeit von ψ in t_0, das heißt

$$\lim_{t\to t_0}\psi(t,x) = \psi(t_0,x), \text{ für } \mu\text{-fast alle } x.$$

Außerdem folgt aus $\left|\frac{\partial f}{\partial t}\right| \underset{\mu\text{-f.ü.}}{\leq} g$ ebenfalls

$$\psi(t,x) \leq g(x), \text{ für alle } t \text{ und } \mu\text{-fast alle } x.$$

Wenden wir daher erneut den Satz von Lebesgue auf das Integral $\int_\Omega \psi(t,x)d\mu(x)$ an, erhalten wir

$$\begin{aligned}\frac{\partial F}{\partial t}(t_0) &= \lim_{t\to t_0}\frac{F(t)-F(t_0)}{t-t_0}\\ &= \int_\Omega\Big(\lim_{t\to t_0}\psi(t,x)\Big)d\mu(x)\\ &= \int_\Omega \psi(t_0,x)d\mu(x) = \int_\Omega \frac{\partial f}{\partial t}(t_0,x)d\mu(x).\end{aligned}$$

Das war zu zeigen. □

Aufgaben

Konvergenzsätze

Aufgabe 3.1

(a) Man berechne den Grenzwert

$$\lim_{k\to\infty} \int_{(0,\pi)} \sqrt[k]{\sin(x)}d\lambda_1(x).$$

(b) Man finde ein Beispiel dafür, dass man in Satz 3.3 von Beppo Levi nicht auf die Annahme verzichten kann, dass $(f_k)_{k\in\mathbb{N}} \subset \bar{\mathscr{M}}_+(\Omega, \mathscr{A})$ monoton aufsteigend ist.

(c) Es sei $(\Omega, \mathscr{A}, \mu)$ ein Maßraum und $f_1 \geq f_2 \geq f_3 \geq \cdots \geq 0$ eine Folge in $\mathscr{M}(\Omega, \mathscr{A})$ mit $f_1 \in \mathscr{L}(\Omega, \mathscr{A}, \mu)$. Man zeige

$$\lim_{k\to\infty} \int_\Omega f_k d\mu = \int_\Omega \Big(\lim_{k\to\infty} f_k\Big) d\mu.$$

Gilt die Aussage auch, wenn man auf die Annahme $f_1 \in \mathscr{L}(\Omega, \mathscr{A}, \mu)$ verzichtet?

Aufgabe 3.2

Man berechne die folgenden Grenzwerte:

$$\text{(a)} \lim_{k\to\infty} \int_{[0,1]} \frac{kx\sin x}{k^3x^2+1} d\lambda_1, \quad \text{(b)} \lim_{k\to\infty} \int_{[0,1]} \left(1+\frac{x}{k}\right)^k e^{-x} d\lambda_1.$$

Hinweis: Bei (a) zeige man, dass $f_k(x) := \frac{kx\sin x}{k^3x^2+1} \leq \frac{1}{2}$ für alle $x \in [0,1]$ und alle $k \in \mathbb{N}$. Bei (b) zeige man, dass die Funktionenfolge $(f_k)_{k\in\mathbb{N}}$ mit

$$f_k(x) := \left(1+\frac{x}{k}\right)^k e^{-x}$$

monoton aufsteigend ist, indem man zeigt, dass

$$g : [1,\infty) \to \mathbb{R}, \quad g(t) := \left(1+\frac{x}{t}\right)^t = e^{t\ln(1+\frac{x}{t})}$$

monoton wachsend ist.

Aufgabe 3.3

Auf $A := [0,1] \times [0,1] \subset \mathbb{R}^2$ sei die Funktion

$$f : A \to \mathbb{R}, \quad f(x,y) := \begin{cases} 2 & , \text{ für } y \geq 1-x, \\ 1 & , \text{ für } y < 1-x \end{cases}$$

gegeben. Durch Angabe einer monoton steigenden Folge einfacher Funktionen, die fast überall gegen f konvergiert, zeige man, dass f Lebesgue-integrierbar ist und berechne $\int_A f d\lambda_2$.

Aufgabe 3.4
Man zeige an einem Beispiel, dass die Voraussetzung „μ σ-finit oder ν finit“ in Satz 3.9 wesentlich ist.

Aufgabe 3.5
Man zeige: Ist $(\Omega, \mathscr{A}, \mu)$ ein σ-finiter Maßraum und ist $f \in \mathscr{L}(\Omega, \mathscr{A}, \mu)$, so existiert zu jedem $\epsilon > 0$ ein $\delta > 0$ mit:

$$\left| \int_A f d\mu \right| < \epsilon, \text{ für alle } A \in \mathscr{A} \text{ mit } \mu(A) < \delta.$$

Aufgabe 3.6
Man betrachte die Funktionenfolgen $(f_k)_{k \in \mathbb{N}}, (g_k)_{k \in \mathbb{N}}$ (vergleiche mit Abbildung 3.1) mit

$$\text{(a) } f_k := k \cdot 1_{[0, \frac{1}{k}]}, \quad \text{(b) } g_k(x) := \begin{cases} 1 - |x - k| & , x \in [k-1, k+1] \\ 0 & , \text{sonst.} \end{cases}$$

Man zeige $(f_k)_{k \in \mathbb{N}}, (g_k)_{k \in \mathbb{N}} \subset \mathscr{L}(\mathbb{R}, \mathscr{L}_1, \lambda_1)$, berechne die Integrale über $\mathbb{R}$ und weise nach, dass beide Folgen punktweise gegen die Grenzfunktion $f \equiv 0$ konvergieren. Wie verträgt sich das mit dem Satz von LEBESGUE?

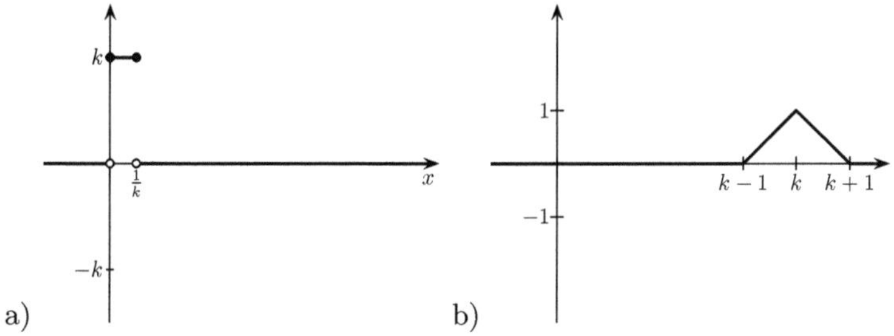

Abbildung 3.1: a) Darstellung der Funktion $f_k := k \cdot 1_{[0, \frac{1}{k}]}$. b) Die Funktion $g_k(x) = (1 - |x-k|) \cdot 1_{[k-1, k+1]}(x)$.

Aufgabe 3.7
Sei $(\Omega, \mathscr{A}, \mu)$ ein Maßraum mit finitem Maß μ, $(f_k)_{k \in \mathbb{N}} \subset \mathscr{L}(\Omega, \mathscr{A}, \mu)$. Konvergiert $(f_k)_{k \in \mathbb{N}}$ auf Ω gleichmäßig gegen f, so ist $f \in \mathscr{L}(\Omega, \mathscr{A}, \mu)$ und die Folge der Integrale $\int_\Omega f_k d\mu$ konvergiert gegen $\int_\Omega f d\mu$.

Parameterabhängige Integrale

Aufgabe 3.8
Man zeige, dass für $s > 0$ die Funktion $t \mapsto f_s(t) := e^{-st} \cos(t)$ auf $[0, \infty)$ LEBESGUE-integrierbar ist (siehe Abbildung 3.2) und bestimme das Integral. Man berechne anschließend den Grenzwert

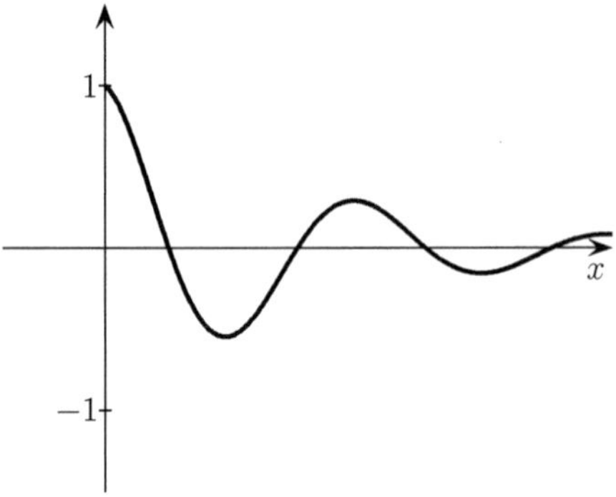

Abbildung 3.2: Die Funktion $t \mapsto e^{-st}\cos(t)$ für $t \geq 0$ und $s > 0$.

$$\lim_{s \searrow 0} \int_{[0,\infty)} f_s d\lambda_1.$$

Darf man den Limes mit dem Integral vertauschen?

Aufgabe 3.9
Gegeben sei die Funktion (siehe Abbildung 3.3)

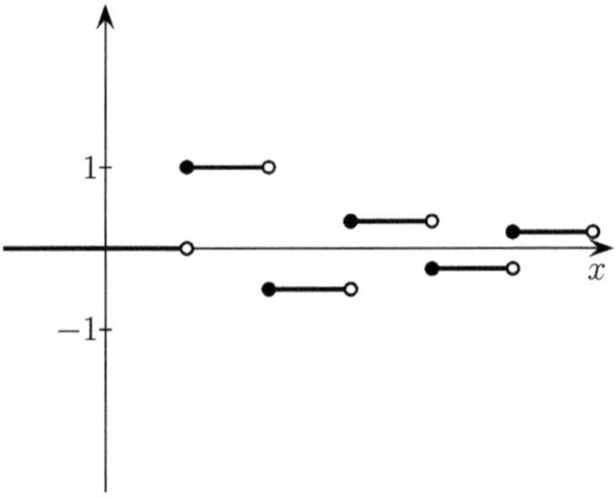

Abbildung 3.3: Diese alternierende Funktion zur harmonischen Reihe ist auf $\mathbb{R}$ nicht LEBESGUE-integrierbar, wohl aber auf jedem Intervall $(-\infty, m]$.

$$f : \mathbb{R} \to \mathbb{R}, \quad f(t) = \begin{cases} 0 & , t < 1, \\ \frac{(-1)^{n-1}}{n} & , n \leq t < n+1 \text{ für alle } n \in \mathbb{N}^*. \end{cases}$$

Man zeige, dass f auf jedem Intervall $(-\infty, m]$ LEBESGUE-integrierbar ist. Anschließend beweise man, dass der Grenzwert $\lim_{m\to\infty} \int_{(-\infty,m]} f d\lambda_1$ in $\mathbb{R}$ existiert, dass aber f auf $\mathbb{R}$ nicht LEBESGUE-integrierbar ist.

Aufgabe 3.10

Die beschränkte Funktion $f : [a, b] \to \mathbb{R}$ sei LEBESGUE-integrierbar. Man zeige: Die Funktion

$$F : [a, b] \to \mathbb{R}, \quad F(x) := \int_{[a,x]} f d\lambda_1$$

ist stetig.

4 Produktmaße

Im letzten Kapitel haben wir uns mit der Vertauschbarkeit von Grenzprozessen bei der Integration von parameterabhängigen Integralen beschäftigt. Eine weitere wichtige Frage in diesem Zusammenhang ist die Frage nach der Vertauschbarkeit zweier verschiedener Integrationen. Zum Beispiel könnte man ja versuchen, eine integrierbare Funktion $f : \mathbb{R}^2 \to \mathbb{R}$ zunächst bezüglich der ersten Variablen und danach bezüglich der zweiten Variablen (oder in umgekehrter Reihenfolge) zu integrieren und sich anschließend die Frage stellen, ob die Ergebnisse übereinstimmen. Wir fragen also nach der Gültigkeit von Gleichungen der Art

$$\begin{aligned}\int_{\mathbb{R}^2} f(x,y)d\lambda_2(x,y) &= \int_{\mathbb{R}} \left(\int_{\mathbb{R}} f(x,y)d\lambda_1(x) \right) d\lambda_1(y) \\ &= \int_{\mathbb{R}} \left(\int_{\mathbb{R}} f(x,y)d\lambda_1(y) \right) d\lambda_1(x).\end{aligned}$$

Weiter unten werden hierzu die wichtigen Sätze von FUBINI und TONELLI bewiesen. Dafür bieten die Produkträume von σ-finiten Maßräumen den richtigen mathematischen Rahmen.

4.1 Produkträume

4.1 Definition

$(\Omega_1, \mathscr{A}_1)$ und $(\Omega_2, \mathscr{A}_2)$ seien messbare Räume. Dann nennen wir den messbaren Raum $(\Omega, \mathscr{A})$ mit $\Omega := \Omega_1 \times \Omega_2$ und

$$\mathscr{A} := \mathscr{A}_1 \otimes \mathscr{A}_2 := \sigma(\{A_1 \times A_2 : A_1 \in \mathscr{A}_1,\ A_2 \in \mathscr{A}_2\})$$

das *Produkt der messbaren Räume* $(\Omega_1, \mathscr{A}_1)$ und $(\Omega_2, \mathscr{A}_2)$ oder auch nur einfach den *Produktraum* von $(\Omega_1, \mathscr{A}_1)$ und $(\Omega_2, \mathscr{A}_2)$.

Ist $A \subset \Omega_1 \times \Omega_2$ von der Form $A = A_1 \times A_2$ mit $A_i \subset \Omega_i$, $i = 1, 2$, so werden wir A als *Rechteck* bezeichnen. Für beliebiges $A \subset \Omega_1 \times \Omega_2$

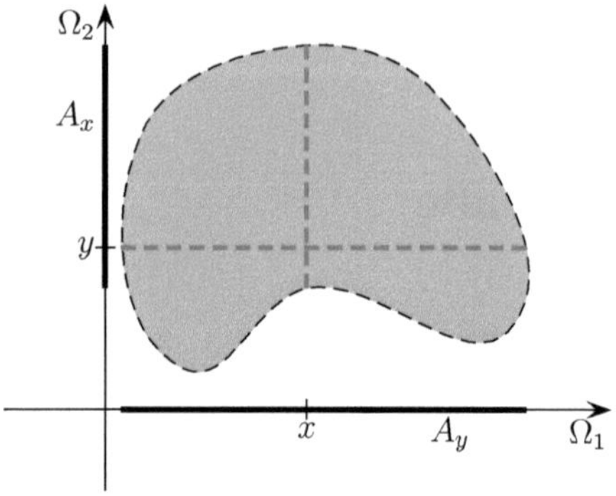

Abbildung 4.1: Die Schnittmengen A_x, A_y von $A \subset \Omega_1 \times \Omega_2$..

und $x \in \Omega_1$, $y \in \Omega_2$ definieren wir die *Schnittmengen* A_x, A_y durch

$$A_x := \{\tilde{y} \in \Omega_2 : (x, \tilde{y}) \in A\},$$
$$A_y := \{\tilde{x} \in \Omega_1 : (\tilde{x}, y) \in A\}$$

und für eine Abbildung $f : \Omega_1 \times \Omega_2 \to M$ auf eine beliebige Menge M sind die *Schnittfunktionen* $f_x : \Omega_2 \to M$ und $f_y : \Omega_1 \to M$ durch

$$f_x(y) := f(x, y), \quad f_y(x) := f(x, y)$$

gegeben.

Die Menge der Rechtecke

$$\mathscr{R} := \{A_1 \times A_2 : A_1 \in \mathscr{A}_1, A_2 \in \mathscr{A}_2\}$$

bildet eine Semialgebra über $\Omega = \Omega_1 \times \Omega_2$, denn es ist

$$(A_1 \times A_2) \cap (B_1 \times B_2) = (A_1 \cap B_1) \times (A_2 \cap B_2)$$

sowie

$$(A_1 \times A_2)^c = (A_1^c \times A_2^c) \cup (A_1^c \times A_2) \cup (A_1 \times A_2^c).$$

Auf $\mathscr{R}$ lässt sich nun eine Mengenfunktion $\mu : \mathscr{R} \to [0, \infty]$ durch die Vorschrift

$$\mu(A_1 \times A_2) := \mu_1(A_1)\mu_2(A_2), \text{ für alle } A_1 \in \mathscr{A}_1,\ A_2 \in \mathscr{A}_2$$

definieren. Es gelten dabei die eingangs von Abschnitt 2.1.3 festgelegten Rechenregeln, dass heißt zum Beispiel ist $\mu(A_1 \times A_2) = 0$, falls $\mu_1(A_1) = 0$, $\mu_2(A_2) = \infty$.

Ist $A_1 \times A_2 = \bigcup_{k=1}^m A_1^k \times A_2^k$ eine Zerlegung des Rechtecks $A_1 \times A_2$ in endlich viele paarweise disjunkte Rechtecke $A_1^k \times A_2^k$, so gilt analog wie in Beispiel 1.13(a), dass

$$\mu(A_1 \times A_2) = \sum_{k=1}^{m} \mu(A_1^k \times A_2^k). \tag{4.1.1}$$

Wir möchten jetzt diese Mengenfunktion zu einem echten Maß auf $\mathscr{A} = \mathscr{A}_1 \otimes \mathscr{A}_2$ erweitern. Der nächste Satz zeigt, dass dies auf genau eine Weise möglich ist, sofern μ_1 und μ_2 σ-finit sind.

4.2 Satz
$(\Omega_1, \mathscr{A}_1, \mu_1)$, $(\Omega_2, \mathscr{A}_2, \mu_2)$ seien σ-finite Maßräume. Dann existiert genau ein Maß μ auf $(\Omega_1 \times \Omega_2, \mathscr{A}_1 \otimes \mathscr{A}_2)$ mit

$$\mu(A_1 \times A_2) = \mu_1(A_1)\mu_2(A_2), \text{ für alle } A_1 \in \mathscr{A}_1,\ A_2 \in \mathscr{A}_2$$

und μ ist selbst wieder σ-finit.

Beweis: Die σ-Algebra $\mathscr{A} = \mathscr{A}_1 \otimes \mathscr{A}_2$ wird erzeugt von der Semialgebra $\mathscr{R}$ der Rechtecke, das heißt $\mathscr{A} = \sigma(\mathscr{R})$. Nach Satz 1.16 und aufgrund des Maßerweiterungssatzes von HAHN, Satz 1.29, genügt es zu zeigen, dass μ auf der erzeugenden Semialgebra $\mathscr{R}$ der Rechtecke σ-finit und σ-additiv ist.

(i) Es seien

$$\Omega_1 = \bigcup_{n \in \mathbb{N}} \Omega_{1,n}, \quad \Omega_2 = \bigcup_{n \in \mathbb{N}} \Omega_{2,n}$$

jeweils Zerlegungen in abzählbar viele paarweise disjunkte Mengen $\Omega_{i,n}$ mit $\mu_i(\Omega_{i,n}) < \infty$, $i = 1, 2$. Dann ist

$$\Omega_1 \times \Omega_2 = \bigcup_{m,n \in \mathbb{N}} \Omega_{1,m} \times \Omega_{2,n}$$

ebenfalls eine Zerlegung in abzählbar viele paarweise disjunkte Mengen $\Omega_{1,m} \times \Omega_{2,n}$, für die nach Definition von μ auf $\mathscr{R}$ gilt:

$$\mu(\Omega_{1,m} \times \Omega_{2,n}) = \mu_1(\Omega_{1,m})\mu_2(\Omega_{2,n}) < \infty.$$

Also ist μ auf $\mathscr{R}$ σ-finit.

(ii) Sei nun

$$A_1 \times A_2 = \bigcup_{n\in\mathbb{N}} A_1^n \times A_2^n \in \mathscr{R}$$

mit disjunkten Rechtecken $A_1^n \times A_2^n \in \mathscr{R}$[1]. Für $(x,y) \in \Omega_1 \times \Omega_2$ ist

$$1_{A_1}(x) \cdot 1_{A_2}(y) = \sum_{n=0}^{\infty} 1_{A_1^n}(x) \cdot 1_{A_2^n}(y).$$

Integriert man dies bei festem $x \in \Omega_1$ über Ω_2, so erhält man mit dem Satz von BEPPO LEVI für numerische Funktionen, Satz 3.3, die Gleichung

$$\begin{aligned} 1_{A_1}(x)\mu_2(A_2) &= \int_{\Omega_2} \left(\sum_{n=0}^{\infty} 1_{A_1^n}(x) \cdot 1_{A_2^n}(y) \right) d\mu_2(y) \\ &= \sum_{n=0}^{\infty} 1_{A_1^n}(x)\mu_2(A_2^n). \end{aligned}$$

Integriert man dies anschließend über Ω_1, so folgt wieder mit dem Satz von der monotonen Konvergenz

$$\begin{aligned} \mu_1(A_1)\mu_2(A_2) &= \int_{\Omega_1} \left(\sum_{n=1}^{\infty} 1_{A_1^n}(x)\mu_2(A_2^n) \right) d\mu_1(x) \\ &= \sum_{n=0}^{\infty} \mu_1(A_1^n)\mu_2(A_2^n), \end{aligned}$$

also

$$\begin{aligned} \mu(A_1 \times A_2) &= \mu_1(A_1)\mu_2(A_2) \\ &= \sum_{n=0}^{\infty} \mu_1(A_1^n)\mu_2(A_2^n) \\ &= \sum_{n=0}^{\infty} \mu(A_1^n \times A_2^n). \end{aligned}$$

Somit ist μ auf $\mathscr{R}$ ebenfalls σ-additiv.

[1] Man beachte, dass daraus noch nicht die paarweise Disjunktheit der A_i^n folgt, zum Beispiel gilt $[0,2] \times [3,5] = [0,1) \times [3,4) \cup [1,2] \times [3,4) \cup [0,1) \times [4,5] \cup [1,2] \times [4,5]$, also hier $A_1^1 = A_1^3$, $A_1^2 = A_1^4$, $A_2^1 = A_2^2$, $A_2^3 = A_2^4$.

Das war zu zeigen. □

4.3 Definition (Produktmaß)
$(\Omega_i, \mathscr{A}_i, \mu_i)$, $i = 1,2$, seien σ-finite Maßräume. Das nach Satz 4.2 durch

$$\mu(A_1 \times A_2) := \mu_1(A_1)\mu_2(A_2), \text{ für alle } A_1 \times A_2 \in \mathscr{A}_1 \otimes \mathscr{A}_2$$

eindeutig bestimmte Maß auf $\mathscr{A}_1 \otimes \mathscr{A}_2$ heißt das *Produktmaß* von μ_1 und μ_2 und wird mit $\mu_1 \otimes \mu_2$ bezeichnet. Der Maßraum

$$(\Omega_1 \times \Omega_2, \mathscr{A}_1 \otimes \mathscr{A}_2, \mu_1 \otimes \mu_2)$$

heißt das *Produkt der Maßräume* $(\Omega_1, \mathscr{A}_1, \mu_1)$ und $(\Omega_2, \mathscr{A}_2, \mu_2)$.

4.4 Satz
Der n-dimensionale LEBESGUE–BORELSCHE *Maßraum ist das n-fache Produkt des 1-dimensionalen* LEBESGUE–BORELSCHEN *Maßraums, das heißt es gilt*

$$(\mathbb{R}^n, \mathscr{B}_n, \lambda_n^*|_{\mathscr{B}_n}) = \underbrace{(\mathbb{R}, \mathscr{B}_1, \lambda_1^*|_{\mathscr{B}_1}) \otimes \cdots \otimes (\mathbb{R}, \mathscr{B}_1, \lambda_1^*|_{\mathscr{B}_1})}_{n\text{-mal}},$$

wobei $\lambda_n^*|_{\mathscr{B}_n}$ wie in Definition 1.33 das LEBESGUE–BORELSCHE *Maß bezeichnet.*

***Beweis*:** Für $n = 2$ schließen wir wie folgt: Zunächst ist per definitionem

$$\mathscr{B}_2 = \sigma(\{I_1 \times I_2 : I_1, I_2 \in \mathscr{I}_1\}).$$

Wir behaupten

$$\mathscr{B}_2 = \sigma(\{B_1 \times B_2 : B_1, B_2 \in \mathscr{B}_1\}) = \mathscr{B}_1 \otimes \mathscr{B}_1.$$

Die Inklusion „$\subset$“ ist trivial, da $\mathscr{I}_1 \subset \mathscr{B}_1 = \sigma(\mathscr{I}_1)$. Zum Beweis der umgekehrten Inklusion genügt es zu zeigen, dass jede Menge $B_1 \times B_2$ mit $B_1, B_2 \in \mathscr{B}_1$ zu $\mathscr{B}_2$ gehört. Für jedes $I_1 \in \mathscr{I}_1$ ist

$$\mathscr{C}_1(I_1) := \{B_2 \in \mathscr{B}_1 : I_1 \times B_2 \in \mathscr{B}_2\} \subset \mathscr{B}_1$$

eine σ-Algebra, die $\mathscr{I}_1$ enthält, also $\mathscr{C}_1(I_1) = \mathscr{B}_1$. Damit ist aber für jedes $B_2 \in \mathscr{B}_1$ die Menge

$$\mathscr{C}_2(B_2) := \{B_1 \in \mathscr{B}_1 : B_1 \times B_2 \in \mathscr{B}_2\}$$

eine σ-Algebra, die $\mathscr{I}_1$ enthält, also $\mathscr{C}_2(B_2) = \mathscr{B}_1$. Hieraus folgt $\mathscr{B}_2 = \mathscr{B}_1 \otimes \mathscr{B}_1$. Da ferner $\lambda_2(I \times J) = \lambda_1(I)\lambda_1(J)$ für je zwei Intervalle $I, J \in \mathscr{I}_1$, folgt nach Satz 4.2 $\lambda_2^*|_{\mathscr{B}_2} = \lambda_1^*|_{\mathscr{B}_1} \otimes \lambda_1^*|_{\mathscr{B}_1}$. Das beweist die Behauptung für $n = 2$. Für allgemeines n folgt die Behauptung durch Induktion. □

Da sich die LEBESGUESCHEN Mengen von den BORELSCHEN Mengen nur durch Teilmengen BORELSCHER Nullmengen unterscheiden, gilt ebenfalls:

4.5 Korollar

Der n-dimensionale LEBESGUESCHE *Maßraum $(\mathbb{R}^n, \mathscr{L}_n, \lambda_n)$ ist das n-fache Produkt des 1-dimensionalen* LEBESGUESCHEN *Maßraums, das heißt es gilt*

$$(\mathbb{R}^n, \mathscr{L}_n, \lambda_n) = \underbrace{(\mathbb{R}, \mathscr{L}_1, \lambda_1) \otimes \cdots \otimes (\mathbb{R}, \mathscr{L}_1, \lambda_1)}_{n\text{-mal}}.$$

4.6 Bemerkung

Für eine LEBESGUE-messbare Menge $A \subset \mathbb{R}^n$ und eine Konstante $r \geq 0$ definieren wir die Menge $r \cdot A := \{r \cdot x : x \in A\}$, das heißt wir strecken A um den Faktor r. Mit A ist auch $r \cdot A$ wieder messbar. Das LEBESGUE-Maß λ_n ist homogen vom Grad n, das heißt

$$\lambda_n(r \cdot A) = r^n \lambda_n(A), \qquad \text{für alle } r > 0, A \in \mathscr{L}_n, n \in \mathbb{N}.$$

Dies ergibt sich ganz einfach aus der Tatsache, dass schon der Elementarinhalt λ_n auf den Intervallen diese Eigenschaft besitzt. Die Homogenität von λ_n vom Grad n ergibt sich aber ebenfalls aus der Homogenität von λ_1, da $\lambda_n = \bigotimes^n \lambda_1$.

4.2 Die Sätze von Tonelli und Fubini

Gegeben seien zwei σ-finite Maßräume $(\Omega_i, \mathscr{A}_i, \mu_i)$, $i = 1, 2$. Um die Ausgangssituation für den Satz von FUBINI besser zu verstehen, betrachten wir noch einmal eine Menge $A \in \mathscr{A} = \mathscr{A}_1 \otimes \mathscr{A}_2$ wie in Abbildung 4.1. Um das Maß $\mu(A)$ von A bezüglich des Produktmaßes $\mu = \mu_1 \otimes \mu_2$ zu bestimmen, könnte man zunächst für jedes $y \in \Omega_2$ versuchen, das μ_1-Maß von A_y zu bestimmen und dieses anschließend nach y bezüglich μ_2 zu integrieren (oder in umgekehrter

Reihenfolge erst $\mu_2(A_x)$ bestimmen und dann bezüglich μ_1 nach x integrieren). Dazu müssen wir aber zuvor wissen, ob die Schnittmengen A_x, A_y und die Funktionen $x \mapsto \mu_2(A_x)$, $y \mapsto \mu_1(A_y)$ jeweils messbar sind.

4.7 Satz
Es sei $(\Omega, \mathscr{A}) = (\Omega_1 \times \Omega_2, \mathscr{A}_1 \otimes \mathscr{A}_2)$. Dann gelten die folgenden Aussagen.

(a) $A \in \mathscr{A}, x \in \Omega_1, y \in \Omega_2 \Rightarrow A_x \in \mathscr{A}_2, A_y \in \mathscr{A}_1$.

(b) $f \in \bar{\mathscr{M}}(\Omega, \mathscr{A}) \Rightarrow f_x \in \bar{\mathscr{M}}(\Omega_2, \mathscr{A}_2), f_y \in \bar{\mathscr{M}}(\Omega_1, \mathscr{A}_1)$.

Hierbei bezeichnen A_x, A_y bzw. f_x, f_y die Schnittmengen bzw. Schnittfunktionen in Definition 4.1.

***Beweis*:** Der Beweis ist nicht schwierig.

(a) Für jedes $x \in \Omega_1$ ist

$$\mathscr{A}^* := \{A \in \mathscr{A} : A_x \in \mathscr{A}_2\} \subset \mathscr{A}$$

eine σ-Algebra über $\Omega_1 \times \Omega_2$, welche die Semialgebra $\mathscr{R}$ der Rechtecke $A_1 \times A_2$ mit $A_1 \in \mathscr{A}_1$, $A_2 \in \mathscr{A}_2$ enthält, also

$$\mathscr{R} \subset \mathscr{A}^* \subset \mathscr{A}.$$

Dann gilt aber auch

$$\sigma(\mathscr{R}) \subset \sigma(\mathscr{A}^*) \subset \sigma(\mathscr{A})$$

und weil $\sigma(\mathscr{R}) = \sigma(\mathscr{A}) = \mathscr{A}$, $\sigma(\mathscr{A}^*) = \mathscr{A}^*$, folgt $\mathscr{A}^* = \mathscr{A}$. Analog verfährt man mit $y \in \Omega_2$.

(b) Ist $B \in \widehat{\mathscr{B}} = \{B \subset \overline{\mathbb{R}} : B \cap \mathbb{R} \subset \mathscr{B}\}$, so ist nach Teil (a)

$$f_x^{-1}(B) = \{y \in \Omega_2 : f(x,y) \in B\} = (f^{-1}(B))_x \in \mathscr{A}_2.$$

Daher ist $f_x \in \bar{\mathscr{M}}(\Omega_2, \mathscr{A}_2)$. Analog folgt $f_y \in \bar{\mathscr{M}}(\Omega_1, \mathscr{A}_1)$.

Das wollten wir zeigen. □

4.8 Satz
Es sei $(\Omega, \mathscr{A}, \mu)$ das Produkt der σ-finiten Maßräume $(\Omega_i, \mathscr{A}_i, \mu_i)$, $i = 1, 2$, und $A \in \mathscr{A}$. Wir setzen

$$g_{1,A} : \Omega_1 \to [0, \infty], \quad g_{1,A}(x) := \mu_2(A_x),$$
$$g_{2,A} : \Omega_2 \to [0, \infty], \quad g_{2,A}(y) := \mu_1(A_y).$$

Dann gilt $g_{i,A} \in \bar{\mathscr{M}}_+(\Omega_i, \mathscr{A}_i)$, $i = 1, 2$ *und*

$$\mu(A) = \int_{\Omega_1} g_{1,A} d\mu_1 = \int_{\Omega_2} g_{2,A} d\mu_2.$$

***Beweis*:** Man kann im Beweis ohne Einschränkung annehmen, dass die Maße μ_1, μ_2 sogar finit sind, da man Ω in abzählbar viele paarweise disjunkte Teilmengen endlichen Maßes zerlegen kann und sich der allgemeinere Fall dann auf diesen zurückführen lässt. Nach Satz 4.7(a) können die Funktionen $g_{1,A}$, $g_{2,A}$ definiert werden. Wir beweisen nur die Aussage für $g_{1,A}$, da sich die für $g_{2,A}$ aus dieser durch einen Bezeichnungstausch ergibt. Wir betrachten die Menge der $A \in \mathscr{A}$ für die diese Aussage richtig ist, das heißt wir betrachten die Menge

$$\mathcal{D} := \left\{ A \in \mathscr{A} : g_{1,A} \in \bar{\mathscr{M}}_+(\Omega_1, \mathscr{A}_1) \text{ und } \int_{\Omega_1} g_{1,A} d\mu_1 = \mu(A) \right\}.$$

(i) $\mathcal{D}$ enthält die Semialgebra $\mathscr{R} = \{A_1 \times A_2 : A_1 \in \mathscr{A}_1, A_2 \in \mathscr{A}_2\}$ der μ-messbaren Rechtecke, denn aus

$$(A_1 \times A_2)_x = \begin{cases} A_2 & \text{, falls } x \in A_1, \\ \varnothing & \text{, falls } x \notin A_1 \end{cases}$$

folgt zunächst $g_{1,A_1 \times A_2} = \mu_2(A_2) \cdot 1_{A_1}$ und dann

$$\int_{\Omega_1} g_{1,A_1 \times A_2} d\mu_1 = \int_{\Omega_1} \mu_2(A_2) \cdot 1_{A_1} d\mu_1$$
$$= \mu_2(A_2) \int_{A_1} d\mu_1 = \mu_1(A_1)\mu_2(A_2) = \mu(A_1 \times A_2).$$

(ii) $\mathcal{D}$ ist ein DYNKIN-System.

(1) Wegen (i) ist $\Omega \in \mathcal{D}$, denn $\Omega = \Omega_1 \times \Omega_2 \in \mathscr{R} \subset \mathcal{D}$.

(2) Es sei $A \in \mathcal{D}$. Da $(A^c)_x = \Omega_2 \setminus A_x$, folgt

$$\begin{aligned} g_{1,A^c}(x) &= \mu_2((A^c)_x) = \mu_2(\Omega_2 \setminus A_x) \\ &= \mu_2(\Omega_2) - \mu_2(A_x) = \mu_2(\Omega_2) - g_{1,A}(x), \end{aligned}$$

sodass $g_{1,A^c} = \mu_2(\Omega_2) \cdot 1_{\Omega_1} - g_{1,A}$. Dies zeigt insbesondere $g_{1,A^c} \in \bar{\mathscr{M}}_+(\Omega_1, \mathscr{A}_1)$. Integration ergibt

$$\begin{aligned} \int_{\Omega_1} g_{1,A^c} d\mu_1 &= \int_{\Omega_1} \mu_2(\Omega_2) \cdot 1_{\Omega_1} d\mu_1 - \int_{\Omega_1} g_{1,A} d\mu_1 \\ &= \mu_2(\Omega_2)\mu_1(\Omega_1) - \mu(A), \text{ da } A \in \mathcal{D} \\ &= \mu(\Omega) - \mu(A) = \mu(A^c). \end{aligned}$$

Also ist $A^c \in \mathcal{D}$.

(3) Gegeben sei eine Folge $(A_k)_{k\in\mathbb{N}} \subset \mathcal{D}$ paarweise disjunkter Mengen. Weil die Mengen A_k paarweise disjunkt sind, gilt dies ebenfalls für die Mengen $(A_k)_x$ und außerdem ist

$$\left(\bigcup_{k\in\mathbb{N}} A_k\right)_x = \bigcup_{k\in\mathbb{N}} (A_k)_x,$$

woraus sich sofort

$$g_{1,\bigcup_{k\in\mathbb{N}} A_k} = \sum_{k\in\mathbb{N}} g_{1,A_k}$$

ergibt. Somit ist erstens $g_{1,\bigcup_{k\in\mathbb{N}} A_k}$ messbar und zweitens

$$\begin{aligned} \int_{\Omega_1} g_{1,\bigcup_{k\in\mathbb{N}} A_k} d\mu_1 &= \int_{\Omega_1} \sum_{k\in\mathbb{N}} g_{1,A_k} d\mu_1 \\ &\overset{\text{Satz 3.3}}{=} \sum_{k\in\mathbb{N}} \int_{\Omega_1} g_{1,A_k} d\mu_1 \\ &= \sum_{k\in\mathbb{N}} \mu(A_k), \text{ da } A_k \in \mathcal{D} \\ &= \mu\left(\bigcup_{k\in\mathbb{N}} A_k\right), \end{aligned}$$

daher ist $\bigcup_{k\in\mathbb{N}} A_k \in \mathcal{D}$.

(iii) Aus (i) und (ii) folgt $\delta(\mathscr{R}) \subset \mathcal{D}$. Weil $\mathscr{R}$ $\cap$-stabil ist, folgt aus dem Satz von Dynkin (Satz 1.10), dass $\delta(\mathscr{R}) = \sigma(\mathscr{R}) = \mathscr{A}$ und somit $\mathcal{D} = \mathscr{A}$.

Das war zu zeigen. □

Ein direktes Korollar ist der Satz von Cavalieri.

4.9 Korollar (Satz von Cavalieri)
Es sei $(\Omega, \mathscr{A}, \mu)$ das Produkt der σ-finiten Maßräume $(\Omega_i, \mathscr{A}_i, \mu_i)$, $i = 1, 2$. Sind $A, B \in \mathscr{A}$ zwei messbare Mengen für die gilt:

$$\mu_2(A_x) = \mu_2(B_x), \text{ für alle } x \in \Omega_1,$$

so folgt auch $\mu(A) = \mu(B)$.

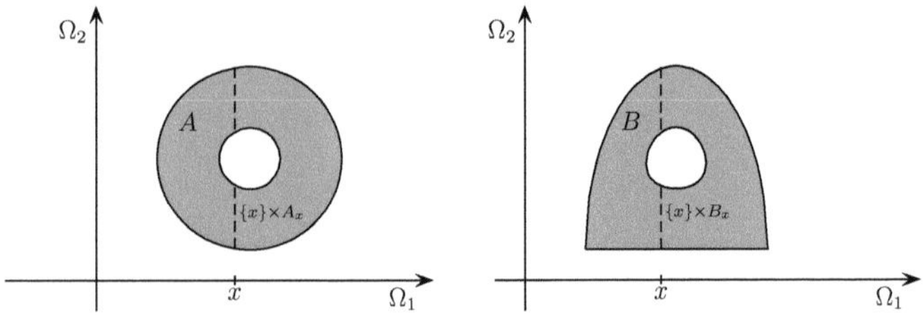

Abbildung 4.2: Satz des Cavalieri: Besitzen die Schnitte A_x, B_x für $x \in \Omega_1$ jeweils dasselbe Maß, so auch A und B.

4.10 Satz (Tonelli)
Es sei $(\Omega, \mathscr{A}, \mu)$ das Produkt der σ-finiten Maßräume $(\Omega_i, \mathscr{A}_i, \mu_i)$, $i = 1, 2$, und $f \in \bar{\mathscr{M}}_+(\Omega, \mathscr{A})$. Für die nach Satz 4.7(b) wohldefinierten Funktionen

$$F_1 : \Omega_1 \to [0, \infty], \quad F_1(x) := \int_{\Omega_2} f(x, y) d\mu_2(y),$$
$$F_2 : \Omega_2 \to [0, \infty], \quad F_2(y) := \int_{\Omega_1} f(x, y) d\mu_1(x)$$

gilt $F_i \in \bar{\mathscr{M}}_+(\Omega_i, \mathscr{A}_i)$, $i = 1, 2$, und

$$\int_\Omega f(x, y) d\mu(x, y) = \int_{\Omega_2} \left(\int_{\Omega_1} f(x, y) d\mu_1(x) \right) d\mu_2(y) = \int_{\Omega_1} \left(\int_{\Omega_2} f(x, y) d\mu_2(y) \right) d\mu_1(x).$$

***Beweis*:** Aus Symmetriegründen reicht es aus, nur den Fall für F_1

zu betrachten. Wir setzen

$$\mathcal{N} := \left\{ f \in \bar{\mathcal{M}}_+(\Omega, \mathcal{A}) : F_1 \in \bar{\mathcal{M}}_+(\Omega_1, \mathcal{A}_1) \text{ und} \right.$$
$$\left. \int_{\Omega_1} F_1(x) d\mu_1(x) = \int_{\Omega} f(x,y) d\mu(x,y) \right\}.$$

(i) $\mathcal{N}$ enthält die charakteristischen Funktionen 1_A mit $A \in \mathcal{A}$.

(ii) Sind $f \in \mathcal{N}$ und $a \geq 0$, so ist $af \in \mathcal{N}$.

(iii) $\mathcal{N}$ ist abgeschlossen unter endlicher Addition, das heißt mit $f_1, f_2 \in \mathcal{N}$ ist ebenfalls $f_1 + f_2 \in \mathcal{N}$.

(iv) Sei $(f_k)_{k\in\mathbb{N}} \subset \mathcal{N}$ eine monoton aufsteigende Folge mit $f_k \uparrow f$. Aus Satz 3.3 folgt $f \in \mathcal{N}$.

(v) Weil sich jede Funktion $f \in \bar{\mathcal{M}}_+(\Omega, \mathcal{A})$ durch eine aufsteigende Folge nicht-negativer einfacher Funktionen approximieren lässt, folgt wegen (i)-(iv) $\mathcal{N} = \bar{\mathcal{M}}_+(\Omega, \mathcal{A})$.

Das war zu zeigen. □

4.11 Beispiel (Volumen von Rotationskörpern)
Wir möchten das n-dimensionale Volumen einer rotationssymmetrischen Menge K berechnen, welche durch eine auf einem Intervall $[a,b] \subset \mathbb{R}$ stetige Funktion $f : [a,b] \to [0,\infty)$ in der Form

$$K := \left\{ x = (x_1, \ldots, x_n) : x_n \in [a,b] \text{ und } \sum_{k=1}^{n-1} x_k^2 \leq f^2(x_n) \right\}$$

beschrieben wird. Bezeichnet $B_n(r)$ die abgeschlossene Kugel vom Radius r mit Mittelpunkt $0 \in \mathbb{R}^n$, also

$$B_n(r) = \{x \in \mathbb{R}^n : \|x\| \leq r\},$$

so erfüllt die charakteristische Funktion 1_K des Rotationskörpers die Gleichung

$$1_K(x_1, \ldots, x_n) = 1_{B_{n-1}(f(x_n))}(x_1, \ldots, x_{n-1}) \cdot 1_{[a,b]}(x_n).$$

Aus dem Satz von Tonelli folgt für das n-dimensionale Volumen

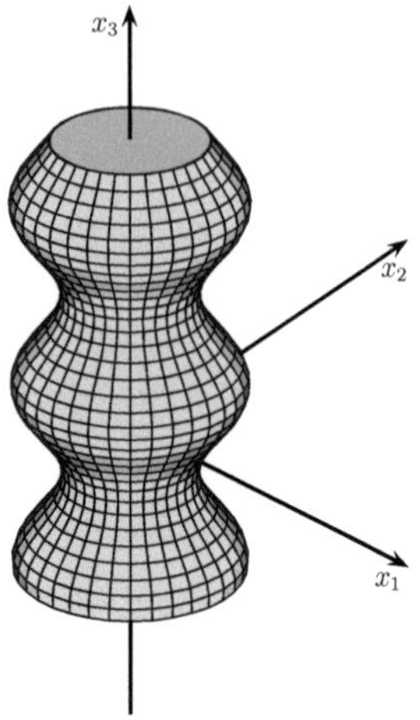

Abbildung 4.3: Ein Rotationskörper in $\mathbb{R}^3$.

des Rotationskörpers K die Gleichung

$$\begin{aligned}\lambda_n(K) &= \int_{\mathbb{R}^n} 1_K d\lambda_n \\ &= \int_{\mathbb{R}} \left(\int_{\mathbb{R}^{n-1}} 1_{B_{n-1}(f(x_n))} d\lambda_{n-1} \right) 1_{[a,b]}(x_n) d\lambda_1(x_n) \\ &= \int_a^b \lambda_{n-1}\big(B_{n-1}(f(x_n))\big) d\lambda_1(x_n).\end{aligned}$$

Aus der Homogenität des LEBESGUE-Maßes (Bemerkung 4.6) folgt $\lambda_n(B_n(r)) = \omega_n r^n$, wobei $\omega_n := \lambda_n(B_n(1))$ das Volumen der abgeschlossenen n-dimensionalen Einheitskugel bezeichne. Setzen wir dies in die obige Gleichung für $\lambda_n(K)$ ein, ergibt sich die Formel

$$\lambda_n(K) = \omega_{n-1} \int_a^b f^{n-1}(t) dt. \tag{4.2.1}$$

Mit dieser Formel lässt sich insbesondere das Volumen ω_n iterativ berechnen. Die Funktion $f : [-1, 1] \to [0, 1]$, $f(t) := \sqrt{1 - t^2}$ generiert die Einheitskugel $B_n(1)$ als Rotationskörper über dem Intervall $[-1, 1]$. Daher erhalten wir

$$\omega_n = \omega_{n-1} \int_{-1}^{1} (1 - t^2)^{\frac{n-1}{2}} \, dt.$$

Mit der Substitution $t = \sin(\alpha)$, $dt = \cos(\alpha) d\alpha$ ergibt dies

$$\omega_n = \omega_{n-1} \int_{-\frac{\pi}{2}}^{\frac{\pi}{2}} \cos^n(\alpha) \, d\alpha.$$

Für $n \geq 2$ ist das unbestimmte Integral von $\cos^n(\alpha)$

$$\int \cos^n(\alpha) \, d\alpha = \frac{n-1}{n} \int \cos^{n-2}(\alpha) \, d\alpha + \frac{1}{n} \sin(\alpha) \cos^{n-1}(\alpha),$$

woraus sich die Gleichung

$$\frac{\omega_n}{\omega_{n-1}} = \frac{n-1}{n} \frac{\omega_{n-2}}{\omega_{n-3}} \tag{4.2.2}$$

ableiten lässt. Wir setzen noch

$$q_n := \frac{\omega_n}{\omega_{n-1}} = \int_{-\frac{\pi}{2}}^{\frac{\pi}{2}} \cos^n(\alpha) \, d\alpha.$$

Weil die Funktionenfolge $f_n : [-\pi/2, \pi/2] \to [0, 1]$, $f_n(\alpha) := \cos^n(\alpha)$ eine nicht-negative monoton abfallende Funktionenfolge integrierbarer Funktionen ist, die gegen die Funktion $f = 1_{\{0\}}$ konvergiert, folgt aus dem Satz von der monotonen Konvergenz (oder auch aus dem Satz von LEBESGUE), dass die Folge $(q_n)_{n \in \mathbb{N}}$ streng monoton fallend gegen 0 konvergiert. Ist $m \in \mathbb{N}$ so gewählt, dass $q_m < 1$, so folgt für alle $n \geq m$

$$\frac{\omega_n}{\omega_{m-1}} = \frac{\omega_n}{\omega_{n-1}} \cdot \frac{\omega_{n-1}}{\omega_{n-2}} \cdot \dots \cdot \frac{\omega_m}{\omega_{m-1}} = \prod_{k=m}^{n} q_k < q_m^{n-m+1}$$

und die rechte Seite strebt für $n \to \infty$ gegen 0, das heißt es gilt:

$$\lim_{n \to \infty} \omega_n = 0.$$

Es ist ein sehr bemerkenswertes Resultat, dass das Volumen der n-dimensionalen Einheitskugel mit wachsender Dimension beliebig klein wird!

Natürlich lassen sich die Werte von ω_n auch explizit mit Formel (4.2.2) bestimmen. Es ist

$$\omega_n = \frac{\pi^{\frac{n}{2}}}{\Gamma\left(\frac{n}{2}+1\right)}, \tag{4.2.3}$$

wobei Γ die Gamma-Funktion bezeichnet. Die ersten Werte für ω_n sind

$$\begin{aligned}
\omega_0 &= 1,\\
\omega_1 &= 2,\\
\omega_2 &= \pi \approx 3.14,\\
\omega_3 &= \frac{4}{3}\pi \approx 4.19,\\
\omega_4 &= \frac{\pi^2}{2} \approx 4.93,\\
\omega_5 &= \frac{8\pi^2}{15} \approx 5.26,\\
\omega_6 &= \frac{\pi^3}{6} \approx 5.17,\\
\omega_7 &= \frac{16\pi^3}{105} \approx 4.72.
\end{aligned}$$

Ab $n = 5$ fallen die Werte von ω_n.

4.12 Satz (Fubini)

Es sei $(\Omega, \mathscr{A}, \mu)$ *das Produkt der* σ*-finiten Maßräume* $(\Omega_i, \mathscr{A}_i, \mu_i)$, $i = 1, 2$, *und* $f \in \mathscr{L}(\Omega, \mathscr{A}, \mu)$. *Für* $x \in \Omega_1$, $y \in \Omega_2$ *seien*

$$f_x : \Omega_2 \to \mathbb{R}, \quad y \mapsto f(x, y) \tag{4.2.4}$$

$$f_y : \Omega_1 \to \mathbb{R}, \quad x \mapsto f(x, y) \tag{4.2.5}$$

die jeweiligen Schnittfunktionen von f. *Dann gibt es* μ_i*-Nullmengen* $N_i \subset \Omega_i$, $i = 1, 2$, *mit*

(a) $f_x \in \mathscr{L}(\Omega_2, \mathscr{A}_2, \mu_2)$ *für alle* $x \in \Omega_1 \setminus N_1$.

(b) $f_y \in \mathscr{L}(\Omega_1, \mathscr{A}_1, \mu_1)$ *für alle* $y \in \Omega_2 \setminus N_2$.

(c) *Für*

$$F_1 : \Omega_1 \to \mathbb{R}, \quad F_1(x) := \begin{cases} \int_{\Omega_2} f_x d\mu_2 & , \text{ für } x \in \Omega_1 \setminus N_1 \\ 0 & , \text{ für } x \in N_1 \end{cases}$$

und

$$F_2 : \Omega_2 \to \mathbb{R}\,, \quad F_2(y) := \begin{cases} \int_{\Omega_1} f_y d\mu_1 & , \text{ für } y \in \Omega_2 \setminus N_2 \\ 0 & , \text{ für } y \in N_2 \end{cases}$$

gilt $F_i \in \mathscr{L}(\Omega_i, \mathscr{A}_i, \mu_i)$, $i = 1, 2$, *und*

$$\int_\Omega f(x,y)d\mu(x,y) = \int_{\Omega_1} F_1(x)d\mu_1(x) = \int_{\Omega_2} F_2(y)d\mu_2(y).$$

***Beweis*:** Da $f \in \mathscr{L}(\Omega, \mathscr{A}, \mu) \Leftrightarrow f^+, f^- \in \mathscr{L}(\Omega, \mathscr{A}, \mu)$, können wir ohne Einschränkung $f \geq 0$ annehmen. Nach Satz 4.10 sind dann die Funktionen

$$\bar{F}_1 : \Omega_1 \to [0, \infty], \quad \bar{F}_1(x) := \int_{\Omega_2} f(x,y)d\mu_2(y),$$
$$\bar{F}_2 : \Omega_2 \to [0, \infty], \quad \bar{F}_2(y) := \int_{\Omega_1} f(x,y)d\mu_1(x)$$

jeweils in $\bar{\mathscr{M}}_+(\Omega_i, \mathscr{A}_i)$, $i = 1, 2$, und

$$\int_\Omega f(x,y)d\mu(x,y) = \int_{\Omega_1} \bar{F}_1(x)d\mu_1(x) = \int_{\Omega_2} \bar{F}_2(y)d\mu_2(y).$$

Da nun aber nach Voraussetzung die linke Seite dieser Gleichung endlich ist, sind auch die Integrale auf der rechten Seite endlich, woraus unmittelbar folgt, dass die Mengen

$$N_i := \{\bar{F}_i = \infty\}$$

jeweils μ_i-Nullmengen sind. Die Behauptung ergibt sich daher direkt mit $F_i := \bar{F}_i \cdot 1_{\Omega_i \setminus N_i}$. □

4.13 Bemerkung
Da die Werte von F_1 bzw. F_2 auf den Nullmengen N_1, N_2 für die Integration irrelevant sind, wird die Integralgleichung im Satz von Fubini in derselben Form wie im Satz von Tonelli geschrieben, also

$$\begin{aligned}\int_\Omega f(x,y)d\mu(x,y) &= \int_{\Omega_2} \left(\int_{\Omega_1} f(x,y)d\mu_1(x) \right) d\mu_2(y) \\ &= \int_{\Omega_1} \left(\int_{\Omega_2} f(x,y)d\mu_2(y) \right) d\mu_1(x),\end{aligned}$$

obwohl die beiden inneren Integranden auf der rechten Seite dieser Gleichung nur bis auf Nullmengen definiert sind.

4.14 Beispiel
Es seien e die EULERSCHE Zahl und $a \in (0, e)$. Wir betrachten die Funktion

$$f : (0, \infty) \times \mathbb{R} \to \mathbb{R}, \quad f(x, y) := e^{\frac{y}{x}}.$$

f ist stetig und daher sicherlich auf der kompakten Menge

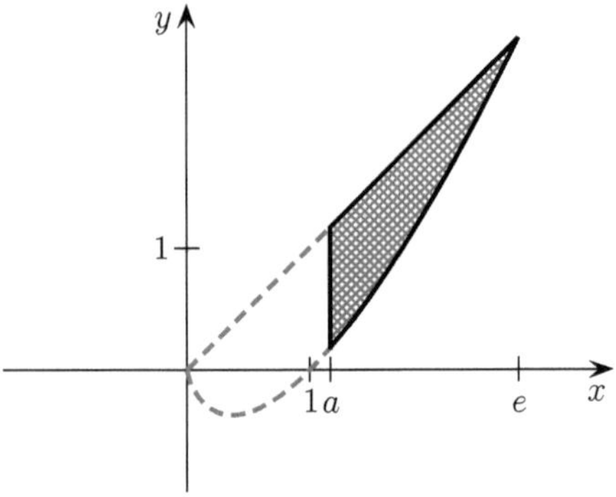

Abbildung 4.4: Darstellung des Integrationsbereichs A (schraffiert) für die Funktion in Beispiel 4.14. Es ist $a \in (0, e)$ und $A = \{(x, y) \in \mathbb{R}^2 : a \le x \le e,\, x \ln x \le y \le x\}$.

$$A := \{(x, y) \in \mathbb{R}^2 : a \le x \le e,\, x \ln x \le y \le x\}$$

LEBESGUE-integrierbar (vergleiche mit Abbildung 4.4). Die charakteristische Funktion 1_A erfüllt die Zerlegung

$$1_A(x, y) = 1_{[a,e]}(x) \cdot 1_{[x \ln x, x]}(y),$$

sodass

$$\begin{aligned}
&\int_A f(x,y)d\lambda_2(x,y)\\
= &\int_{\mathbb{R}^2} 1_A(x,y)f(x,y)d\lambda_2(x,y)\\
= &\int_{\mathbb{R}^2} 1_{[a,e]}(x)1_{[x\ln x,x]}(y)e^{\frac{y}{x}}d\lambda_2(x,y)\\
= &\int_{\mathbb{R}}\left(\int_{\mathbb{R}} 1_{[a,e]}(x)1_{[x\ln x,x]}(y)e^{\frac{y}{x}}d\lambda_1(y)\right)d\lambda_1(x)\\
= &\int_{\mathbb{R}} 1_{[a,e]}(x)\left(\int_{\mathbb{R}} 1_{[x\ln x,x]}(y)e^{\frac{y}{x}}d\lambda_1(y)\right)d\lambda_1(x)\\
= &\int_a^e\left(\int_{x\ln x}^x e^{\frac{y}{x}}dy\right)dx = \int_a^e\left(xe^{\frac{y}{x}}\Big|_{y=x\ln x}^{y=x}\right)dx\\
= &\int_a^e x(e-x)dx = x^2\left(\frac{e}{2}-\frac{x}{3}\right)\Big|_{x=a}^{x=e}\\
= &\frac{1}{6}(e-a)^2(e+2a) \to \frac{e^3}{6} \text{ für } a\to 0.
\end{aligned}$$

4.15 Satz (Fubini-Tonelli)
Es sei $(\Omega,\mathscr{A},\mu)$ das Produkt der σ-finiten Maßräume $(\Omega_i,\mathscr{A}_i,\mu_i)$, $i=1,2$, und $f\in\bar{\mathscr{M}}(\Omega,\mathscr{A})$. Dann gilt

$$\begin{aligned}
\int_\Omega |f(x,y)|d\mu(x,y) &= \int_{\Omega_2}\left(\int_{\Omega_1}|f(x,y)|d\mu_1(x)\right)d\mu_2(y)\\
&= \int_{\Omega_1}\left(\int_{\Omega_2}|f(x,y)|d\mu_2(y)\right)d\mu_1(x).
\end{aligned}$$

Ferner liegt f genau dann in $\bar{\mathscr{L}}(\Omega,\mathscr{A},\mu)$, wenn irgendeiner der drei oben aufgeführten Integralausdrücke endlich ist und in diesem Fall gilt ebenfalls

$$\begin{aligned}
\int_\Omega f(x,y)d\mu(x,y) &= \int_{\Omega_2}\left(\int_{\Omega_1}f(x,y)d\mu_1(x)\right)d\mu_2(y)\\
&= \int_{\Omega_1}\left(\int_{\Omega_2}f(x,y)d\mu_2(y)\right)d\mu_1(x),
\end{aligned}$$

wobei wie oben bemerkt im Allgemeinen die beiden inneren Integranden auf der rechten Seite dieser Gleichung nur bis auf Nullmengen erklärt sind.

***Beweis*:** Dies ist eine Kombination der Sätze von TONELLI und FUBINI, denn für $f \in \bar{\mathscr{M}}(\Omega, \mathscr{A})$ ist $|f| \in \bar{\mathscr{M}}_+(\Omega, \mathscr{A})$ und

$$f \in \bar{\mathscr{L}}(\Omega, \mathscr{A}, \mu) \Leftrightarrow \int_\Omega |f(x,y)| d\mu(x,y) < \infty.$$

□

Direkt aus dem Satz des FUBINI folgt

4.16 Korollar

Es sei $(\Omega, \mathscr{A}, \mu)$ das Produkt der σ-finiten Maßräume $(\Omega_i, \mathscr{A}_i, \mu_i)$ und $f_i \in \mathscr{L}(\Omega_i, \mathscr{A}_i, \mu_i)$, $i = 1, 2$. Dann ist $f(x,y) := f_1(x) \cdot f_2(y)$ μ-integrierbar und

$$\int_\Omega f d\mu = \int_{\Omega_1} f_1 d\mu_1 \cdot \int_{\Omega_2} f_2 d\mu_2.$$

4.17 Beispiel

Wir wählen $f : \mathbb{R}^2 \to \mathbb{R}$, $f(x,y) := e^{x+y}$

$$\begin{aligned} \int_{[a,b]\times[c,d]} e^{x+y} d\lambda_2(x,y) &= \int_{[a,b]\times[c,d]} e^x e^y d\lambda_2(x,y) \\ &= \int_{[a,b]} e^x d\lambda_1(x) \cdot \int_{[c,d]} e^y d\lambda_1(y) \\ &= \int_a^b e^x dx \cdot \int_c^d e^y dy \\ &= (e^b - e^a)(e^d - e^c). \end{aligned}$$

Aufgaben

Produkträume

Aufgabe 4.1

Gegeben seien eine Teilmenge $A \subset \Omega_1 \times \Omega_2$ und $x \in \Omega_1$. Man zeige:

(a) $(A^c)_x = \Omega_2 \setminus A_x$.

(b) $\{x\} \times A_x = A \cap (\{x\} \times \Omega_2)$.

Aufgabe 4.2

Es seien $\Omega_i := [0,1]$, $\mathscr{A}_i := \{A \subset [0,1] : A \text{ oder } A^c \text{ abzählbar}\}$, $i = 1, 2$ und

$$A := \{(x,y) \in \Omega_1 \times \Omega_2 : x = y\}$$

sei die Diagonalmenge in $\Omega := \Omega_1 \times \Omega_2$. Man zeige, dass für alle $x \in \Omega_1$ und alle $y \in \Omega_2$ jeweils $A_x \in \mathscr{A}_2$, $y \in \mathscr{A}_1$ gilt, aber $A \notin \mathscr{A} := \mathscr{A}_1 \otimes \mathscr{A}_2$. Die Umkehrung der Aussage in Satz 4.7(a) ist also nicht richtig.

Aufgabe 4.3
Es sei $(\Omega, \mathscr{A}) = (\Omega_1 \times \Omega_2, \mathscr{A}_1 \otimes \mathscr{A}_2)$ der Produktraum aus den messbaren Räumen $(\Omega_i, \mathscr{A}_i)$, $i = 1, 2$. Für die Projektionen $\pi_i : \Omega \to \Omega_i$ von Ω auf Ω_i setzen wir

$$\pi_i^{-1}(\mathscr{A}_i) := \left\{\pi_i^{-1}(A) : A \in \mathscr{A}_i\right\}, \quad i = 1, 2.$$

Man zeige $\mathscr{A} = \sigma\big(\pi_1^{-1}(\mathscr{A}_1) \cup \pi_2^{-1}(\mathscr{A}_2)\big)$ und folgere, dass eine Abbildung $f : \Omega_0 \to \Omega$ für einen beliebigen messbaren Raum $(\Omega_0, \mathscr{A}_0)$ genau dann $\mathscr{A}_0$-$\mathscr{A}$-messbar ist, wenn die Abbildungen $\pi_i \circ f$ jeweils $\mathscr{A}_0$-$\mathscr{A}_i$-messbar sind, $i = 1, 2$.

Aufgabe 4.4
Sei $(\Omega, \mathscr{A})$ ein messbarer Raum und $f \in \mathscr{M}_+(\Omega, \mathscr{A})$. Dann gilt

$$\{(x, y) : x \in \Omega \text{ und } 0 < y < f(x)\} \in \mathscr{A} \otimes \mathscr{B}.$$

Die Sätze von Tonelli und Fubini

Aufgabe 4.5
Mit dem Satz von Fubini berechne man den Flächeninhalt der Fläche

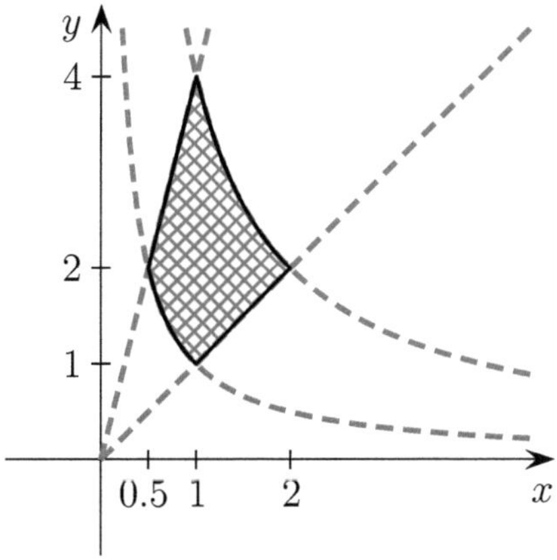

Abbildung 4.5: Darstellung der Fläche aus Aufgabe 4.5.

$$A := \left\{(x, y) \in \mathbb{R}^2 : 0 \leq x, y \text{ und } 1 \leq xy \leq 4 \text{ und } 1 \leq \frac{y}{x} \leq 4\right\}.$$

Aufgabe 4.6
Man berechne das Integral $\int_A f(x,y)d\lambda_2(x,y)$ für:

(a) $f(x,y) := x^2 + y^3 + 2xy^2$, $A := [0,1]^2$.

(b) $f(x,y) := xy - 3\cos(x+y)$, $A := \{(x,y) \in \mathbb{R}^2 : 0 \leq x, y, x+y \leq \pi\}$.

Aufgabe 4.7
$F : [x_1, x_2] \times [y_1, y_2] \to \mathbb{R}$ sei zweimal stetig differenzierbar. Man zeige

$$\int_{[x_1,x_2]\times[y_1,y_2]} \frac{\partial^2 F}{\partial x \partial y}(x,y)d\lambda_2(x,y)$$
$$= F(x_1,y_1) - F(x_2,y_1) + F(x_2,y_2) - F(x_1,y_2).$$

Aufgabe 4.8
Wir betrachten die Funktion

$$f : \mathbb{R}^2 \to \mathbb{R}, \quad f(x,y) := \begin{cases} \frac{x^2-y^2}{(x^2+y^2)^2} & \text{, falls } (x,y) \in [0,1]^2 \setminus \{(0,0)\}, \\ 0 & \text{, sonst.} \end{cases}$$

(a) Weisen Sie nach, dass $f \in \mathscr{M}(\mathbb{R}^2, \mathscr{L}_2)$.

(b) Man zeige, dass die folgenden Integrale existieren und berechne sie.

$$F_1(x) := \int_{\mathbb{R}} f(x,y)d\lambda_1(y), \qquad I_1 := \int_{\mathbb{R}} F_1(x)d\lambda_1(x),$$
$$F_2(y) := \int_{\mathbb{R}} f(x,y)d\lambda_1(x), \qquad I_2 := \int_{\mathbb{R}} F_2(y)d\lambda_1(y).$$

(c) Ist $f \in \mathscr{L}(\mathbb{R}^2, \mathscr{L}_2, \lambda_2)$?

Aufgabe 4.9
Bekanntlich ist die Funktion $f(x) = \frac{1}{x}$ nicht auf $(0,1)$ integrierbar. Man zeige, dass die Funktion $f(x,y) = \frac{1}{x+y}$ auf $(0,1) \times (0,1)$ integrierbar ist und berechne das Integral.

Aufgabe 4.10
Man bestimme das Volumen der folgenden Körper.

(a) $R(r,h) := \{(x,y,z) \in \mathbb{R}^3 : x^2 + y^2 + z^2 \leq r^2 \leq x^2 + y^2 + h^2\}$ mit fest gewählten Konstanten $0 \leq h \leq r$.

(b) $T(r,R) := \{(x,y,z) \in \mathbb{R}^3 : (\sqrt{x^2+y^2} - R)^2 + z^2 \leq r^2\}$ mit fest gewählten Konstanten $0 < r \leq R$.

(c) Körper die durch Rotation der Ellipse $E(a,b) := \{x^2/a^2 + y^2/b^2 = 1\}$ um die x- bzw. y-Achse entstehen.

5 Das Lebesgue-Maß unter Diffeomorphismen

In den vergangenen Kapiteln haben wir einige sehr nützliche Sätze über das LEBESGUE-Integral kennengelernt. Dazu zählt zum Beispiel, dass RIEMANN-integrierbare Funktionen ebenfalls LEBESGUE-integrierbar sind und dass die entsprechenden Integrale übereinstimmen. Aufgrund der für das RIEMANN-Integral bekannten Rechenregeln - und hierzu möchten wir insbesondere den Fundamentalsatz der Differential- und Integralrechnung hinzurechnen -, sind also bereits einige wichtige Instrumente zur Berechnung bestimmter Integrale vorhanden.

Zusätzlich wurde im letzten Kapitel der Satz von FUBINI vorgestellt, welcher unter sehr allgemeinen Voraussetzungen die Integration von Funktionen über Produkträumen auf die Integration über den einzelnen Faktoren zurückführt. Dies ist insbesondere dann sehr zweckmäßig, wenn es sich beim Integrationsbereich A um ein Rechteck $A_1 \times A_2 \in \mathscr{A}_1 \times \mathscr{A}_2$ handelt. Leider ist das jedoch in der Praxis in den meisten Fällen eher nicht gegeben. Wir suchen daher nach Möglichkeiten, den Integrationsbereich durch geeignete Transformationen zu verändern. Beim RIEMANN-Integral gab es hierzu eine Transformationsregel, nämlich die Substitutionsregel. Wir möchten diesen Satz nun auf das LEBESGUE-Integral in Dimension n übertragen.

5.1 Bewegungsinvarianz des Lebesgue-Maßes

In diesem Kapitel verwenden wir stets das LEBESGUE-Maß λ_n auf $\mathbb{R}^n$. Für Integrale LEBESGUE-messbarer Funktionen f auf messbaren Mengen A vereinbaren wir ab jetzt folgende Schreibweise und setzen

$$\int_A f(x)dx := \int_A f(x)d\lambda_n(x) = \int_{\mathbb{R}^n} f \cdot 1_A d\lambda_n.$$

Wir beginnen diesen Abschnitt mit folgendem Lemma:

5.1 Satz
$L : \mathbb{R}^n \to \mathbb{R}^n$ sei eine lineare Abbildung. Dann gilt für jede LEBESGU*E*-*Menge $A \subset \mathbb{R}^n$*

$$\lambda_n\,(L(A)) = |\det L| \cdot \lambda_n(A).$$

***Beweis*:** Wir führen den Beweis in mehreren Schritten.

(i) Durch die Abbildungen

$$A \mapsto \lambda_n(L(A)), \quad A \mapsto |\det L| \cdot \lambda_n(A)$$

werden σ-finite Maße auf der σ-Algebra $\mathscr{L}_n$ der LEBESGUE-messbaren Mengen definiert. Nach dem Maßerweiterungssatz von HAHN (siehe Satz 1.29) genügt es zu zeigen, dass diese Maße auf allen Intervallen übereinstimmen.

(ii) Es sei $I \in \mathscr{I}_n$ ein Intervall. Ohne Einschränkung können wir dabei annehmen, dass sämtliche Kantenlängen des Intervalls positiv und beschränkt sind. Da sich das LEBESGUE-Maß des Intervalls unter Translationen nicht ändert, darf man zusätzlich annehmen, dass eine der Ecken des Intervalls im Ursprung liegt und dass für alle $x = (x_1, \ldots, x_n) \in I$ und jede Koordinate x_k jeweils $x_k \geq 0$ erfüllt ist.

(iii) Ist die Aussage für lineare Abbildungen L_1, L_2 erfüllt, so gilt sie wegen $\det(L_1 L_2) = \det L_1 \cdot \det L_2$ auch für die Verkettung $L_1 L_2$.

(iv) Jede lineare Abbildung L lässt sich als Verkettung von linearen Abbildungen der folgenden drei einfachen Formen schreiben:

(1) Diagonalmatrizen der Form

$$\operatorname{diag}(a, 1, \ldots, 1) := \begin{pmatrix} a & 0 & 0 & \cdots & 0 \\ 0 & 1 & 0 & \cdots & 0 \\ 0 & 0 & 1 & \cdots & 0 \\ \vdots & \vdots & \vdots & \ddots & \vdots \\ 0 & 0 & 0 & \cdots & 1 \end{pmatrix}, \qquad a \in \mathbb{R}$$

(2) Permutationen

(3) Die JORDAN-Matrix

$$\begin{pmatrix} 1 & 1 & 0 & \cdots & 0 \\ 0 & 1 & 0 & \cdots & 0 \\ 0 & 0 & 1 & \cdots & 0 \\ \vdots & \vdots & \vdots & \ddots & \vdots \\ 0 & 0 & 0 & \cdots & 1 \end{pmatrix}.$$

Nach (iii) genügt es, die Behauptung für diese drei linearen Abbildungen nachzuweisen.

(1): Für eine Diagonalmatrix $L = (a, 1, \ldots, 1)$ ist $|\det L| = |a|$. Anwenden von L auf I streckt die erste Komponente um $|a|$ (und spiegelt diese für $a < 0$). Das Maß von $L(I)$ ist daher $|a| \cdot \lambda_n(I)$ und die Behauptung ist für diese Form linearer Abbildungen erfüllt.

(2): Bei einer Permutation L werden lediglich die Seiten vertauscht und daher geht das Intervall I in eines vom selben Maß über. Die Determinante von L ist in diesem Fall ± 1.

(3): Sei nun L die oben angegebene JORDAN-Matrix und

$$I = \{x \in \mathbb{R}^n : x_k \in [0, a_k),\ a_k \in (0, \infty),\ k = 1, \ldots, n\}.$$

Da $L(x) = (x_1 + x_2, x_2, \ldots, x_n)$, folgt

$$L(I) = \{x \in \mathbb{R}^n : x_2 \le x_1 < x_2 + a_1, x_k \in [0, a_k), k \ge 2\}.$$

Nun sieht man, dass

$$I = B \times C, \quad L(I) = B' \times C$$

mit den Mengen

$$B := [0, a_1) \times [0, a_2), \quad C := [0, a_3) \times \cdots \times [0, a_n)$$

und

$$B' := \{(x_1, x_2) \in \mathbb{R}^2 : x_2 \le x_1 < x_2 + a_1, x_2 \in [0, a_2)\}.$$

Somit ist auch

$$\lambda_n(I) = \lambda_2(B)\lambda_{n-2}(C), \quad \lambda_n(L(I)) = \lambda_2(B')\lambda_{n-2}(C).$$

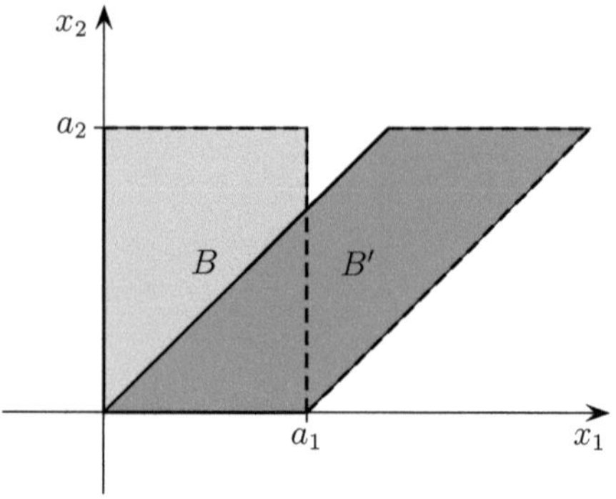

Abbildung 5.1: $B' = \{(x_1, x_2) : x_2 \leq x_1 < x_2 + a_1, x_2 \in [0, a_2)\}$ und $B = [0, a_1) \times [0, a_2)$.

Das Parallelogramm B' geht aus dem Rechteck B durch eine Scherung hervor (siehe Abbildung 5.1). Insbesondere besitzen die beiden parallelen Seiten die Länge a_1 und den Abstand a_2, sodass die Flächeninhalte $\lambda_2(B')$, $\lambda_2(B)$ übereinstimmen, das heißt wir haben

$$\lambda_n(L(I)) = \lambda_n(I) = |\det L| \cdot \lambda_n(I).$$

Das war noch zu zeigen. □

5.2 Korollar

Das LEBESGUE-*Maß* λ_n *ist invariant unter* EUKLIDISCHEN *Bewegungen. Dabei verstehen wir unter einer* EUKLIDISCHEN *Bewegung eine Abbildung* $x \mapsto x_0 + Lx$ *mit* $x_0 \in \mathbb{R}^n$ *und* $L \in O(n)$*, der* n*-dimensionalen orthogonalen Gruppe.*

Beweis: $L \in O(n) \Leftrightarrow \langle Lv, Lw \rangle = \langle v, w \rangle$, für alle $v, w \in \mathbb{R}^n$. Insbesondere gilt $|\det L| = 1$. □

5.2 Die Transformationsformel

5.3 Lemma
$N \subset \mathbb{R}^n$ sei eine LEBESGUE*-Nullmenge, das heißt $\lambda_n(N) = 0$. Ist $\phi : N \to \mathbb{R}^n$ eine Abbildung mit*

$$\limsup_{y \in N,\, y \to x} \frac{\|\phi(x) - \phi(y)\|}{\|x - y\|} < \infty, \text{ für alle } x \in N,$$

so ist $\phi(N)$ ebenfalls eine LEBESGUE*-Nullmenge.*

***Beweis*:** Da auf dem $\mathbb{R}^n$ sämtliche Normen äquivalent sind, werden wir die Standardnorm durch eine für den Beweis wesentlich praktischere ersetzen, nämlich durch die Norm

$$\|x\|_\infty := \max\{|x_j| : j = 1, \ldots, n\}.$$

Dies hat den Vorteil, dass nun die bezüglich dieser Norm gebildeten offenen *Kugeln*

$$U(x_0, r) = \{x : \|x - x_0\|_\infty < r\}$$

in x_0 zentrierte Würfel mit Kantenlänge $2r$ sind.

Wir fixieren $k, \rho, \epsilon > 0$ und setzen

$$A_{k,\rho} := \left\{ x \in N : \frac{\|\phi(x) - \phi(y)\|_\infty}{\|x - y\|_\infty} < k \,, \forall y \in U(x, \rho) \cap N, y \neq x \right\}.$$

Da $\lambda_n(N) = 0$, kann $A_{k,\rho} \subset N$ durch offene *Kugeln* $U_j := U(x_j, r_j)$, $j \in \mathbb{N}$, $x_j \in A_{k,\rho}$, $r_j < \rho$ überdeckt werden mit

$$\sum_{j=0}^{\infty} \lambda_n(U_j) < \epsilon.$$

Für $x \in A_{k,\rho} \cap U_j$ ist $\|x - x_j\|_\infty < r_j < \rho$ und somit

$$\|\phi(x) - \phi(x_j)\|_\infty \leq k\|x - x_j\|_\infty < kr_j.$$

Hieraus folgt $\phi(A_{k,\rho} \cap U_j) \subset U(\phi(x_j), kr_j)$ und dann

$$\begin{aligned}\lambda_n(\phi(A_{k,\rho})) &= \lambda_n\Big(\phi\Big(\bigcup_{j\in\mathbb{N}} A_{k,\rho}\cap U_j\Big)\Big) = \lambda_n\Big(\bigcup_{j\in\mathbb{N}} \phi\Big(A_{k,\rho}\cap U_j\Big)\Big)\\ &\leq \sum_{j=1}^{\infty}\lambda_n(U(\phi(x_j),kr_j)) = k^n\sum_{j=1}^{\infty}\lambda_n(U(\phi(x_j),r_j))\\ &= k^n\sum_{j=1}^{\infty}\lambda_n(U(x_j,r_j)) < k^n\epsilon.\end{aligned}$$

Weil ϵ beliebig klein gewählt werden darf, schließen wir

$$\lambda_n(\phi(A_{k,\rho})) = 0, \text{ für alle } k,\rho > 0.$$

Nach Voraussetzung und nach Konstruktion der Mengen $A_{k,\rho}$ ist $N = \bigcup_{k,\rho\in\mathbb{Q}_+} A_{k,\rho}$ und somit

$$\lambda_n(\phi(N)) = \lambda_n\Big(\phi\Big(\bigcup_{k,\rho\in\mathbb{Q}_+} A_{k,\rho}\Big)\Big) \leq \sum_{k,\rho\in\mathbb{Q}_+}\lambda_n(\phi(A_{k,\rho})) = 0.$$

Das war behauptet. □

5.4 Satz (Transformationssatz)
$U, V \subset \mathbb{R}^n$ seien offen und $\phi : U \to V$ ein C^1-Diffeomorphismus. Es gelten die folgenden Aussagen:

(a) $f \in \mathscr{L}(V) \Leftrightarrow (f\circ\phi)\cdot|\det D\phi| \in \mathscr{L}(U)$

(b) *Für $f \in \mathscr{L}(V)$ ist*

$$\int_V f(y)dy = \int_U (f\circ\phi)(x)|\det D\phi|_x|dx.$$

***Beweis*:** Wegen der σ-Additivität von λ_n können wir annehmen, dass U und V sowie die Funktion $J := |\det D\phi|$ auf U beschränkt sind. Es ist klar, dass f genau dann messbar ist, wenn dies auf $(f\circ\phi)\cdot|\det D\phi|$ zutrifft. Wir beweisen nun zunächst die folgende Behauptung:

Für jedes n-dimensionale Intervall I ist

$$\int_V 1_I(y)dy = \int_U (1_I\circ\phi)(x)J(x)dx \qquad (*)$$

Beweis: Wir führen den Beweis mittels einer Fallunterscheidung für den Diffeomorphismus $\phi : U \to V$.

Fall 1: ϕ sei eine affin-lineare Transformation, das heißt

$$\phi(x) = x_0 + Lx$$

mit einer linearen Abbildung $L : \mathbb{R}^n \to \mathbb{R}^n$ und einem festen $x_0 \in \mathbb{R}^n$. Dann ist $D\phi = L$ und $J(x) = |\det L|$. Für die messbare Menge $E := \phi^{-1}(I \cap V) \subset U$ gilt dann

$$\begin{aligned}
\int_V 1_I(y)dy &= \lambda_n(I \cap V) = \lambda_n(\phi(E)) \\
&= \lambda_n(x_0 + L(E)) = \lambda_n(L(E)) \\
&\overset{\text{Lemma 5.1}}{=} |\det L| \cdot \lambda_n(E) = |\det L| \int_{\mathbb{R}^n} 1_E d\lambda_n \\
&= \int_U 1_E(x)J(x)dx \\
&= \int_U (1_I \circ \phi)(x)J(x)dx.
\end{aligned}$$

Die letzte Gleichung gilt wegen $1_I \circ \phi = 1_E|_U$, denn

$$\begin{aligned}
x \in E = \phi^{-1}(I \cap V) &\Leftrightarrow \phi(x) \in I \cap V \\
&\Leftrightarrow \phi(x) \in I \quad \text{und} \quad x \in U.
\end{aligned}$$

Fall 2: Sei $n = 1$ und ϕ ein beliebiger C^1-Diffeomorphismus. U ist abzählbare disjunkte Vereinigung von Intervallen. Es genügt daher in diesem Fall die Behauptung für offene Intervalle $U = (a, b)$, $V = (c, d)$ zu beweisen. Das Intervall I kann ebenfalls ohne Einschränkung als offen und als ein Intervall in (c, d) angenommen werden, denn für ein beliebiges I gelten sowohl

$$\int_{(c,d)} 1_I(y)dy = \int_{(c,d)} 1_{I\cap(c,d)}(y)dy$$

als auch

$$\int_{(a,b)} (1_I \circ \phi)(x)|\phi'(x)|dx = \int_{(a,b)} (1_{I\cap(c,d)} \circ \phi)(x)|\phi'(x)|dx.$$

Sei also $I = (\xi, \eta) \subset (c, d)$. Da ϕ ein C^1-Diffeomorphismus ist, besitzt ϕ' ein konstantes Vorzeichen. Es sei zum Beispiel $\phi' > 0$ (den Fall $\phi' < 0$ kann man analog behandeln und wir überlassen die Details dem Leser). Aus $\phi' > 0$ folgt

$$\phi^{-1}(\eta) > \phi^{-1}(\xi)$$

und mit dem Fundamentalsatz der Differential- und Integralrechnung ergibt sich

$$\begin{aligned}\int_{(c,d)} 1_I(y)dy &= \eta - \xi = \int_{\phi^{-1}(\xi)}^{\phi^{-1}(\eta)} \phi'(x)dx \\ &= \int_{\phi^{-1}(I)} \phi'(x)dx \\ &= \int_{\mathbb{R}} 1_{\phi^{-1}(I)}(x)\phi'(x)dx \\ &= \int_{(a,b)} (1_I \circ \phi)(x)|\phi'(x)|dx,\end{aligned}$$

denn $\phi^{-1}(I) \subset (a, b)$ und $\phi' > 0$.

Fall 3: Sei n beliebig und ϕ habe die Gestalt

$$\phi(x) = (\psi(x), x_2, \ldots, x_n)$$

mit einer C^1-Funktion $\psi : U \to \mathbb{R}$, für die dann

$$\frac{\partial \psi}{\partial x_1}(x) \neq 0, \text{ für alle } x \in U$$

gelten muss, denn $J(x) = |\det D\phi| = |\frac{\partial \psi}{\partial x_1}|$. Für $x' \in \mathbb{R}^{n-1}$ seien

$$\begin{aligned}U_{x'} &:= \{x_1 \in \mathbb{R} : (x_1, x') \in U\}, \\ I_{x'} &:= \{y_1 \in \mathbb{R} : (y_1, x') \in I\}.\end{aligned}$$

$I_{x'}$ ist ein Intervall in $\mathbb{R}$ und die Abbildung $\phi_1 : U_{x'} \to \mathbb{R}$ mit $x_1 \mapsto \psi(x_1, x')$ ist ein Diffeomorphismus von $U_{x'}$ auf die offene Teilmenge $V_{x'} := \phi(U_{x'}) \subset \mathbb{R}$. Es gilt

$$y_1 \in I_{x'} \quad \Leftrightarrow \quad (y_1, x') \in I$$

und dann auch

$$\begin{aligned}\phi_1(x_1) \in I_{x'} \quad &\Leftrightarrow \quad \big(\phi_1(x_1), x'\big) \in I \\ &\Leftrightarrow \quad \big(\psi(x_1, x'), x'\big) \in I \\ &\Leftrightarrow \quad \phi(x_1, x') \in I.\end{aligned}$$

Dies impliziert

$$\begin{aligned}\int_{\phi_1(U_{x'})} 1_I(y_1, x')dy_1 &= \int_{V_{x'}} 1_{I_{x'}}(y_1)dy_1 \\ &\overset{\text{Fall 2}}{=} \int_{U_{x'}} (1_{I_{x'}} \circ \phi_1)(x_1)|\phi_1'(x_1)|dx_1 \\ &= \int_{U_{x'}} (1_I \circ \phi)(x_1, x')J(x_1, x')dx_1.\end{aligned}$$

Daraus schließen wir jetzt mit dem Satz von FUBINI

$$\begin{aligned}\int_V 1_I(y)dy &= \int_{\mathbb{R}^{n-1}} \left(\int_{\phi_1(U_{x'})} 1_I(y_1, x')dy_1 \right) dx' \\ &= \int_{\mathbb{R}^{n-1}} \left(\int_{U_{x'}} (1_I \circ \phi)(x_1, x')J(x_1, x')dx_1 \right) dx' \\ &= \int_U (1_I \circ \phi)(x)J(x)dx.\end{aligned}$$

Fall 4: Offensichtlich ist die Aussage für die Verkettung $\phi \circ \tilde{\phi}$ von zwei C^1-Diffeomorphismen $\phi : U \to V$, $\tilde{\phi} : \tilde{U} \to U$ richtig, sofern sie für ϕ und $\tilde{\phi}$ erfüllt ist.

Fall 5: Wegen der bereits behandelten Fälle haben wir $(*)$ bewiesen, wenn wir zeigen können, dass zu jedem $x \in U$ eine offene Umgebung $U_0 \subset U$ existiert, sodass $\phi|_{U_0}$ eine Komposition von endlich vielen Abbildungen der Form wie in den Fällen 1 bis 3 ist. Indem wir ϕ nötigenfalls von rechts und links mit Translationen verketten, können wir ohne Einschränkung $x = 0$ und $\phi(0) = 0$ annehmen. Ersetzen wir dann noch ϕ durch $D\phi|_0^{-1} \circ \phi$, so können wir zusätzlich $D\phi|_0 = \mathrm{Id}$ annehmen. Es seien

$$\omega_j : U \to \mathbb{R}^n, \quad \omega_j(x) := (\phi_1(x), \dots, \phi_j(x), x_{j+1}, \dots, x_n).$$

Da ebenfalls $D\omega_j|_0 = \mathrm{Id}$, folgt aus dem Satz über Umkehrabbildungen, dass es eine offene Umgebung $U_0 \subset U$ von $x = 0$ mit der Eigenschaft gibt, dass $\omega_j|_{U_0}$ für jedes j ein Diffeomorphismus auf eine offene Umgebung von 0 ist. Wir schreiben

$$\phi = \omega_n = (\omega_n \circ \omega_{n-1}^{-1}) \circ (\omega_{n-1} \circ \omega_{n-2}^{-1}) \circ \cdots \circ (\omega_2 \circ \omega_1^{-1}) \circ \omega_1$$

Dabei hat für jedes j die Abbildung $\omega_j \circ \omega_{j-1}^{-1}$ eine Gestalt der Form

$$x \mapsto (x_1, \ldots, x_{j-1}, \psi(x), x_{j+1}, \ldots, x_n).$$

Durch Komposition mit einer Permutation gehen diese Abbildungen jeweils in eine Abbildung der Form wie unter Fall 3 über.

Damit ist $(*)$ bewiesen. ⊛

Wir zeigen nun noch, dass die Gültigkeit von $(*)$ für den Beweis des Transformationssatzes ausreicht.

(i) Gilt $(*)$ für Intervalle I, so auch für alle offenen Mengen, da sich jede offene Menge als disjunkte abzählbare Vereinigung von Intervallen darstellen lässt.

(ii) Sei A eine beliebige LEBESGUE-messbare Menge. Nach Satz 1.34 existiert eine Folge offener Mengen $(V_j)_{j\in\mathbb{N}}$ mit

$$A \cap V \subset V_{j+1} \subset V_j \subset V \text{ für alle } j \in \mathbb{N}$$

und

$$\lambda_n\left((A \cap V) \setminus \bigcap_{j\in\mathbb{N}} V_j\right) = 0.$$

Weil $1_{V_j} \circ \phi = 1_{\phi^{-1}(V_j)}$, werden durch 1_{V_j} und $(1_{V_j} \circ \phi)J$ jeweils Folgen integrierbarer Funktionen definiert, die monoton fallend gegen $1_{\bigcap_{j\in\mathbb{N}} V_j}$ bzw. gegen $(1_{\bigcap_{j\in\mathbb{N}} V_j} \circ \phi)J$ konvergieren. Insbesondere sind alle diese Funktionen beschränkt, da J

beschränkt ist. Aus dem Satz von LEBESGUE folgt

$$\begin{aligned}\int_V 1_{\bigcap V_j}(y)dy &= \lim_{j\to\infty}\int_V 1_{V_j}(y)dy \\ &= \lim_{j\to\infty}\int_U (1_{V_j}\circ\phi)(x)J(x)dx \\ &= \int_V (1_{\bigcap V_j}\circ\phi)(x)J(x)dx.\end{aligned}$$

Nach Lemma 5.3 ist mit $N := (A\cap V)\setminus\bigcap_{j\in\mathbb{N}} V_j$ auch $\phi^{-1}(N)$ eine Nullmenge. Dann ist

$$\begin{aligned}\int_V 1_N(y)dy &= 0 \\ &= \int_U 1_{\phi^{-1}(N)}(x)J(x)dx \\ &= \int_U (1_N\circ\phi)(x)J(x)dx.\end{aligned}$$

Wegen $A\cap V = N\cup\left(\bigcap_{j\in\mathbb{N}} V_j\right)$ ergibt dies zusammen

$$\int_V 1_A(y)dy = \int_U (1_A\circ\phi)(x)|\det D\phi|_x|dx \qquad (**)$$

für alle LEBESGUE-messbaren Mengen A. Nach Definition des Integrals folgt aus $(**)$ nun unmittelbar für $f\in\mathscr{L}(V)$ die Gleichung

$$\int_V f(y)dy = \int_U (f\circ\phi)(x)|\det D\phi|_x|dx.$$

Das war zu zeigen. □

5.5 Beispiel

Wir verdeutlichen Satz 5.4 anhand einiger Beispiele.

(a) **Ebene Polarkoordinaten**

Wir betrachten die Abbildung

$$\phi : (0,\infty)\times(-\pi,\pi)\to\mathbb{R}^2\setminus\{(x,0) : x\le 0\},$$

$$\phi(r,\alpha) := (r\cos\alpha, r\sin\alpha)\,.$$

Für die JACOBI-Matrix von ϕ berechnen wir

$$\mathrm{Jac}_\phi(r,\alpha) = \begin{pmatrix} \cos\alpha & -r\sin\alpha \\ \sin\alpha & r\cos\alpha \end{pmatrix}$$

und damit

$$|\det D\phi|_{(r,\alpha)}| = |\det \mathrm{Jac}_\phi(r,\alpha)| = \det \mathrm{Jac}_\phi(r,\alpha) = r > 0.$$

ϕ ist ein (die Orientierung erhaltender) Diffeomorphismus. Der Transformationssatz besagt nun, dass für jede offene Teilmenge

$$V \subset \mathbb{R}^2 \setminus \{(x,0) : x \leq 0\}$$

und jedes $f \in \mathscr{L}(V)$:

$$\int_V f(x,y)d(x,y) = \int_{\phi^{-1}(V)} f(r\cos\alpha, r\sin\alpha) r d(r,\alpha)$$

Wenden wir dies zum Beispiel auf

$$V_R := \{(x,y) : x^2 + y^2 < R^2\} \setminus \{(x,0) : x \leq 0\}$$

an, so ergibt sich

$$\int_{V_R} f(x,y)d(x,y) = \int_{(0,R)\times(-\pi,\pi)} f(r\cos\alpha, r\sin\alpha) r d(r,\alpha).$$

Andererseits sind für $D_R := \{(x,y) : x^2+y^2 \leq R^2\}$ die Mengen $D_R \setminus V_R$ und $\phi^{-1}(D_R \setminus V_R)$ Nullmengen und es macht nichts, wenn wir den Integrationsbereich um diese Mengen vergrößern, sofern $f \in \mathscr{L}(D_R)$. Damit ist für $f \in \mathscr{L}(D_R)$

$$\begin{aligned} &\int_{D_R} f(x,y)d(x,y) \\ = \quad &\int_{[0,R]\times[-\pi,\pi]} f(r\cos\alpha, r\sin\alpha) r\, d(r,\alpha) \\ \overset{\text{FUBINI}}{=} \quad &\int_0^R \int_{-\pi}^{\pi} f(r\cos\alpha, r\sin\alpha) r\, d\alpha\, dr. \end{aligned}$$

Als kleinen Test wenden wir dies auf die Funktion $f = 1_{D_R}$ an und müssten als Ergebnis den Flächeninhalt der Kreisscheibe mit Radius R erhalten. In der Tat ist

$$\int_0^R \int_{-\pi}^{\pi} 1 \cdot r\, d\alpha\, dr = \int_0^R 2\pi r\, dr = \pi r^2 \Big|_0^R = \pi R^2.$$

(b) **Räumliche Polarkoordinaten**

Wir betrachten den Diffeomorphismus

$$\phi : (0, \infty) \times (-\pi, \pi) \times (-\pi/2, \pi/2) \to \mathbb{R}^3 \setminus \{(x, 0, z) : x \leq 0\},$$

$$\phi(r, \alpha, \theta) := (r \cos\theta \cos\alpha, r \cos\theta \sin\alpha, r \sin\theta).$$

Die zugehörige Jacobi-Matrix ist

$$\mathrm{Jac}_\phi(r, \alpha, \theta) = \begin{pmatrix} \cos\theta\cos\alpha & -r\cos\theta\sin\alpha & -r\sin\theta\cos\alpha \\ \cos\theta\sin\alpha & r\cos\theta\cos\alpha & -r\sin\theta\sin\alpha \\ \sin\theta & 0 & r\cos\theta \end{pmatrix}.$$

Somit ist wegen $\theta \in (-\pi/2, \pi/2)$

$$|\det D\phi|_{(r,\alpha,\theta)}| = \det \mathrm{Jac}_\phi(r, \alpha, \theta) = r^2 \cos\theta > 0.$$

Ähnlich wie im vorhergehenden Beispiel erhalten wir für eine abgeschlossene Kugel B_R vom Radius R um den Ursprung und für jedes $f \in \mathscr{L}(B_R)$ die Formel

$$\begin{aligned} &\int_{B_R} f(x, y, z) d(x, y, z) \\ &= \int_0^R \int_{-\pi}^{\pi} \int_{-\frac{\pi}{2}}^{\frac{\pi}{2}} f(r\cos\theta\cos\alpha, r\cos\theta\sin\alpha, r\sin\theta) r^2 \cos\theta \, d\theta \, d\alpha \, dr. \end{aligned}$$

Für das Volumen $V(R)$ des Balls B_R ergibt sich daraus zum Beispiel

$$\begin{aligned} V(R) = \int_{B_R} d(x, y, z) &= \int_0^R \int_{-\pi}^{\pi} \int_{-\pi/2}^{\pi/2} r^2 \cos\theta \, d\theta \, d\alpha \, dr \\ &= \int_0^R \int_{-\pi}^{\pi} 2r^2 \, d\alpha \, dr \\ &= \int_0^R 4\pi r^2 \, dr \\ &= \frac{4}{3}\pi r^3 \Big|_0^R = \frac{4}{3}\pi R^3 = R^3 \omega_3, \end{aligned}$$

wobei ω_3 das Volumen der 3-dimensionalen Einheitskugel ist. Wir bemerken noch, dass sich der Oberflächeninhalt $A(R)$ von B_R hieraus durch Differenzieren nach R ergibt, das heißt

$$A(R) = 4\pi R^2.$$

Warum dies so ist, werden wir erst später im Kapitel über die Integration auf Untermannigfaltigkeiten erklären können. An dieser Stelle sei jedoch schon bemerkt, dass sich aus dem Satz von FUBINI noch folgende Darstellung des Volumens von B_R ergibt

$$V(R) = \int_0^R \left(\int_0^{2\pi} \int_{-\pi/2}^{\pi/2} r^2 \cos\theta \, d\theta \, d\alpha \right) dr,$$

also ist

$$V'(R) = \left(\int_0^{2\pi} \int_{-\pi/2}^{\pi/2} \cos\theta \, d\theta \, d\alpha \right) R^2. \tag{5.2.1}$$

Der letzte Klammerausdruck gibt den Flächeninhalt der Einheitskugeloberfläche an ($= 4\pi$).

(c) **Zylinderkoordinaten**

Wir betrachten *Zylinderkoordinaten*, das heißt den Diffeomorphismus

$$\phi : (0, \infty) \times (-\pi, \pi) \times \mathbb{R} \to \mathbb{R}^3 \setminus \{(x, 0, z) : x \leq 0\},$$

$$\phi(r, \alpha, z) := (r\cos\alpha, r\sin\alpha, z).$$

Hier ist

$$\mathrm{Jac}_\phi(r, \alpha, z) = \begin{pmatrix} \cos\alpha & -r\sin\alpha & 0 \\ \sin\alpha & r\cos\alpha & 0 \\ 0 & 0 & 1 \end{pmatrix}$$

und

$$|\det D\phi|_{(r,\alpha,z)}| = r.$$

Für eine messbare Funktion $f \geq 0$ auf einem Intervall $[a, b] \subset \mathbb{R}$ sei

$$V := \{(x, y, z) \in \mathbb{R}^3 : x^2 + y^2 \leq f(z)^2, z \in [a, b]\}.$$

Bis auf eine Nullmenge ist $V = \phi(U)$ mit

$$U := \{(r, \alpha, z) : 0 < r \leq f(z),\ \alpha \in (-\pi, \pi), z \in [a, b]\}.$$

Daher ist das Volumen von V gegeben durch

$$\begin{aligned}
\mathrm{Vol}(V) &= \int_V d(x, y, z) \\
&= \int_a^b \int_0^\infty \int_{-\pi}^{\pi} 1_{\{r \leq f(z)\}} r \, d\alpha \, dr \, dz \\
&= 2\pi \int_a^b \int_0^{f(z)} r \, dr \, dz \\
&= \pi \int_a^b f(z)^2 dz \,.
\end{aligned}$$

(d) Wir zeigen

$$\int_{-\infty}^{\infty} e^{-x^2} dx = \sqrt{\pi}. \tag{5.2.2}$$

Zunächst folgt aus dem Satz von FUBINI mit der Funktionalgleichung der Exponentialfunktion

$$\begin{aligned}
\left(\int_{-\infty}^{\infty} e^{-x^2} dx \right)^2 &= \left(\int_{-\infty}^{\infty} e^{-x^2} dx \right) \cdot \left(\int_{-\infty}^{\infty} e^{-y^2} dy \right) \\
&= \int_{\mathbb{R}^2} e^{-x^2} e^{-y^2} d(x, y) \\
&= \int_{\mathbb{R}^2} e^{-(x^2+y^2)} d(x, y) \,.
\end{aligned}$$

Andererseits ergibt sich mit ebenen Polarkoordinaten

$$\int_{\mathbb{R}^2} e^{-(x^2+y^2)} d(x,y) = \int_0^\infty \int_{-\pi}^{\pi} e^{-r^2} r \, d\alpha \, dr = \int_0^\infty 2\pi r e^{-r^2} dr = \left(-\pi e^{-r^2}\right)\Big|_0^\infty = \pi.$$

Die Funktion

$$\phi(x) := \frac{1}{\sqrt{2\pi}} e^{-\frac{x^2}{2}}$$

nennt man die *Dichtefunktion zur Standardnormalverteilung*. Wegen (5.2.2) ist

$$\int_{-\infty}^{\infty} \phi(x) dx = 1$$

und die Mengenfunktion

$$\nu : \mathscr{L} \to \mathbb{R}, \quad A \mapsto \frac{1}{\sqrt{2\pi}} \int_A e^{-\frac{x^2}{2}} dx$$

liefert uns ein Wahrscheinlichkeitsmaß auf der σ-Algebra $\mathscr{L}$ der Lebesgue-messbaren Teilmengen von $\mathbb{R}$.

Aufgaben

Bewegungsinvarianz des Lebesgue-Maßes

Aufgabe 5.1
Es sei $B \subset \mathscr{L}_n$ eine Lebesgue-messbare Menge. Für jedes $A \in \mathscr{L}_n$ setzen wir

$$\mu_n(A) := \lambda_n(A \cap B).$$

Man beweise, dass μ_n ein σ-finites Maß auf $\mathscr{L}_n$ ist und untersuche, für welche linearen Abbildungen $L : \mathbb{R}^n \to \mathbb{R}^n$ die Gleichung

$$\mu_n(L(A)) = |\det L| \cdot \mu_n(A), \text{ für alle } A \in \mathscr{L}_n$$

erfüllt ist.

Aufgabe 5.2
Man untersuche das Verhalten des n-dimensionalen Hausdorff-Maßes $\mathcal{H}^n(A)$ von Carathéodory-messbaren Mengen $A \subset \mathbb{R}^n$ unter linearen Abbildungen $L : \mathbb{R}^n \to \mathbb{R}^n$.

Die Transformationsformel

Aufgabe 5.3
Man zeige:

(a) Für jede reelle Zahl y ist $\int_{-\infty}^{\infty} e^{-x^2} \cosh(yx)dx = \sqrt{\pi}e^{\frac{y^2}{4}}$.

(b) Für jede reelle Zahl y ist $\int_{-\infty}^{\infty} e^{-x^2} \cos(yx)dx = \sqrt{\pi}e^{-\frac{y^2}{4}}$.

Hinweis: Differentiation unter dem Integral und (5.2.2) könnten hilfreich sein.

Aufgabe 5.4
Für $t > 0$ definieren wir die beiden Funktionen

$$F(t) := \int_0^{\infty} e^{-tx^2} \cos(x^2)dx, \quad G(t) := \int_0^{\infty} e^{-tx^2} \sin(x^2)dx.$$

Man multipliziere F bzw. G jeweils mit sich selbst und leite ähnlich wie im Beweis von (5.2.2) die Gleichung

$$F(t)^2 - G(t)^2 = \frac{\pi}{4} \frac{t}{t^2+1}$$

her. Analog zeige man für $2FG = FG + GF$ die Gleichung

$$2F(t)G(t) = \frac{\pi}{4} \frac{1}{t^2+1}.$$

Aus diesen beiden Gleichungen berechne man $F(t)$ sowie $G(t)$ und beweise damit anschließend für $t \to 0$ die Gleichungen

$$\int_0^{\infty} \cos(x^2)dx = \int_0^{\infty} \sin(x^2)dx = \sqrt{\frac{\pi}{8}}.$$

Aufgabe 5.5
$A : \mathbb{R}^n \to \mathbb{R}^n$ sei eine lineare invertierbare Abbildung. Man zeige

$$\int_{\mathbb{R}^n} e^{-\|Ax\|^2} d\lambda_n(x) = \pi^{\frac{n}{2}} |\det A|^{-1}.$$

Aufgabe 5.6
Es seien $U := (1, \infty) \times (-\pi, \pi) \times (0, \infty)$ und

$$\phi : U \to \mathbb{R}^3, \quad \phi(r, \alpha, c) := (cr \cos \alpha, cr \sin \alpha, \sqrt{r^2 - 1}).$$

Man zeige, dass $\phi : U \to \phi(U)$ ein C^1-Diffeomorphismus ist. Man berechne anschließend

$$\int_A x^2 z d\lambda_3(x, y, z),$$

für

$$A := \left\{(x, y, z) \in \mathbb{R}^3 : 0 \le z \le 2, \frac{1+z^2}{2} \le x^2 + y^2 \le 2(1+z^2)\right\}.$$

Aufgabe 5.7
Man skizziere die Menge

$$V := \{(x, y) \in \mathbb{R}^2 : x < y < 2x, 1 < x + y < 3\}.$$

Ist die Abbildung $\psi : V \to U := \psi(V)$ ein C^1-Diffeomorphismus, wenn wir $\psi(x, y) := (\frac{y}{x}, x + y)$ setzen? Man berechne $\int_V \frac{y}{x} d\lambda_2(x, y)$.

Aufgabe 5.8 (Vom Ortsvektor überstrichene Fläche)
Gegeben sei eine messbare Funktion $r : [0, 2\pi) \to [0, \infty)$. Man zeige, dass der Flächeninhalt der Menge

$$M := \left\{ \big(sr(\alpha) \cos \alpha, sr(\alpha) \sin \alpha\big) : \alpha \in [0, 2\pi), s \in [0, 1]\right\}$$

durch

$$\lambda_2(M) = \frac{1}{2} \int_0^{2\pi} r^2(\alpha) d\alpha$$

gegeben ist.

Aufgabe 5.9 (Volumen der n-dimensionalen Einheitskugel)
Es sei $B_n(1) := \{x \in \mathbb{R}^n : \|x\| \leq 1\}$ die n-dimensionale Einheitskugel. Wir betrachten die *n-dimensionalen Polarkoordinaten*

$$\begin{aligned} x_1 &:= r \cdot \prod_{k=1}^{n-1} \cos \alpha_k, \\ x_j &:= r \cdot \sin \alpha_j \cdot \prod_{k=j}^{n-1} \cos \alpha_k, \text{ für } j = 2, \ldots, n-1, \\ x_n &:= r \cdot \sin \alpha_{n-1} \end{aligned}$$

mit $r \in (0, \infty)$, $\alpha_1 \in (-\pi, \pi)$, $\alpha_j \in \left(-\frac{\pi}{2}, \frac{\pi}{2}\right)$, $j \in \{2, \ldots, n-1\}$. Man weise nach, dass die oben beschriebene Abbildung

$$\phi : (r, \alpha_1, \ldots, \alpha_{n-1}) \mapsto x = (x_1, \ldots, x_n)$$

ein Diffeomorphismus ist und ermittle dazu die Funktionaldeterminante $\det D\phi$. Anschließend berechne man $\omega_n := \lambda_n(B_n(1))$. Vergleiche mit Beispiel 4.11.

Aufgabe 5.10
Man berechne die folgenden Integrale:

(a)

$$\int_A (x^2 - xy + y^2) d(x, y), \text{ mit } A = \{1 \leq x^2 + y^2 \leq 4, x \leq 0, y \geq 0\},$$

(b)

$$\int_A (x^2 + y^2) d(x, y), \text{ mit } A = \{x + y \leq 2, x, y \geq 0\},$$

(c)

$$\int_A e^{\frac{x+y}{x-y}} d(x, y), \text{ mit } A = \{x \geq 0, y \leq 0, y + 1 \leq x \leq y + 2\}.$$

6 Integration auf Untermannigfaltigkeiten

Das LEBESGUE-Maß λ_n erlaubt uns, das n-dimensionale Volumen messbarer Teilmengen M des $\mathbb{R}^n$ zu bestimmen. Besitzen diese Teilmengen jedoch eine kleinere Dimension[1] als n, zum Beispiel dann, wenn M eine m-dimensionale Untermannigfaltigkeit des $\mathbb{R}^n$ mit $m < n$ ist, so verschwindet das n-dimensionale LEBESGUE-Maß von M und das m-dimensionale LEBESGUE-Maß λ_m lässt sich auf M gar nicht direkt anwenden, weil M keine Teilmenge des $\mathbb{R}^m$ zu sein braucht. Wenn wir daher einer m-dimensionalen Untermannigfaltigkeit $M \subset \mathbb{R}^n$ ein m-dimensionales Volumen zuordnen möchten, so müssen wir über M eine σ-Algebra und auf dieser dann ein Maß einführen. Dabei soll dieses Maß zusätzlich mit dem LEBESGUE-Maß des $\mathbb{R}^n$ in sinnvoller Weise verträglich sein. Zum Beispiel erwarten wir, dass sich das Volumen von M dann nicht unter euklidischen Isometrien ändern wird. Um einen ersten Zugang zur Lösung dieser Probleme zu erhalten, werden wir weiter unten zunächst die Längen von Kurven in $\mathbb{R}^n$ berechnen und dieses Integral anschließend maßtheoretisch interpretieren. Danach werden wir dieses Maß auf Untermannigfaltigkeiten höherer Dimension übertragen. Die grundsätzliche Idee bei der Entwicklung eines Maßes auf M ist dabei, zunächst lokale Maße in Karten für M zu entwickeln und diese dann im Anschluß miteinander zu kombinieren.

6.1 Integration auf Kurven

Wir möchten einen Längenbegriff für Kurven in $\mathbb{R}^n$ einführen. Dazu beginnen wir mit allgemeinen Kurven und werden anschließend den

[1] Was genau wir unter der Dimension einer Teilmenge verstehen wollen, soll hier nicht näher erörtert werden, da wir an dieser Stelle nur ein heuristisches Argument anführen.

Längenbegriff auf stetig differenzierbare Kurven und auf Kurven als 1-dimensionale differenzierbare Untermannigfaltigkeiten des $\mathbb{R}^n$ übertragen.

6.1.1 Rektifizierbare Kurven

Es sei $I \subset \mathbb{R}$ ein offenes Intervall und $c : I \to \mathbb{R}^n$ sei eine Kurve, das heißt die Abbildung $c : I \to \mathbb{R}$ sei stetig. Ferner bezeichnen wir das Bild $\gamma_c := c(I)$ als die *Spur* von c. Gegeben seien $[a, b] \subset I$ und eine *Zerlegung*

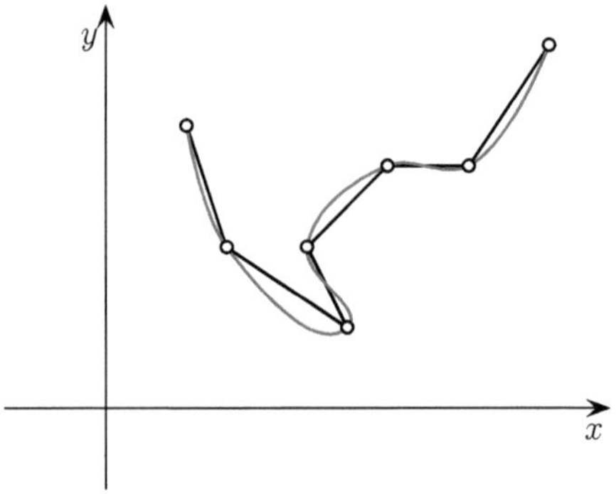

Abbildung 6.1: Ein Polygonzug als Approximation einer Kurve.

$$Z = \{x_0, \ldots, x_k\}, \quad a = x_0 < x_1 < \ldots < x_k = b, \quad k \in \mathbb{N}$$

des Intervalls $[a, b]$. Die Länge $L(c|_{[a,b]}, Z)$ des Polygonzuges zwischen den Punkten $c(x_0), \ldots, c(x_k)$ ist offensichtlich gegeben durch

$$L\left(c|_{[a,b]}, Z\right) = \sum_{i=1}^{k} \|c(x_i) - c(x_{i-1})\|.$$

6.1 Definition
Eine Kurve $c : I \to \mathbb{R}^n$ heißt auf $[a, b] \subset I$ *rektifizierbar*, falls

$$L\left(c|_{[a,b]}\right) := \sup_Z L\left(c|_{[a,b]}, Z\right) < \infty.$$

In diesem Fall nennen wir $L\left(c|_{[a,b]}\right)$ die *Länge* der Kurve c auf dem Intervall $[a, b]$.

Wie das nächste Lemma zeigt, ist dieser Längenbegriff additiv.

6.2 Lemma

Es seien $c : I \to \mathbb{R}^n$ eine Kurve, $[a,b] \subset I$ und $x \in (a,b)$. Dann ist die Kurve genau dann auf $[a,b]$ rektifizierbar, wenn sie auf $[a,x]$ und $[x,b]$ rektifizierbar ist und in diesem Fall gilt

$$L\left(c|_{[a,b]}\right) = L\left(c|_{[a,x]}\right) + L\left(c|_{[x,b]}\right).$$

Beweis: Wir wählen eine beliebige Zerlegung

$$Z = \{x_0, \ldots, x_k\}, \quad a = x_0 < x_1 < \ldots < x_k = b$$

von $[a,b]$, mit $x_i < x < x_{i+1}$ für einen Index $i \in \{0, \ldots, k-1\}$. Dann ist für die Zerlegung

$$Z' := \{x_0, \ldots, x_i, x, x_{i+1}, \ldots, x_k\}$$

wegen der Dreiecksungleichung

$$L\left(c|_{[a,b]}, Z\right) \le L\left(c|_{[a,b]}, Z'\right).$$

Wir setzen

$$Z_a := \{x_0, \ldots, x_i, x\}, \quad Z_b := \{x, x_{i+1}, \ldots, x_k\}$$

und erhalten

$$\begin{aligned} L\left(c|_{[a,b]}, Z\right) &\le L\left(c|_{[a,b]}, Z'\right) \\ &= L\left(c|_{[a,x]}, Z_a\right) + L\left(c|_{[x,b]}, Z_b\right) \\ &\le L\left(c|_{[a,x]}\right) + L\left(c|_{[x,b]}\right). \end{aligned}$$

Bilden wir nun links das Supremum, so erhält man hieraus

$$L\left(c|_{[a,b]}\right) \le L\left(c|_{[a,x]}\right) + L\left(c|_{[x,b]}\right). \tag{6.1.1}$$

Sind umgekehrt Zerlegungen Z_a, Z_b von $[a,x], [x,b]$ gegeben, so definieren diese eine Zerlegung $Z := Z_a \cup Z_b$ von $[a,b]$ und es ist

$$L\left(c|_{[a,x]}, Z_a\right) + L\left(c|_{[x,b]}, Z_b\right) = L\left(c|_{[a,b]}, Z\right) \le L\left(c|_{[a,b]}\right).$$

Bildet man wieder links das Supremum, so ergibt sich jetzt

$$L\left(c|_{[a,x]}\right) + L\left(c|_{[x,b]}\right) \le L\left(c|_{[a,b]}\right). \tag{6.1.2}$$

Zusammen ergeben (6.1.1) und (6.1.2) die Behauptung. □

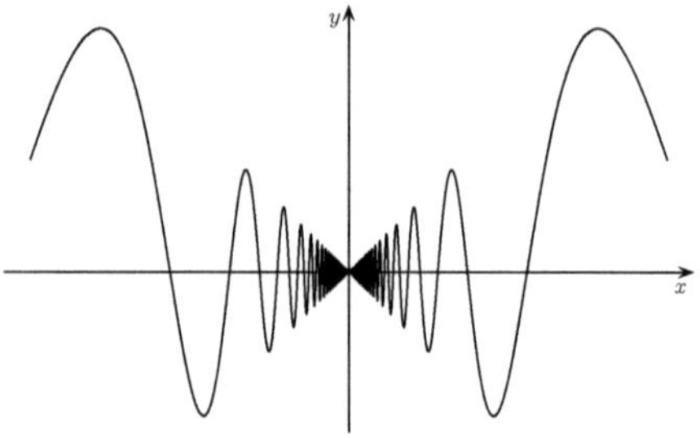

Abbildung 6.2: Eine Kurve, welche nicht überall rektifizierbar ist.

6.3 Beispiel
Die parametrisierte Kurve

$$c : \mathbb{R} \to \mathbb{R}^2, \quad c(x) := \begin{cases} (x, x\cos(\pi/x)) & \text{, falls } x \neq 0 \\ (0,0) & \text{, falls } x = 0. \end{cases}$$

ist auf keinem Intervall $[a, b]$ mit $a < b$ und $0 \in [a, b]$ rektifizierbar. Es gilt nämlich

$$\begin{aligned} \|c(1/(n+1)) - c(1/n)\|^2 &= \left(\frac{1}{n} - \frac{1}{n+1}\right)^2 + \left(\frac{1}{n} + \frac{1}{n+1}\right)^2 \\ &\geq \frac{4}{(n+1)^2}, \end{aligned}$$

sodass $L(c|_{[1/(n+1),1/n]}) \geq 2/(n+1)$ und $\lim_{n\to\infty} L(c|_{[1/n,1]}) = \infty$.

Wir fragen nun, wie genau die Länge einer Kurve $c : I \to \mathbb{R}^n$ von der Parametrisierung abhängt oder ob sie sich sogar schon dann ermitteln lässt, wenn lediglich deren Spur γ_c bekannt ist.

Wie das folgende einfache Beispiel zeigt, reicht die Kenntnis der Spur nicht aus, denn man kann ihr zum Beispiel nicht ansehen, wie oft oder in welcher Weise sie bei einer Parametrisierung durchlaufen wird. So besitzen die beiden Kurven

$$c_1(x) := (\cos x, \sin x), \quad c_2(x) := (\cos(2x), \sin(2x))$$

auf dem Intervall $[0, 2\pi]$ dieselbe Spur (nämlich $\mathbb{S}^1$), aber die Kurve c_2 durchläuft $\mathbb{S}^1$ zweimal, sodass auch deren Länge doppelt so groß wie die von c_1 ist.

Die Länge einer rektifizierbaren Kurve $c : I \to \mathbb{R}^n$ hängt also nicht nur von deren Spur ab, da c nicht injektiv zu sein braucht. Allerdings gilt der folgende Satz.

6.4 Satz

$I, \tilde{I} \subset \mathbb{R}$ seien Intervalle, $c : I \to \mathbb{R}^n$ sei rektifizierbar auf $[a, b] \subset I$ und $\phi : \tilde{I} \to I$ sei ein Homöomorphismus. Dann ist die Kurve $\tilde{c} := c \circ \phi : \tilde{I} \to \mathbb{R}^n$ rektifizierbar auf $\phi^{-1}([a, b]) \subset \tilde{I}$ und es gilt

$$L\left(\tilde{c}|_{\phi^{-1}([a,b])}\right) = L\left(c|_{[a,b]}\right).$$

Beweis: Wir setzen

$$\tilde{a} := \min\{\phi^{-1}(a), \phi^{-1}(b)\}, \quad \tilde{b} := \max\{\phi^{-1}(a), \phi^{-1}(b)\}.$$

Da $\phi : \tilde{I} \to I$ ein Homöomorphismus ist, muss $\phi : [\tilde{a}, \tilde{b}] \to [a, b]$ entweder eine stetige streng monoton steigende oder eine stetige streng monoton fallende Funktion sein. Wir behandeln nur den ersten Fall, da der Beweis im zweiten Fall analog verläuft.

Sei $Z = \{x_0, \ldots, x_k\}$ eine Zerlegung von $[a, b]$. Dann bildet $\tilde{Z} := \{\phi^{-1}(x_0), \ldots, \phi^{-1}(x_k)\}$ entsprechend eine Zerlegung von $[\tilde{a}, \tilde{b}]$. Ist umgekehrt $\tilde{Z} = \{\tilde{x}_0, \ldots, \tilde{x}_k\}$ eine Zerlegung von $[\tilde{a}, \tilde{b}]$, so liefert $Z := \{\phi(\tilde{x}_0), \ldots, \phi(\tilde{x}_k)\}$ eine Zerlegung von $[a, b]$. Wegen $\tilde{c}(\phi^{-1}(x_i)) = c(x_i)$, gilt daher jeweils

$$L\Big(\tilde{c}|_{[\tilde{a},\tilde{b}]}, \tilde{Z}\Big) = L\Big(c|_{[a,b]}, Z\Big). \tag{6.1.3}$$

Aus dieser Gleichung folgt durch abwechselndes Bilden des Supremums auf beiden Seiten zunächst

$$L\Big(\tilde{c}|_{[\tilde{a},\tilde{b}]}, \tilde{Z}\Big) \leq L\big(c|_{[a,b]}\big)$$

und dann auch

$$L\big(\tilde{c}|_{[\tilde{a},\tilde{b}]}\big) \leq L\big(c|_{[a,b]}\big).$$

Dies beweist die Rektifizierbarkeit von $\tilde{c}$ auf $[\tilde{a}, \tilde{b}]$. Bilden wir erneut das Supremum in (6.1.3) in der umgekehrten Reihenfolge, so ergibt sich ebenfalls

$$L\big(\tilde{c}|_{[\tilde{a},\tilde{b}]}\big) \geq L\big(c|_{[a,b]}\big).$$

Daraus folgt das Gewünschte. □

6.5 Korollar
Es seien $c_k : I_k \to \mathbb{R}^n$ *Kurven, welche jeweils auf* $[a_k, b_k] \subset I_k$ *injektiv und rektifizierbar seien,* $k = 1, 2$. *Dann gilt:*

$$c_1([a_1, b_1]) = c_2([a_2, b_2]) \quad \Rightarrow \quad L\big(c_1|_{[a_1,b_1]}\big) = L\big(c_2|_{[a_2,b_2]}\big).$$

***Beweis*:** In diesem Fall existiert ein Homöomorphismus $\phi : [a_1, b_1] \to [a_2, b_2]$ mit $c_2|_{[a_2,b_2]} \circ \phi = c_1|_{[a_1,b_1]}$. □

6.1.2 Die Länge stetig differenzierbarer Kurven

Wie Beispiel 6.3 zeigt, ist offenbar nicht jede Kurve $c : [a, b] \to \mathbb{R}^n$ rektifizierbar. Die Kurve c in Beispiel 6.3 ist im Nullpunkt nicht stetig differenzierbar. Für stetig differenzierbare Kurven gilt der folgende Satz.

6.6 Satz
$c : I \to \mathbb{R}^n$ *sei stetig differenzierbar. Dann ist* c *auf jedem Intervall* $[a, b] \subset I$ *rektifizierbar und es gilt*

$$L\left(c|_{[a,b]}\right) = \int_a^b \|c'(x)\| dx.$$

Ferner ist die Kurvenlängenfunktion

$$s(x) := L\Big(c|_{[a,x]}\Big)$$

stetig differenzierbar und erfüllt die Gleichung

$$s'(x) = \|c'(x)\|, \text{ für alle } x \in [a, b].$$

***Beweis*:** Sei $Z = \{x_0, \ldots, x_k\}$ eine Zerlegung von $[a, b]$. Aus dem Fundamentalsatz der Differential- und Integralrechnung folgt

$$\|c(x_i) - c(x_{i-1})\| = \left\| \int_{x_{i-1}}^{x_i} c'(x) dx \right\|$$

und weiter mit der Dreiecksungleichung für Integrale

$$\begin{aligned} L\left(c|_{[a,b]}, Z\right) &= \sum_{i=1}^{k} \|c(x_i) - c(x_{i-1})\| \\ &= \sum_{i=1}^{k} \left\| \int_{x_{i-1}}^{x_i} c'(x)dx \right\| \\ &\leq \int_a^b \|c'(x)\|dx. \end{aligned}$$

Durch Supremumsbildung auf der linken Seite erhält man

$$L\left(c|_{[a,b]}\right) \leq \int_a^b \|c'(x)\|dx.$$

Da die rechte Seite dieser Ungleichung endlich ist, folgt daraus die Rektifizierbarkeit von c auf dem Intervall $[a, b]$. Nach Lemma 6.2 gilt nun für $h > 0$ und $x, x + h \in [a, b]$ die Ungleichung

$$\|c(x+h)-c(x)\| \leq L\left(c|_{[x,x+h]}\right) = s(x+h)-s(x) \leq \int_x^{x+h} \|c'(\xi)\|d\xi.$$

Division durch h ergibt

$$\left\|\frac{c(x+h)-c(x)}{h}\right\| \leq \frac{s(x+h)-s(x)}{h} \leq \frac{1}{h}\int_x^{x+h} \|c'(\xi)\|d\xi.$$

Da sowohl die linke als auch die rechte Seite dieser Ungleichung für $h \to 0$ gegen $\|c'(x)\|$ konvergiert, erhält man hieraus die stetige Differenzierbarkeit von s, sowie

$$s'(x) = \|c'(x)\|$$

und danach auch noch

$$L\left(c|_{[a,b]}\right) = s(b) - s(a) = \int_a^b s'(x)dx = \int_a^b \|c'(x)\|dx.$$

Das war zu zeigen. □

6.7 Beispiel
Wir berechnen die Längen einiger einfacher Kurven.

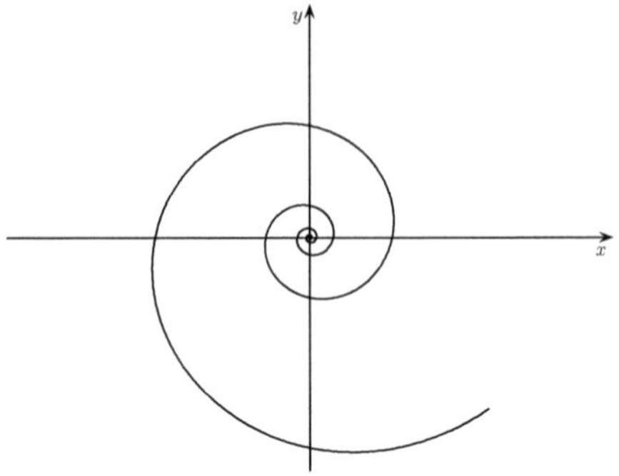

Abbildung 6.3: Die logarithmische Spirale.

(a) **Logarithmische Spirale**

Es sei (vergleiche mit Abbildung 6.3)

$$c : \mathbb{R} \to \mathbb{R}^2, \quad c(x) := \mu e^{\lambda x}(\cos x, \sin x), \text{ mit } 0 < \mu, \lambda.$$

Da

$$c'(x) = \mu e^{\lambda x}(\lambda \cos x - \sin x, \lambda \sin x + \cos x),$$

folgt

$$\|c'(x)\| = \mu\sqrt{1+\lambda^2}\, e^{\lambda x}$$

und damit

$$L\left(c|_{[a,b]}\right) = \int_a^b \mu\sqrt{1+\lambda^2}\, e^{\lambda x} dx = \frac{\mu}{\lambda}\sqrt{1+\lambda^2}\left(e^{\lambda b} - e^{\lambda a}\right).$$

(b) **Helix**

Die *Helix* mit Ganghöhe h und Radius $r > 0$ ist die Kurve

$$c : \mathbb{R} \to \mathbb{R}^3, \quad c(x) = (r\cos x, r\sin x, hx/(2\pi)).$$

Der Geschwindigkeitsvektor der Parametrisierung c ist

$$c'(x) = \left(-r\sin x, r\cos x, \frac{h}{2\pi}\right)$$

und er besitzt konstante Länge

$$\|c'(x)\| = \sqrt{r^2 + \frac{h^2}{4\pi^2}}.$$

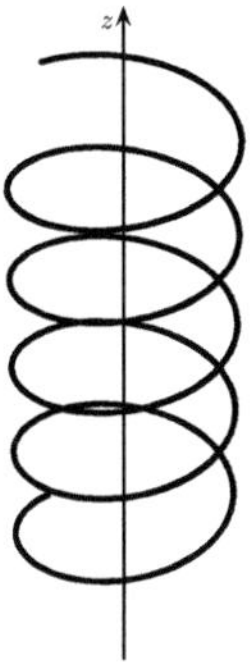

Abbildung 6.4: Eine Helix.

Damit wird

$$L\left(c|_{[a,b]}\right) = (b-a)\sqrt{r^2 + \frac{h^2}{4\pi^2}}.$$

Wie das letzte Beispiel zeigt, gibt es stetig differenzierbare Kurven $c : I \to \mathbb{R}^n$, bei denen der Geschwindigkeitsvektor $c'(x)$ für alle $x \in I$ eine konstante Länge $v = \|c'(x)\|$ besitzt. In diesem Fall ist dann einfach

$$L\left(c|_{[a,b]}\right) = (b-a)v.$$

6.8 Definition
Eine stetig differenzierbare Kurve $c : I \to \mathbb{R}^n$ heißt *proportional zur Bogenlänge parametrisiert*, wenn $\|c'(x)\| = v$, für alle $x \in I$ mit einer Konstanten v. Ist $v = 1$, so heißt c *nach Bogenlänge parametrisiert*.

Für die Längenberechnung einer stetig differenzierbaren Kurve wäre es also äußerst praktisch, wenn man diese stets so umparametrisieren könnte, dass $\|c'(x)\|$ konstant ist. Dies ist in der Tat für regulär parametrisierte Kurven möglich. Dabei heißt eine stetig differenzierbare Kurve $c : I \to \mathbb{R}^n$ *regulär parametrisiert*, wenn $\|c'(x)\| > 0$, für alle $x \in I$.

6.9 Satz
Sei $c : I \to \mathbb{R}^n$ eine regulär parametrisierte Kurve, die auf einem Intervall $[a,b] \subset I$ die Länge L besitze. Dann existiert genau ein

Diffeomorphismus $\phi : [0, L] \to [a, b]$ *mit* $\phi'(s) > 0$ *für alle* $s \in [0, L]$, *sodass*

$$c \circ \phi : [0, L] \to \mathbb{R}^n$$

nach Bogenlänge parametrisiert ist.

Beweis: Für $x \in [a, b]$ sei

$$s(x) := \int_a^x \|c'(\xi)\| d\xi = L\left(c|_{[a,x]}\right)$$

die Länge von c auf dem Intervall $[a, x]$. Nach Satz 6.6 ist $s : [a, b] \to [0, L]$ differenzierbar mit $s'(x) = \|c'(x)\|$. Da c regulär parametrisiert ist, gilt $s'(x) > 0$. Folglich ist s ein Diffeomorphismus. Wir setzen $\phi := s^{-1}$ und erhalten mit der Kettenregel für $\tilde{c} := c \circ \phi : [0, L] \to \mathbb{R}^n$

$$\frac{d}{ds}\tilde{c}(s_0) = c'(\phi(s_0))\phi'(s_0) = \frac{c'(\phi(s_0))}{s'(\phi(s_0))} = \frac{c'(\phi(s_0))}{\|c'(\phi(s_0))\|}.$$

Daher ist

$$\left\|\frac{d}{ds}\tilde{c}(s_0)\right\| = 1.$$

Die Eindeutigkeit von ϕ folgt aus

$$|\phi'(s)| = \frac{1}{\|c'(\phi(s))\|}$$

und $\phi'(s) > 0$. □

6.10 Bemerkung

Ist die Kurve $c : I \to \mathbb{R}^n$ auf $[a, b] \subset I$ stetig differenzierbar und ist $\phi : \tilde{I} \to I$ ein Diffeomorphismus, dann ist $\tilde{c} := c \circ \phi : \tilde{I} \to \mathbb{R}^n$ stetig differenzierbar auf $\phi^{-1}([a, b]) \subset \tilde{I}$ und es gilt

$$L\left(\tilde{c}|_{\phi^{-1}([a,b])}\right) = L\left(c|_{[a,b]}\right).$$

Dies folgt unmittelbar aus Satz 6.4. Ein alternativer Beweis ergibt sich aber auch direkt aus der Ketten- und Substitutionsregel, denn

$$\begin{aligned} L\left(\tilde{c}|_{[\tilde{a},\tilde{b}]}\right) &= \int_{\tilde{a}}^{\tilde{b}} \left\|(c\circ\phi)'(x)\right\| dx = \int_{\tilde{a}}^{\tilde{b}} \left\|c'(\phi(x))\phi'(x)\right\| dx \\ &= \int_{\tilde{a}}^{\tilde{b}} \left\|c'(\phi(x))\right\| \cdot |\phi'(x)| dx = \int_{a}^{b} \left\|c'(x)\right\| dx \\ &= L\left(c|_{[a,b]}\right). \end{aligned}$$

6.1.3 Eingebettete Kurven und Kurvenintegrale

Wir möchten jetzt die Integration auf einer Kurve $\gamma \subset \mathbb{R}^n$ einführen, falls diese durch eine 1-dimensionale differenzierbare Untermannigfaltigkeit des $\mathbb{R}^n$ gegeben ist. Insbesondere werden wir die Länge von γ als ein 1-dimensionales Längenmaß von γ interpretieren.

Ist $\gamma \subset \mathbb{R}^n$ eine eingebettete Kurve (also eine 1-dimensionale differenzierbare Untermannigfaltigkeit), so existieren zu jedem $p \in \gamma$ eine offene Umgebung $V \subset \mathbb{R}^n$ um p, ein offenes Intervall $I \subset \mathbb{R}$ und eine Einbettung $c : I \to \mathbb{R}^n$ mit $U := c(I) = \gamma \cap V$. Insbesondere ist U eine offene Teilmenge in γ.

Wir können die lokalen Einbettungen c von γ verwenden, um neue Objekte auf γ einzuführen. Wir beginnen mit der σ-Algebra der LEBESGUE-messbaren Mengen auf γ.

6.11 Definition

$\gamma \subset \mathbb{R}^n$ sei eine eingebettete Kurve. $A \subset \gamma$ heißt LEBESGUE-messbar auf γ, falls $c^{-1}(A \cap U)$ für alle lokalen Einbettungen $c : I \to U \subset \gamma$ jeweils eine LEBESGUE-messbare Teilmenge von $\mathbb{R}$ ergibt. Die Menge der LEBESGUE-messbaren Teilmengen von γ wird mit $\mathscr{L}_\gamma$ bezeichnet. Entsprechend nennen wir eine Menge $A \subset \mathscr{L}_\gamma$ LEBESGUE-*Nullmenge* von γ, falls $c^{-1}(A \cap U)$ für alle lokalen Einbettungen eine LEBESGUE-Nullmenge in $\mathbb{R}$ ist.

Sind $c : I \to U \subset \gamma, \tilde{c} : \tilde{I} \to \tilde{U} \subset \gamma$ zwei lokale Einbettungen, so existiert ein Diffeomorphismus $\phi : c^{-1}(U \cap \tilde{U}) \to \tilde{c}^{-1}(U \cap \tilde{U})$ mit $c = \tilde{c} \circ \phi$ auf $c^{-1}(U \cap \tilde{U})$. Weil ϕ messbar ist, werden LEBESGUE-Mengen unter ϕ wieder auf LEBESGUE-Mengen abgebildet. Nach Lemma 5.3

werden dabei Nullmengen auch auf Nullmengen abgebildet. Daraus folgt, dass eine Teilmenge von γ schon dann messbar bzw. eine Nullmenge ist, wenn sie das Bild von einer messbaren Menge bzw. von einer Nullmenge in $\mathbb{R}$ unter einer lokalen Einbettung c ist.

Man kann leicht nachprüfen, dass $\mathscr{L}_\gamma$ eine σ-Algebra über γ formt, sodass durch diese Konstruktion $(\gamma, \mathscr{L}_\gamma)$ zu einem messbaren Raum wird. Um nun ebenfalls ein Maß μ_γ auf γ zu erklären, benutzen wir die Ergebnisse des letzten Abschnitts. Da sinnvollerweise $\mu_\gamma(\gamma)$ die Länge der Kurve wiedergeben sollte, werden wir hierzu das Längenmaß verwenden. Genauer legen wir fest:

$(\gamma, \mathscr{L}_\gamma)$ sei der LEBESGUE-messbare Raum zu einer eingebetteten Kurve $\gamma \subset \mathbb{R}^n$ und $c : I \to \mathbb{R}^n$ sei eine beliebige lokale Einbettung mit $c(I) = U \subset \gamma$. Für $A \subset U$, $A \in \mathscr{L}_\gamma$ setzen wir

$$\mu_U(A) := \int_A d\mu_U := \int_{c^{-1}(A)} \|c'\| d\lambda_1. \tag{6.1.4}$$

μ_U ist eine Mengenfunktion auf der σ-Algebra

$$\mathscr{L}_U := \{A \cap U : A \in \mathscr{L}_\gamma\}.$$

6.12 Lemma
Die Definition von $\mu_U : \mathscr{L}_U \to [0, \infty]$ in (6.1.4) hängt nicht von der speziellen Wahl der lokalen Einbettung $c : I \to U \subset \gamma$ ab und μ_U definiert ein σ-finites Maß auf dem messbaren Raum $(U, \mathscr{L}_U)$.

***Beweis*:** Sind $c : I \to U$, $\tilde{c} : \tilde{I} \to U$, $U \subset \gamma$, zwei lokale Einbettungen, so existiert ein Diffeomorphismus $\phi : I \to \tilde{I}$ mit $c = \tilde{c} \circ \phi$. Wir wenden den Transformationssatz 5.4 auf I, $\tilde{I}$ und $f := 1_{\tilde{c}^{-1}(A)} \|\tilde{c}'\|$ an und erhalten mit der Kettenregel und weil $\phi(c^{-1}(A)) = \tilde{c}^{-1}(A)$ die Gleichung

$$\begin{aligned}
\int_{\tilde{c}^{-1}(A)} \|\tilde{c}'\| d\lambda_1 &= \int_{\tilde{I}} 1_{\tilde{c}^{-1}(A)} \|\tilde{c}'\| d\lambda_1 \\
&= \int_I \left(\left(1_{\tilde{c}^{-1}(A)} \|\tilde{c}'\|\right) \circ \phi \right) |\phi'| d\lambda_1 \\
&= \int_I 1_{c^{-1}(A)} \|c'\| d\lambda_1 \\
&= \int_{c^{-1}(A)} \|c'\| d\lambda_1.
\end{aligned}$$

Für eine Folge $(A_k)_{k\in\mathbb{N}} \subset \mathscr{L}_U$ paarweise disjunkter Mengen bildet $\left(c^{-1}(A_k)\right)_{k\in\mathbb{N}}$ ebenfalls eine Folge paarweise disjunkter LEBESGUE-messbarer Teilmengen in $\mathbb{R}$ und

$$\begin{aligned}\mu_U\left(\bigcup_{k\in\mathbb{N}} A_k\right) &= \int_{c^{-1}\left(\bigcup_{k\in\mathbb{N}} A_k\right)} \|c'\| d\lambda_1 \\ &= \int_{\bigcup_{k\in\mathbb{N}} c^{-1}(A_k)} \|c'\| d\lambda_1 \\ &= \sum_{k\in\mathbb{N}} \int_{c^{-1}(A_k)} \|c'\| d\lambda_1 = \sum_{k\in\mathbb{N}} \mu_U(A_k).\end{aligned}$$

Folglich ist μ_U σ-additiv. Die σ-Finitheit ergibt sich daraus, dass einerseits $\|c'\|$ stetig und somit auf kompakten Intervallen $[a_k, b_k]$ jeweils beschränkt ist, und sich andererseits I durch abzählbar viele Intervalle dieser Form überdecken lässt. □

Wir sind nun in der Lage, den messbaren Raum $(\gamma, \mathscr{L}_\gamma)$ mit einem σ-finiten Maß auszustatten.

6.13 Satz

$\gamma \subset \mathbb{R}^n$ sei eine eingebettete Kurve. Auf dem messbaren Raum $(\gamma, \mathscr{L}_\gamma)$ existiert genau ein σ-finites Maß μ_γ, sodass $\mu_\gamma|_{\mathscr{L}_U} = \mu_U$ für jede lokale Einbettung $c: I \to U \subset \gamma$.

***Beweis*:** Da $\mathbb{R}^n$ als topologischer Raum eine abzählbare Basis besitzt, existiert eine Folge $(c_k : I_k \to U_k)_{k\in\mathbb{N}}$ lokaler Einbettungen, $U_k \subset \gamma$, sodass $\gamma = \bigcup_{k\in\mathbb{N}} U_k$. Wir setzen

$$\Omega_0 := U_0, \quad \Omega_{j+1} := U_{j+1} \setminus \bigcup_{k=0}^{j} U_k.$$

Dann bildet $(\Omega_j)_{j\in\mathbb{N}} \subset \mathscr{L}_\gamma$ eine Folge paarweise disjunkter messbarer Mengen mit σ-finiten Maßen $\mu_j := \mu_{U_j}|_{\mathscr{L}_{\Omega_j}}$. Wegen der σ-Finitheit lassen sich dabei die offenen Mengen U_j sogar so wählen, dass die Maße μ_j finit werden. Aus Satz 1.18 und Lemma 6.12 folgt die Existenz eines Maßes μ_γ mit den geforderten Eigenschaften. Die Eindeutigkeit ergibt sich daraus, dass sich jede messbare Menge A in der Form $A = \bigcup_{j\in\mathbb{N}}(\Omega_j \cap A)$ schreiben lässt und daher wegen der σ-Additivität $\mu_\gamma(A) = \sum_{j\in\mathbb{N}} \mu_j(\Omega_j \cap A)$ gelten muss. □

6.14 Definition
Das nach Satz 6.13 eindeutig bestimmte σ-finite Maß μ_γ auf $(\gamma, \mathscr{L}_\gamma)$ heißt das LEBESGUE-Maß auf γ. Der Vektorraum der *LEBESGUE-integrierbaren Funktionen auf* γ wird mit $\mathscr{L}(\gamma) := \mathscr{L}(\gamma, \mathscr{L}_\gamma, \mu_\gamma)$ bezeichnet. Für $f \in \mathscr{L}(\gamma)$ nennen wir

$$\int_\gamma f d\mu_\gamma$$

das *Kurvenintegral* von f über γ bezüglich μ_γ.

6.15 Beispiel
Es sei $\gamma := \{(x,y) \in \mathbb{R}^2 : (x-a)^2 + (y-b)^2 = r^2\}$, mit Konstanten $r > 0$ und $a, b \in \mathbb{R}$, das heißt γ ist der Kreis mit Radius r um den Punkt (a,b). Die äußere Einheitsnormale $\nu(p)$ in einem Punkt $p = (x,y) \in \gamma$ ist gegeben durch $\nu(x,y) = r^{-1}(x-a, y-b)$. Wir berechnen das Integral

$$\int_\gamma \langle p, \nu(p)\rangle d\mu_\gamma(p).$$

Hierzu wählen wir die lokale Einbettung

$$c : (0, 2\pi) \to \gamma, \quad c(s) := (x(s), y(s)) := (a + r\cos s, b + r\sin s).$$

Da γ bis auf einen Punkt mit dem Bild $c((0,2\pi))$ übereinstimmt und ein Punkt auf γ bezüglich μ_γ eine Nullmenge darstellt, ist das Integral durch

$$\int_0^{2\pi} \langle c(s), \nu(s)\rangle \|c'(s)\| ds$$

gegeben. Für unsere Parametrisierung c ist $\|c'(s)\| = r$, sodass wir folgendes Ergebnis erhalten:

$$\begin{aligned}\int_\gamma \langle p, \nu(p)\rangle d\mu_\gamma(p) &= \int_0^{2\pi} \langle c(s), \nu(c(s))\rangle \|c'(s)\| ds \\ &= \int_0^{2\pi} \big\langle (a + r\cos s, b + r\sin s), (\cos s, \sin s)\big\rangle r ds \\ &= \int_0^{2\pi} (ar\cos s + br\sin s + r^2) ds = 2\pi r^2.\end{aligned}$$

Es ist kein Zufall, dass dies genau das Doppelte des Flächeninhalts der eingeschlossenen Kreisscheibe ist. Später werden wir beim Satz von STOKES bzw. beim Divergenzsatz noch einmal darauf eingehen.

6.2 Das Lebesgue-Maß auf Untermannigfaltigkeiten

Wir möchten ebenfalls ein Maß auf differenzierbaren Untermannigfaltigkeiten $M \subset \mathbb{R}^n$ beliebiger Dimension definieren und dabei ganz ähnlich wie im letzten Abschnitt vorgehen. Zunächst ist es einfach, die LEBESGUE-messbaren Mengen auf M analog zu Definition 6.11 zu erklären.

6.16 Definition
$M \subset \mathbb{R}^n$ sei eine differenzierbare Untermannigfaltigkeit der Dimension m. $A \subset M$ heißt LEBESGUE-messbar auf M, falls $F^{-1}(A \cap U)$ für alle lokalen Einbettungen $F : \Omega \to U \subset M$ jeweils LEBESGUE-messbar in $\mathbb{R}^m$ ist. Die σ-Algebra der LEBESGUE-messbaren Teilmengen von M wird mit $\mathscr{L}_M$ bezeichnet. Entsprechend nennen wir eine Menge $A \subset \mathscr{L}_M$ LEBESGUE-*Nullmenge* von M, falls $F^{-1}(A \cap U)$ für alle lokalen Einbettungen eine LEBESGUE-Nullmenge in $\mathbb{R}^m$ ist.

Im Anschluss konstruieren wir dann wieder erst ein lokales Maß μ_U auf den LEBESGUE-messbaren Mengen $\mathscr{L}_U$, wenn $F : \Omega \to U \subset M$ eine lokale Einbettung ist und dieses Maß wird unter Umparametrisierungen von U invariant sein, damit wir ein wohl-definiertes und von F unabhängiges Objekt auf U erhalten. Zum Schluss können wir diese lokalen Maße μ_U zu einem globalen Maß μ_M auf $\mathscr{L}_M$ zusammenfügen. Der schwierigste Punkt betrifft dabei die Invarianz unter Umparametrisierungen. Außerdem sollte unser Maß wieder mit dem LEBESGUE-Maß und den euklidischen Bewegungen des $\mathbb{R}^n$ verträglich sein. Ist M zum Beispiel eine differenzierbare Fläche, so erwarten wir, dass $\lambda_2(M)$ den natürlichen Flächeninhalt von M wiedergibt.

Was wir unter einem natürlichen Flächeninhalt bzw. in höheren Dimensionen unter einem natürlichen m-dimensionalen Volumen von M verstehen, lässt sich zumindest heuristisch leicht herleiten. In Analogie zu den rektifizierbaren Kurven, könnten wir zunächst rektifizierbare Flächen oder allgemeiner rektifizierbare (stetige) Untermannigfaltigkeiten des $\mathbb{R}^n$ einführen. Dabei wäre es zum Beispiel nötig, eine Fläche durch ebene Flächenstückchen zu approximieren, in höheren Dimensionen dann analog durch Polyeder. Dieser Approximationsprozess würde uns im differenzierbaren Fall dann das gewünschte Ergebnis liefern, ganz so wie sich das Längenfunktional

$\int_I \|c'(x)\|dx$ bei differenzierbaren Kurven herleiten ließ.

Der springende Punkt dabei ist nur leider, dass eine Approximation durch Flächenstücke bzw. durch Polyeder nicht mehr ganz so allgemein gehalten werden darf wie bei der Approximation einer Kurve durch Polygonzüge. Zum Beispiel würde sich bei Flächen grundsätzlich eine Triangulierung anbieten; man würde also zunächst geeignete Punkte auf der Fläche auswählen, sodass diese jeweils Ecken von Dreiecken in $\mathbb{R}^n$ bilden. Nun kann es dabei vorkommen, dass diese Dreiecke nicht richtig gewichtet sind. Der Flächeninhalt kann im Verhältnis zur Kantenlänge extrem klein sein. Diese Triangulierungen wären für den Approximationsprozess ungeeignet, sodass man sie ausschließen müsste.

Trotz dieser zusätzlichen Schwierigkeiten, kann man aber in der Tat prinzipiell so vorgehen. Wir möchten die Konstruktionen hier jedoch nicht im Detail durchführen, sondern das natürliche Volumenmaß eher *raten*, das heißt die Formel für das Maß μ_M durch heuristische Überlegungen herleiten. Im Anschluss beweisen wir selbstverständlich, dass es sich um ein σ-finites Maß auf $\mathscr{L}_M$ handelt.

Ist $F : \Omega \to \mathbb{R}^n$ eine differenzierbare Abbildung auf einer offenen Teilmenge $\Omega \subset \mathbb{R}^m$, so wird F nach Konstruktion des Differentials in jedem Punkt $x_0 \in \Omega$ näherungsweise durch die lineare Abbildung $DF|_{x_0} : \mathbb{R}^m \to \mathbb{R}^n$ beschrieben. Ist daher $F : \Omega \to U \subset M \subset \mathbb{R}^n$ eine lokale Einbettung, so wird auch die Menge U um einen Punkt $p \in U$ näherungsweise durch den zugehörigen affinen Tangentialraum $p + T_pM$ beschrieben. Der Tangentialraum T_pM ergibt sich wiederum als das Bild des $\mathbb{R}^m$ unter dem Differential $DF|_{x_0}$, wenn $F(x_0) = p$ mit $x_0 \in \Omega$.

Ist zum Beispiel $F = L : \mathbb{R}^m \to \mathbb{R}^n$ selbst eine lineare Abbildung mit maximalem Rang m, so wird der Würfel $W := [0,1]^m$ unter L auf einen Polyeder $L(W)$ abgebildet. Dieser hat nicht mehr unbedingt dasselbe m-dimensionale Volumen wie W. Das möchten wir uns jetzt genauer ansehen.

Es sei $e_1, \ldots, e_m$ die Orthonormalbasis des $\mathbb{R}^m$. Ist $L : \mathbb{R}^m \to \mathbb{R}^n$ eine lineare Abbildung mit maximalem Rang m, so sind die m Vektoren $f_k := Le_k$, $k = 1, \ldots, m$, linear unabhängig und spannen einen m-dimensionalen linearen Unterraum des $\mathbb{R}^n$ auf. Der Einheitswürfel $W = [0,1]^m$ wird unter L auf den Polyeder

$$P := L(W) = \left\{ y = \sum_{k=1}^{m} \lambda_k f_k : \lambda_k \in [0,1], k = 1, \ldots, m \right\}$$

abgebildet. Wir möchten das m-dimensionale LEBESGUE-Maß von P innerhalb der m-dimensionalen Ebene $L(\mathbb{R}^m)$ bestimmen.

$m = 1$: Hier ist P eine Strecke der Länge $\lambda_1(P) = \|f_1\|$.

$m = 2$: In diesem Fall ist P ein Parallelogramm, welches von den Vektoren f_1, f_2 aufgespannt wird. Der Flächeninhalt des Parallelogramms ist daher

$$\begin{aligned} \lambda_2(P) &= \|f_2\| \cdot \left\| f_1 - \frac{\langle f_1, f_2 \rangle}{\|f_2\|^2} f_2 \right\| \\ &= \sqrt{\|f_1\|^2 \cdot \|f_2\|^2 - \langle f_1, f_2 \rangle^2}. \end{aligned}$$

$m > 2$: Wir definieren die quadratische Matrix

$$G := (g_{ij})_{i,j=1,\ldots,m} := (\langle f_i, f_j \rangle)_{i,j=1,\ldots,m}.$$

Für $m = 1$ und $m = 2$ kann man die obigen Formeln einheitlich in der Form

$$\lambda_m(P) = \sqrt{\det G} \tag{6.2.1}$$

schreiben. Per vollständiger Induktion lässt sich zeigen, dass dieselbe Formel ebenfalls für jedes m gilt.

Unter $L : \mathbb{R}^m \to \mathbb{R}^n$ wird daher eine messbare Menge $\Omega \subset \mathbb{R}^m$ so verzerrt, dass die Bildmenge $U := L(\Omega)$ anschließend das m-dimensionale LEBESGUE-Maß $\lambda_m(U) = \sqrt{\det G} \cdot \lambda_m(\Omega)$ besitzt, mit der oben beschriebenen Matrix $G = (\langle f_i, f_j \rangle)_{i,j=1,\ldots,m}$.

Ist jetzt $F : \Omega \to U \subset M \subset \mathbb{R}^n$ eine beliebige lokale Einbettung, so wird das Maß von Ω in der Nähe eines Punktes $x_0 \in \Omega$ infinitesimal durch das Differential $DF|_{x_0}$ verzerrt und wir erwarten daher, dass sich das m-dimensionale Maß $\mu_U(U)$ von U durch Aufintegration dieser infinitesimalen Verzerrungen ergibt, das heißt wir erwarten

$$\mu_U(U) = \int_\Omega \sqrt{\det(g_{ij}(x))_{i,j=1,\ldots,m}} \, d\lambda_m(x), \tag{6.2.2}$$

wobei

$$g_{ij}(x) := \langle DF|_x(e_i), DF|_x(e_j) \rangle .$$

6.17 Definition
Die Matrix $G = (g_{ij}(x_0))_{i,j=1,\ldots,m}$ heißt *erste Fundamentalform* zur lokalen Einbettung $F : \Omega \to \mathbb{R}^n$ in $x_0 \in \Omega$.

Für eine Kurve $F = c : I \to U \subset \gamma$ besteht die Matrix G nur aus dem Eintrag $g_{11}(x) = \|c'(x)\|^2$ und daher ist in Dimension $m = 1$ nach Satz 6.13 durch Formel (6.2.2) tatsächlich das richtige Längenmaß auf $M = \gamma$ gegeben. Im Allgemeinen führt der oben beschriebene Ansatz über die Approximation der differenzierbaren Untermannigfaltigkeit M durch geeignete Polyeder ebenfalls auf diese Formel, wenn $m > 1$. Ist also $F : \Omega \to U \subset M$ eine lokale Einbettung und ist $A \subset U$ eine messbare Teilmenge, so ist das m-dimensionale natürliche Volumenmaß von A gegeben durch

$$\mu_U(A) = \int_{F^{-1}(A)} \sqrt{\det(g_{ij}(x))_{i,j=1,\ldots,m}}\, d\lambda_m(x).$$

Die Invarianz dieses Ausdrucks bezüglich Umparametrisierungen ist eine Konsequenz aus dem Transformationssatz für das LEBESGUE-Integral unter Diffeomorphismen (siehe Satz 5.4) und lässt sich wie im Beweis zu Lemma 6.12 zeigen.

Völlig analog zu Satz 6.13 beweist man nun:

6.18 Satz
$M \subset \mathbb{R}^n$ sei eine m-dimensionale differenzierbare Untermannigfaltigkeit. Auf dem messbaren Raum $(M, \mathscr{L}_M)$ existiert genau ein σ-finites Maß μ_M, sodass $\mu_M|_{\mathscr{L}_U} = \mu_U$ für jede lokale Einbettung $F : \Omega \to U := F(\Omega) \subset M$ einer offenen Teilmenge $\Omega \subset \mathbb{R}^m$.

6.19 Beispiel
(a) Wir möchten den Flächeninhalt der Einheitssphäre $M := \mathbb{S}^2$ bestimmen. Wir betrachten hierzu die Abbildung

$$F : (-\pi, \pi) \times (-\pi/2, \pi/2) \to \mathbb{S}^2,$$

$$F(x_1, x_2) := \big(\cos x_1 \cos x_2, \sin x_1 \cos x_2, \sin x_2\big).$$

F bildet

$$\Omega := (-\pi, \pi) \times (-\pi/2, \pi/2)$$

bijektiv auf

$$U := F\big((-\pi, \pi) \times (-\pi/2, \pi/2)\big) \subset \mathbb{S}^2$$

ab und für die erste Fundamentalform in $x = (x_1, x_2)$ erhalten wir wegen

$$DF|_x(e_1) = \frac{\partial F}{\partial x_1} = \big(-\sin x_1 \cos x_2, \cos x_1 \cos x_2, 0\big),$$
$$DF|_x(e_2) = \frac{\partial F}{\partial x_2} = \big(-\cos x_1 \sin x_2, -\sin x_1 \sin x_2, \cos x_2\big)$$

die Matrix

$$G = \begin{pmatrix} \cos^2 x_2 & 0 \\ 0 & 1 \end{pmatrix}$$

und diese ist positiv definit, weil $x_2 \in (-\pi/2, \pi/2)$. Deshalb ist F eine lokale Einbettung. Da U bis auf eine Nullmenge mit $\mathbb{S}^2$ übereinstimmt, ist der Flächeninhalt von $\mathbb{S}^2$

$$\begin{aligned} \mu_{\mathbb{S}^2}(\mathbb{S}^2) &= \int_\Omega \cos x_2 \, d\lambda_2(x_1, x_2) \\ &= \int_{-\pi}^{\pi} \left(\int_{-\pi/2}^{\pi/2} \cos x_2 dx_2 \right) dx_1 = 4\pi. \end{aligned}$$

(b) Für $r, R > 0$ sei $F : \mathbb{R}^2 \to \mathbb{R}^3$ die Abbildung mit

$$F(x_1, x_2) :=$$
$$\big(\cos x_1 (R + r(1 + \cos x_2)), \sin x_1 (R + r(1 + \cos x_2)), r \sin x_2\big).$$

Das Bild von F ist ein Rotationstorus in $\mathbb{R}^3$, welcher durch Rotation eines Kreises vom Radius r um die z-Achse entsteht und dessen inneres Loch einen Radius R besitzt. In $x = (x_1, x_2)$ sind

$$DF|_x(e_1) =$$
$$\big(-\sin x_1 (R + r(1 + \cos x_2)), \cos x_1 (R + r(1 + \cos x_2)), 0\big)$$

und

$$DF|_x(e_2) =$$
$$\big(-r \cos x_1 \sin x_2, -r \sin x_1 \sin x_2, r \cos x_2\big).$$

Daraus ergibt sich für die erste Fundamentalform

$$G = \begin{pmatrix} (R + r(1 + \cos x_2))^2 & 0 \\ 0 & r^2 \end{pmatrix}.$$

Da $\det G = r^2(R + r(1 + \cos x_2))^2 > 0$, ist F eine Immersion und $F|_\Omega$ auf der Menge

$$\Omega := (-\pi, \pi) \times (-\pi, \pi)$$

eine lokale Einbettung. $F(\Omega)$ stimmt bis auf eine Nullmenge mit dem Torus $\mathbb{T}(r, R) := F(\mathbb{R}^2)$ überein. Der Flächeninhalt des Torus ist folglich

$$\begin{aligned} \mu(\mathbb{T}(r, R)) &= \int_\Omega r(R + r(1 + \cos x_2)) d\lambda_2(x_1, x_2) \\ &= \int_{-\pi}^{\pi} \left(\int_{-\pi}^{\pi} r(R + r(1 + \cos x_2)) dx_2 \right) dx_1 \\ &= 4\pi^2 r(r + R). \end{aligned}$$

6.20 Bemerkung
Aufgrund der Aussage von Satz 6.18 existiert insbesondere der Raum $\mathscr{L}(M) := \mathscr{L}(M, \mathscr{L}_M, \mu_M)$ der auf M bezüglich μ_M integrierbaren Funktionen. Ist $F : \Omega \to U$ eine lokale Einbettung, so wird für $f \in \mathscr{L}(M)$

$$\int_U f d\mu_M = \int_\Omega (f \circ F)(x) \sqrt{\det(g_{ij}(x))_{i,j=1,\ldots,m}}\, d\lambda_m(x).$$

Aufgaben

Integration auf Kurven

Aufgabe 6.1
Man berechne die Länge der *Hypotrochoide*

$$c(x) = \Big((R - r) \cos x + d \cos\Big(\frac{R - r}{r} x \Big), (R - r) \sin x - d \sin\Big(\frac{R - r}{r} x \Big) \Big).$$

Aufgabe 6.2
Es sei $c : [a, b] \to \mathbb{R}^2$ eine regulär parametrisierte Kurve, das heißt c sei differenzierbar mit $c'(x) \neq 0$, für alle $x \in [a, b]$. Es bezeichne $\nu(x) :=$

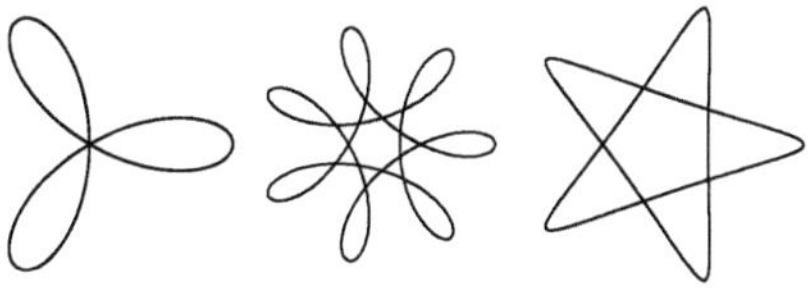

Abbildung 6.5: Verschiedene Hypotrochoide.

$J(c'(x)/\|c'(x)\|)$ den Einheitsnormalenvektor entlang c, wobei hier J die Drehung um $\pi/2$ gegen den Uhrzeigersinn ist. Zu $t \in \mathbb{R}$ definiere man die Abbildung

$$c_t : [a,b] \to \mathbb{R}^2, \quad c_t(x) := c(x) + t\nu(x).$$

Man berechne die Länge von c_t in Abhängigkeit von t und zeige

$$L(c_t) = L(c) - 2t \int_c k d\mu_c,$$

wobei $k(x) := -\langle c'(x), \nu'(x)\rangle \|c'(x)\|^{-2}$ die *Krümmung* von c ist.

Das Lebesgue-Maß auf Untermannigfaltigkeiten

Aufgabe 6.3
$\Omega \subset \mathbb{R}^m$ sei offen und $u : \Omega \to \mathbb{R}$ glatt. Man berechne den ersten Fundamentaltensor der Einbettung F des Graphen Γ_u, gegeben durch

$$F : \Omega \to \mathbb{R}^{m+1}, \quad F(x) := (x, u(x)).$$

Anschließend leite man eine Formel für das m-dimensionale Volumen von Γ_u her.

Aufgabe 6.4
Es sei $B_n(r) := \{x \in \mathbb{R}^n : \|x\| \leq r\}$ die abgeschlossene n-dimensionale Kugel mit Radius r. Diese hat das n-dimensionale Volumen

$$\lambda_n(B_n(r)) = r^n \omega_n,$$

wobei $\omega_n = \lambda_n(B_n(1))$. Man zeige $S^{n-1}(r) := \partial B_n(r)$ besitzt das $(n-1)$-dimensionale Volumen $\mu_{n-1}(S^{n-1}(r)) = nr^{n-1}\omega_n$, das heißt

$$\mu_{n-1}(S^{n-1}(r)) = \frac{\partial}{\partial r}\lambda_n(B_n(r)).$$

Aufgabe 6.5
Es sei $F : \Omega \to M \subset \mathbb{R}^3$ eine eingebettete Fläche. Der Einheitsnormalenvektor ν von F ist für jedes $x \in \Omega$ gegeben durch

$$\nu(x) := \frac{F_1(x) \times F_2(x)}{\|F_1(x) \times F_2(x)\|},$$

wobei $F_i(x) := \frac{\partial F}{\partial x_i}(x), i = 1, 2$, und $F_1 \times F_2$ das Kreuzprodukt von F_1, F_2 in $\mathbb{R}^3$ bezeichnet. Die *zweite Fundamentalform* $A = (h_{ij})_{i,j=1,2}$ von F ist definiert durch

$$h_{ij}(x) := \left\langle \frac{\partial^2 F}{\partial x_i \partial x_j}(x), \nu(x) \right\rangle.$$

$K(x) := \det A(x)/\det G(x)$ nennt man die GAUSS-Krümmung von F in x. Dabei bezeichnet $G = (g_{ij})_{i,j=1,2}$, $g_{ij}(x) = \langle F_i(x), F_j(x)\rangle$, die erste Fundamentalform von F. Für den Rotationstorus $\mathbb{T}(r, R)$ aus Beispiel 6.19(b), welcher durch die lokale Einbettung $F : (-\pi, \pi) \times (-\pi, \pi) \to \mathbb{R}^3$ mit

$$F(x_1, x_2) :=$$
$$\big(\cos x_1(R + r(1 + \cos x_2)), \sin x_1(R + r(1 + \cos x_2)), r \sin x_2\big)$$

gegeben war, berechne man für $x \in \Omega := (-\pi, \pi) \times (-\pi, \pi)$ die Einheitsnormale $\nu(x)$, die GAUSS-Krümmung $K(x)$ und zeige anschließend $\int_{\mathbb{T}(r,R)} K d\mu = 0$.

Aufgabe 6.6
Man bestimme den Flächeninhalt der halben *Pseudosphäre* (siehe Abbildung 6.6) $F : (-\pi, \pi) \times (0, \pi/2) \to \mathbb{R}^3$,

$$F(x_1, x_2) := \left(\cos x_1 \sin x_2, \sin x_1 \sin x_2, \cos x_2 + \log \tan \frac{x_2}{2}\right)$$

Aufgabe 6.7
Für Konstanten $a, b, c > 0$ berechne man den Flächeninhalt des Ellipsoids

$$M := \left\{(x, y, z) \in \mathbb{R}^3 : \frac{x^2}{a^2} + \frac{y^2}{b^2} + \frac{z^2}{c^2} = 1\right\}.$$

Aufgabe 6.8
Gegeben sei der Rotationskörper $K \subset \mathbb{R}^n$, welcher durch eine auf einem Intervall $[a, b] \subset \mathbb{R}$ stetig differenzierbare Funktion $f : [a, b] \to (0, \infty)$ in der Form

$$K := \left\{x = (x_1, \ldots, x_n) : x_n \in [a, b] \text{ und } \sum_{k=1}^{n-1} x_k^2 \leq f^2(x_n)\right\}$$

beschrieben wird (vergleiche mit Beispiel 4.11). Man leite eine Formel für das $(n-1)$-dimensionale Volumen der Randmenge $M := \partial K$ her.

Aufgabe 6.9
Auf dem Intervall $(1, \infty)$ seien für $\alpha, \beta > 0$ jeweils die Funktionen

$$f(z) := \frac{1}{z^\alpha \log^\beta z}$$

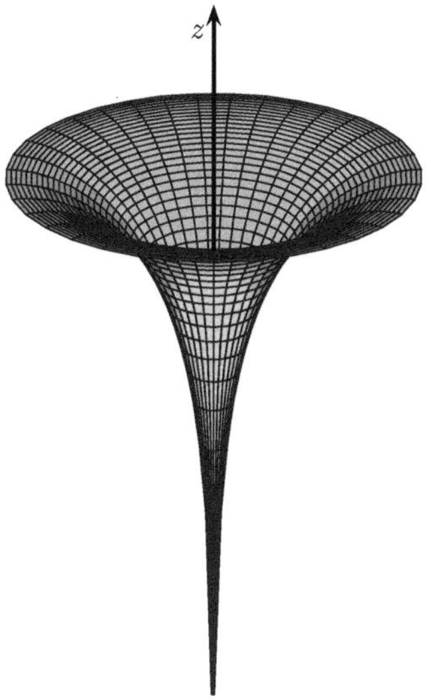

Abbildung 6.6: Die untere Hälfte der Pseudosphäre.

definiert. Man untersuche, für welche Werte von α, β das Volumen des Rotationskörpers

$$K := \{(x, y, z) \in \mathbb{R}^3 : z \in (1, \infty) \text{ und } x^2 + y^2 \leq f^2(z)\}$$

bzw. der Flächeninhalt der Rotationsfläche

$$M := \{(x, y, z) \in \mathbb{R}^3 : z \in (1, \infty) \text{ und } x^2 + y^2 = f^2(z)\}$$

endlich sind.

Aufgabe 6.10
Für $r, R > 0$ betrachten wir den Torus aus Beispiel 6.19(b), welcher durch das Bild der Abbildung $F : \mathbb{R}^2 \to \mathbb{R}^3$,

$$F(x_1, x_2) :=$$
$$\big(\cos x_1(R + r(1 + \cos x_2)), \sin x_1(R + r(1 + \cos x_2)), r \sin x_2\big)$$

gegeben war. Man berechne das Volumen vom Volltorus, welcher durch diese Mantelfäche berandet wird.

7 Integration von Differentialformen

Eine der schönsten und gehaltsvollsten Aussagen der Analysis ist der Satz von STOKES. Er stellt die natürliche Verallgemeinerung des Fundamentalsatzes der Differential- und Integralrechnung dar und unter Berücksichtigung des Satzes von FUBINI und der Transformationsformel ist er zu diesem sogar äquivalent. Aus ihm folgen zahlreiche weitere bekannte Aussagen wie der Divergenzsatz (Integralsatz von GAUSS) oder die Integralformel von CAUCHY.

In diesem Kapitel möchten wir diesen fundamentalen Satz für Untermannigfaltigkeiten des $\mathbb{R}^n$ beweisen. Hierzu benötigen wir zunächst ein paar neue Begriffe und Konzepte, so zum Beispiel werden wir *Untermannigfaltigkeiten mit Rand*, *Orientierungen* und *Differentialformen* auf Tangentialräumen einführen.

7.1 Untermannigfaltigkeiten mit Rand

Mit dem Konzept von differenzierbaren Untermannigfaltigkeiten in $\mathbb{R}^n$ sind wir bereits bestens vertraut. Durch eine leichte Modifikation in der Definition von Untermannigfaltigkeiten können wir nun ebenfalls Untermannigfaltigkeiten mit Rändern berücksichtigen. Zum Beispiel ist die Halbsphäre

$$M := \mathbb{S}^2 \cap \{(x, y, z) \in \mathbb{R}^3 : z \leq 0\}$$

eine Fläche mit

$$\partial M = \{(x, y, z) \in \mathbb{R}^3 : x^2 + y^2 = 1, z = 0\} = \mathbb{S}^1$$

als Randkurve. Im Allgemeinen werden die Ränder von Untermannigfaltigkeiten M mit Rand ∂M selbst wieder Untermannigfaltigkeiten sein, und zwar mit einer Dimension weniger als die von M.

Für $m \in \mathbb{N}^*$ setzen wir

$$\mathbb{R}^m_+ := \mathbb{R}^{m-1} \times [0, \infty)$$

und nennen $\mathbb{R}^m_+$ den *oberen Halbraum* des $\mathbb{R}^m$.

7.1 Definition

(a) Unter einer *Karte* um $p \in \mathbb{R}^n$ verstehen wir einen Diffeomorphismus $y : V \to \Lambda$ zwischen offenen Teilmengen $V, \Lambda \subset \mathbb{R}^n$ mit $p \in V$.

(b) Es sei $m \in \mathbb{N}^*$. Eine nicht leere Teilmenge $M \subset \mathbb{R}^n$ heißt *m-dimensionale differenzierbare Untermannigfaltigkeit mit Rand*, wenn es zu jedem $p \in M$ eine Karte $y : V \to \Lambda$ um p gibt, sodass

$$y(M \cap V) = (\mathbb{R}^m_+ \times \{0_{n-m}\}) \cap y(V).$$

Hierbei bezeichnet 0_{n-m} den Ursprung in $\mathbb{R}^{n-m}$. Die *Kodimension* von M ist die Differenz $n - m$.

(c) Ein Punkt $p \in M$ heißt *Randpunkt*, falls es eine Karte $y : V \to \Lambda$ um p gibt, sodass $y(p) \in \mathbb{R}^{m-1} \times \{0_{n+1-m}\}$, das heißt wenn p durch y auf $\partial\mathbb{R}^m_+ \times \{0_{n-m}\}$ abgebildet wird. Die Menge aller Randpunkte von M bezeichnen wir mit ∂M. Das *Innere* von M ist die Menge $M^\circ := M \setminus \partial M$.

7.2 Bemerkung

(a) Wegen der Gebietstreue von Diffeomorphismen ist $p \in M$ genau dann Randpunkt von M, wenn p durch eine und dann durch jede Karte y um p auf einen Punkt in $\partial\mathbb{R}^m_+ \times \{0_{n-m}\}$ abgebildet wird. Analog ist ein Punkt p genau dann in M°, wenn p bezüglich jeder der in Definition 7.1 verwendeten Karten y um p jeweils auf einen Punkt $y(p) \in \mathbb{R}^m_+ \times \{0_{n-m}\}$ mit m-ter Koordinate $y_m(p) > 0$ abgebildet wird.

(b) Bei einer Untermannigfaltigkeit M mit Rand der Dimension m sind das Innere M° und der Rand ∂M jeweils Untermannigfaltigkeiten im üblichen Sinn mit den Dimensionen m bzw. $m - 1$. Eine Untermannigfaltigkeit ohne Rand ist eine Untermannigfaltigkeit im üblichen Sinn, das heißt sie enthält keine Randpunkte im Sinne von Definition 7.1. Das bedeutet jedoch nicht, dass sie als Teilmenge des $\mathbb{R}^n$ keinen topologischen Rand besitzt. Zum

Beispiel ist die offene Einheitskreisscheibe $D \subset \mathbb{R}^2$ eine Untermannigfaltigkeit ohne Rand in $\mathbb{R}^2$, sie besitzt aber in $\mathbb{R}^2$ den topologischen Rand $\mathbb{S}^1$ und $M := D \cup \mathbb{S}^1$ ist dann eine Untermannigfaltigkeit mit Rand $\partial M = \mathbb{S}^1$ und Innerem $M^\circ = D$.

7.3 Beispiel

(a) Das MÖBIUSBAND $M := F([0, 2\pi] \times [-1/2, 1/2])$ mit

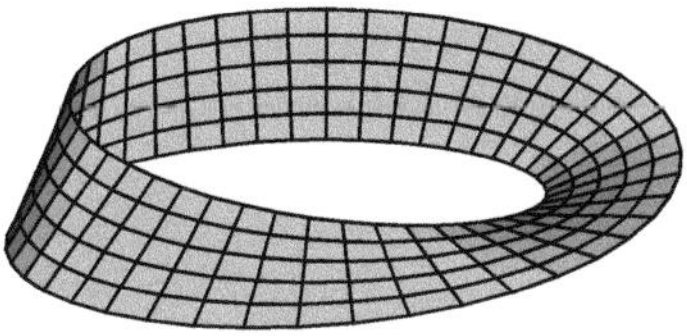

Abbildung 7.1: Das MÖBIUSBAND.

$$F(x_1, x_2) := (\cos x_1, \sin x_1, 0)$$
$$+x_2\big(\cos x_1 \cos(x_1/2), \sin x_1 \cos(x_1/2), \sin(x_1/2)\big)$$

ist eine Fläche mit Rand. Der Rand ∂M ist eine glatte geschlossene Kurve, also diffeomorph zu $\mathbb{S}^1$.

(b) Ein aufgeschnittener Torus M (siehe Abbildung 7.2) ist eine Untermannigfaltigkeit mit Rand, bei der die Randmenge ∂M nicht zusammenhängend ist.

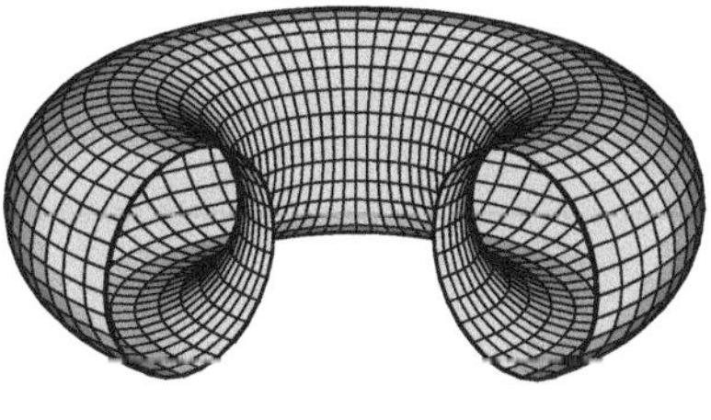

Abbildung 7.2: Ein aufgeschnittener Torus.

7.1.1 Tangentialräume

Der Tangentialraum T_pM einer Untermannigfaltigkeit M mit Rand ist genauso definiert wie der einer Untermannigfaltigkeiten ohne Rand. Allerdings gibt es eine Besonderheit in den Randpunkten p. Da der Rand ∂M selbst eine Untermannigfaltigkeit (ohne Rand) des $\mathbb{R}^n$ ist und $\dim \partial M = \dim M - 1$, zerfällt der Tangentialraum T_pM eines Randpunkts in zwei Komponenten. Die eine ist tangential an ∂M und die andere hierzu orthogonal. Die orthogonale Komponente wird dabei von dem *inneren Einheitsnormalenvektor* $\nu(p)$ aufgespannt. Dieser ist wie folgt definiert.

7.4 Definition
p sei ein Randpunkt einer Untermannigfaltigkeit M mit Rand. Der *innere Einheitsnormalenvektor* $\nu(p)$ ist der eindeutig bestimmte Tangentialvektor $\nu(p) \in T_pM$ mit

(i) $\|\nu(p)\| = 1$,

(ii) $\langle \nu(p), w\rangle = 0$ für alle $w \in T_p\partial M$,

(iii) Für jede differenzierbare Kurve $c : [0,1] \to M$ mit $c(0) = p$ gilt $\langle c'(0), \nu(p)\rangle \geq 0$.

Der Vektor $\nu_{\text{out}}(p) := -\nu(p)$ heißt dann entsprechend *äußerer Einheitsnormalenvektor*.

Der Tangentialraum T_pM eines Randpunkts p zerfällt also in die direkte und orthogonale Summe

$$T_pM = T_p\partial M \oplus [\nu(p)],$$

wobei $[\nu(p)]$ die lineare Hülle des Vektors $\nu(p)$ bezeichnet.

7.5 Beispiel
Wir berechnen die Einheitsnormale in den Randpunkte des Möbiusbandes M aus Beispiel 7.3(a). Wegen $M = F([0,2\pi] \times [-1/2, 1/2])$ mit

$$\begin{aligned} F(x_1,x_2) &= (\cos x_1, \sin x_1, 0) \\ &+ x_2\big(\cos x_1 \cos(x_1/2), \sin x_1 \cos(x_1/2), \sin(x_1/2)\big) \end{aligned}$$

wird der Rand ∂M parametrisiert durch die Kurve $c : [0, 2\pi] \to \mathbb{R}^3$,

$$c(x) = (\cos x, \sin x, 0) + \frac{1}{2}\big(\cos x \cos(x/2), \sin x \cos(x/2), \sin(x/2)\big)$$

und der Vektor

$$\nu_{\text{out}}(x) := \big(\cos x \cos(x/2), \sin x \cos(x/2), \sin(x/2)\big)$$

ist dort der äußere Einheitsnormalenvektor.

7.1.2 Orientierte Untermannigfaltigkeiten

Es sei V ein reeller Vektorraum der Dimension m. Sind $(e_1, \dots, e_m)$ und $(f_1, \dots, f_m)$ zwei beliebige Basen von V, so existiert ein eindeutig bestimmter Isomorphismus

$$\phi : V \to V, \quad \phi(e_k) = f_k, \quad k = 1, \dots, m.$$

ϕ heißt *Basiswechsel* zu den Basen $(e_1, \dots, e_m)$ und $(f_1, \dots, f_m)$. Weil ϕ nun ein Isomorphismus ist, kann die Determinante von ϕ nicht verschwinden. Dies kann man dazu verwenden, um auf der Menge der Basen von V eine Äquivalenzrelation einzuführen.

7.6 Definition
Zwei Basen $(e_1, \dots, e_m)$ und $(f_1, \dots, f_m)$ eines reellen Vektorraums V der Dimension m heißen *gleichorientiert*, falls der Basiswechsel $\phi : (e_1, \dots, e_m) \mapsto (f_1, \dots, f_m)$ eine positive Determinante besitzt. Eine *Orientierung* auf V ist eine Auswahl von einer der beiden sich ergebenden Äquivalenzklassen von Basen.

Offensichtlich lässt sich jeder m-dimensionale reelle Vektorraum auf genau zwei verschiedene Weisen orientieren. Für den $\mathbb{R}^n$ ist es üblich, die Orientierung so auszuwählen, dass damit die Standardbasis $e_1, \dots, e_m$ positiv orientiert wird. Diese Orientierung heißt *kanonische Orientierung* des $\mathbb{R}^n$.

Wir möchten nun Orientierungen auf Untermannigfaltigkeiten M übertragen. Da jeder Tangentialraum T_pM orientiert werden kann, muss man sich fragen, ob sich jeweils eine der in jedem Punkt p vorhandenen Orientierungen auf T_pM so auswählen lässt, dass die Orientierung sich quasi von Punkt zu Punkt nicht ändert. Dazu müssen wir natürlich erst einmal erklären, was genau wir damit meinen.

Nehmen wir dazu an, dass wir zwei Karten $y : V \to \Lambda$, $\tilde{y} : \tilde{V} \to \tilde{\Lambda}$ um p mit der in Definition 7.1 geforderten Eigenschaft ausgewählt haben, das heißt mit

$$y(M \cap V) = (\mathbb{R}^m_+ \times \{0_{n-m}\}) \cap y(V)$$

und

$$\tilde{y}(M \cap \tilde{V}) = (\mathbb{R}^m_+ \times \{0_{n-m}\}) \cap \tilde{y}(\tilde{V}).$$

Es sei

$$\pi_1 : \mathbb{R}^m_+ \times \mathbb{R}^{n-m} \to \mathbb{R}^m_+$$

die Projektion auf den ersten Faktor. Wir setzen

$$U := M \cap V, \quad \tilde{U} := M \cap \tilde{V},$$

$$\Omega := \pi_1(y(U)), \quad \tilde{\Omega} := \pi_1(\tilde{y}(\tilde{U})),$$

sowie

$$x := \pi_1 \circ y|_U : U \to \Omega, \quad \tilde{x} := \pi_1 \circ \tilde{y}|_{\tilde{U}} : \tilde{U} \to \tilde{\Omega}.$$

Die Abbildung

$$\tilde{x} \circ x^{-1} : x(U \cap \tilde{U}) \to \tilde{x}(U \cap \tilde{U})$$

wird dann zu einem Diffeomorphismus. Man nennt diese Abbildung einen *Kartenwechsel* (siehe Abbildung 7.3) und die Werte $x(p) \in \Omega$ heißen die *lokalen Koordinaten* der Punkte $p \in U$ bezüglich der Karte x (bzw. y). Die Umkehrabbildung

$$F : \Omega \to U, \quad F(x(p)) := p$$

ist eine lokale Einbettung und kann als lokale Parametrisierung der Untermannigfaltigkeit verwendet werden. Umgekehrt erzeugt eine lokale Einbettung $F : \Omega \to U$ eine Karte $x := F^{-1} : U \to \Omega$, welche zu einer Karte $y : V \to \Lambda$ wie oben erweitert werden kann.

Da der Kartenwechsel $\tilde{x} \circ x^{-1} : x(U \cap \tilde{U}) \to \tilde{x}(U \cap \tilde{U})$ ein Diffeomorphismus ist, besitzt die Funktionaldeterminante in jedem $x \in x(U \cap \tilde{U})$ dasselbe Vorzeichen.

7.7 Definition

(a) Zwei Karten $x : U \to \Omega$, $\tilde{x} \to \tilde{\Omega}$ für eine differenzierbare Untermannigfaltigkeit M nennt man *verträglich orientiert*, wenn $\det(\tilde{x} \circ x^{-1}) > 0$.

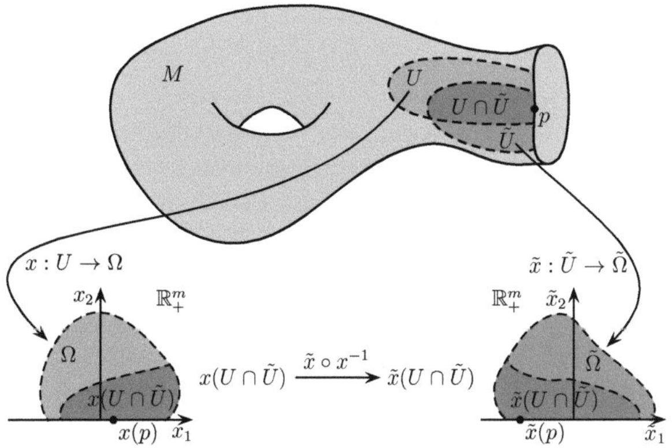

Abbildung 7.3: Ein Kartenwechsel für eine Untermannigfaltigkeit mit Rand für zwei Karten um einen Randpunkt p.

(b) Eine differenzierbare Untermannigfaltigkeit M (mit oder ohne Rand) heißt *orientierbar*, falls es eine Familie $x_\alpha : U_\alpha \to \Omega_\alpha$, $\alpha \in I$, von Karten für M gibt, die verträglich orientiert sind und die M ganz überdecken, das heißt für die $\bigcup_{\alpha\in I} U_\alpha = M$. Eine solche Familie von Karten nennt man einen *orientierten Atlas*. Eine *orientierte Untermannigfaltigkeit* M ist eine Untermannigfaltigkeit mit einem orientierten Atlas.

7.8 Beispiel

(a) Die Einheitssphäre $\mathbb{S}^m$ und der m-dimensionale Torus $\mathbb{T}^m := \mathbb{S}^1 \times \ldots \times \mathbb{S}^1 \subset \mathbb{R}^{2m}$ sind orientierbare Untermannigfaltigkeiten.

(b) Das MÖBIUSBAND kann nicht orientiert werden.

Wie das Beispiel des MÖBIUSBANDES zeigt, kann bei Mannigfaltigkeiten mit Rand nicht von der Orientierbarkeit des Randes ∂M auf die von M oder M° geschlossen werden, jedoch gilt die Umkehrung.

7.9 Satz

Gegeben sei eine orientierte Untermannigfaltigkeit M mit Rand. Dann sind auch M°, ∂M orientierbare Untermannigfaltigkeiten.

***Beweis*:** Für das Innere M° ist die Aussage klar. Um die Orientierbarkeit des Randes nachzuweisen, konstruieren wir wie folgt eine kanonische Orientierung von $T_p\partial M$ aus der von T_pM, falls p ein Randpunkt ist:

Eine Basis $e_1, \ldots, e_{m-1}$ von $T_p\partial M$ sei genau dann positiv orientiert, wenn $e_1, \ldots, e_{m-1}, \nu(p)$ eine positiv orientierte Basis von T_pM darstellt, wobei $\nu(p)$ der innere Einheitsnormalenvektor in p ist.

Offensichtlich ist diese Konstruktion mit den Kartenwechseln der positiv orientierten Karten von M verträglich, denn die Differentiale der Kartenwechsel bilden am Rand von $\mathbb{R}^m_+$ nach innen gerichtete Tangentialvektoren wieder auf ebensolche ab. Außerdem folgt aus der Gebietstreue der Kartenwechsel, dass die Einschränkungen der Karten von M auf ∂M einen positiv orientierten Atlas von ∂M erzeugen. Das war zu zeigen. ☐

Wie wir im Beweis von Satz 7.9 gesehen haben, ist es möglich, bei einer orientierten Untermannigfaltigkeit mit Rand ebenfalls eine Orientierung des Randes vorzunehmen. Es ist zweckmäßig, dabei die Wahl der Orientierung auf dem Rand von der Dimension abhängen zu lassen[1)], daher definieren wir:

7.10 Definition (Verträgliche Orientierung des Randes)
M sei eine orientierte Untermannigfaltigkeit mit Rand der Dimension m. Unter der *verträglichen Orientierung* des Randes verstehen wir diejenige Orientierung von $T_p\partial M$, $p \in \partial M$, bei der eine Basis $e_1, \ldots, e_{m-1} \in T_p\partial M$ genau dann positiv orientiert heiße, wenn im Fall von geradem m die Vektoren $e_1, \ldots, e_{m-1}, \nu$ eine positiv orientierte Basis von T_pM bilden und wenn im Fall einer ungeraden Dimension m die Vektoren $e_1, \ldots, e_{m-1}, -\nu$ eine positiv orientierte Basis von T_pM bilden. Dabei ist ν der nach innen gerichtete Einheitsnormalenvektor.

7.1.3 Zerlegung der Eins

Für manche Konstruktionen auf Untermannigfaltigkeiten benötigt man als technisches Werkzeug den Satz von der *Zerlegung der Eins*,

[1)] Der wesentliche Grund hierfür ist, dass man sonst im Satz von STOKES ein unschönes Vorzeichen in der Formel erhielte.

den wir daher vorab in diesem Abschnitt beweisen werden.

7.11 Definition

Gegeben sei ein topologischer Raum $(M, \mathscr{O}_M)$.

(a) Eine *offene Überdeckung* einer Teilmenge $A \subset M$ ist eine Familie $\{U_i : i \in I\}$ von offenen Teilmengen von M mit

$$A \subset \bigcup_{i \in I} U_i.$$

Gilt für eine Teilmenge $I_0 \subset I$ dann noch immer

$$A \subset \bigcup_{i \in I_0} U_i,$$

so heißt $\{U_i : i \in I_0\}$ eine *Teilüberdeckung* von $\{U_i : i \in I\}$.

(b) Eine Überdeckung $\{U_i : i \in I\}$ heißt *lokal endlich*, wenn es zu jedem $p \in A$ eine offene Umgebung gibt, die nur endlich viele der Mengen U_i schneidet.

(c) Sind $\{U_i : i \in I\}$, $\{V_j : j \in J\}$ zwei offene Überdeckungen von A, so heißt $\{V_j : j \in J\}$ eine *Verfeinerung* von $\{U_i : i \in I\}$, wenn es zu jedem $j \in J$ ein $i \in I$ mit $V_j \subset U_i$ gibt.

(d) Der topologische Raum heißt *parakompakt*, wenn jede offene Überdeckung von M eine lokal endliche Verfeinerung besitzt.

Ist nun $M \subset \mathbb{R}^n$ eine m-dimensionale differenzierbare Untermannigfaltigkeit, so besitzt M in natürlicher Weise die Struktur eines topologischen Raums durch die auf ihr induzierte Relativtopologie. Weil $\mathbb{R}^n$ ein HAUSDORFF-Raum mit abzählbarer Basis ist (zum Beispiel kann man als Basis die offenen Kugeln mit rationalen Zentren und rationalen Radien wählen), sind ebenfalls differenzierbare Untermannigfaltigkeiten $M \subset \mathbb{R}^n$ HAUSDORFF-Räume mit abzählbarer Basis. Man kann zeigen, dass Untermannigfaltigkeiten parakompakt sind (siehe zum Beispiel (GKM75)). Das bedeutet:

Untermannigfaltigkeiten (mit oder ohne Rand) sind parakompakt, HAUSDORFFSCH und besitzen eine abzählbare Basis.

7.12 Definition (Zerlegung der Eins)

$M \subset \mathbb{R}^n$ sei eine Untermannigfaltigkeit.

(a) Eine *Zerlegung der Eins* auf M ist eine Familie $(f_i)_{i\in I}$ von Funktionen auf M - hierbei ist I eine beliebige Indexmenge -, mit den folgenden Eigenschaften:

   (i) $f_i \geq 0$ auf M.

   (ii) $(A_i)_{i\in I}$ mit $A_i := \operatorname{supp} f_i$, $i \in I$, bildet eine lokal endliche Überdeckung von M. Dabei bezeichnet $\operatorname{supp} f_i = \overline{\{x \in A_i : f_i(x) \neq 0\}}$ den Träger von f_i.

   (iii) Es ist $\sum_{i\in I} f_i(p) = 1$ für alle $p \in M$.

   Man beachte dabei, dass wegen (ii) die Summe in (iii) wohldefiniert ist. Die Zerlegung heißt glatt, falls M und sämtliche Funktionen f_i glatt sind.

(b) Ist $(U_i)_{i\in I}$ eine offene Überdeckung von M und $(f_i)_{i\in I}$ eine Zerlegung der Eins mit $\operatorname{supp} f_i \subset U_i$, so sagen wir $(f_i)_{i\in I}$ ist eine *Zerlegung der Eins bezüglich* $(U_i)_{i\in I}$.

7.13 Satz

M sei eine glatte Untermannigfaltigkeit und $(U_i)_{i\in I}$ eine offene Überdeckung von M. Dann existieren eine lokal endliche Verfeinerung $(V_j)_{j\in J}$ und eine glatte Zerlegung der Eins bezüglich $(V_j)_{j\in J}$.

Beweis: Wir konstruieren die Zerlegung in mehreren Schritten.

(i) Wir setzen $U(0,r) := \{x \in \mathbb{R}^m : \|x\| < r\}$. Es existiert eine glatte Funktion $g : \mathbb{R}^m \to \mathbb{R}$ mit

$$g(x) = 1, \text{ für } x \in U(0,1)$$
$$g(x) \geq 0, \text{ für } x \in U(0,2)$$
$$g(x) = 0, \text{ für } x \notin U(0,2).$$

Dies sieht man wie folgt. Sei

$$h(t) := \begin{cases} 0 & ,t \leq 0 \\ e^{-1/t} & ,t > 0 \end{cases}.$$

h ist glatt. Dann ist aber ebenso die Funktion

$$g(x) := \frac{h(4 - ||x||^2)}{h(4 - ||x||^2) + h(||x||^2 - 1)}$$

glatt und g besitzt die genannten Eigenschaften (siehe Abbildung 7.4).

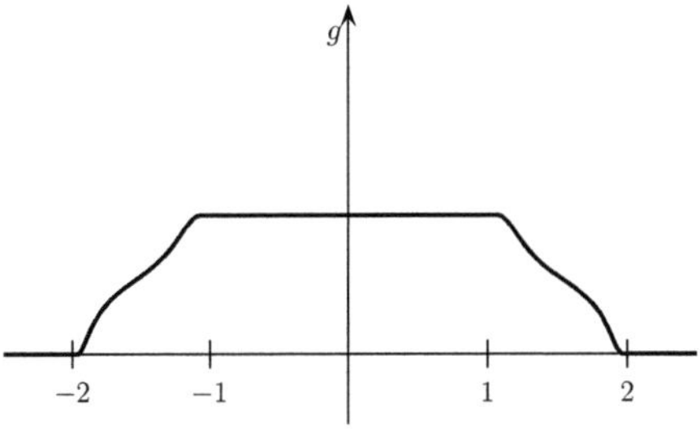

Abbildung 7.4: Die dargestellte Funktion g ist glatt.

(ii) Weil M parakompakt ist, existiert eine Familie von lokalen Einbettungen $F_j : \Omega_j \to V_j \subset M$, $j \in J$, sodass $(V_j)_{j\in J}$ eine lokal endliche Verfeinerung von $(U_i)_{i\in I}$ bildet. Zusätzlich kann man Ω_j so wählen, dass $\Omega_j \subset U(0,2)$ und sodass die offenen Mengen $\tilde{V}_j := F_j(U(0,1))$ noch immer eine lokal endliche Überdeckung von M bilden.

(iii) Wir setzen

$$g_j(p) := \begin{cases} g(p) & , \text{ für } p \in V_j \\ 0 & , \text{ für } p \in M \setminus V_j. \end{cases}$$

Dann ist g_j glatt mit

$$g_j = 1, \text{ für } p \in \tilde{V}_j$$
$$g_j \geq 0, \text{ für } p \in V_j$$
$$g_j = 0, \text{ für } p \in M \setminus V_j.$$

Die Funktion $\sum_k g_k$ ist wohl-definiert, da $\operatorname{supp} g_j \subset V_j$ und weil $(V_j)_{j\in J}$ eine lokal endliche Überdeckung von M ist. Außerdem muss $\sum_k g_k$ strikt positiv sein, denn jeder Punkt $p \in M$ liegt in mindestens einem $\tilde{V}_j$. Die Funktionen $f_j := \frac{g_j}{\sum_k g_k}$ leisten das Gewünschte.

Das war zu zeigen. □

7.2 Differentialformen auf Untermannigfaltigkeiten

In diesem Abschnitt werden wir Differentialformen auf Untermannigfaltigkeiten einführen und einen wichtigen Differentialoperator vorstellen, die *äußere Ableitung* d.

7.2.1 Multilinearformen

Gegeben sei ein reeller Vektorraum V der Dimension m.

Eine *Linearform* auf V ist eine $\mathbb{R}$-lineare Abbildung $\eta : V \to \mathbb{R}$. Die Menge aller Linearformen auf V wird mit V^* bezeichnet und heißt *Dualraum* von V.

V^* ist selbst ein reeller Vektorraum der Dimension m. Ist $e_1, \dots, e_m$ eine Basis von V, so existieren m Linearformen $e_1^*, \dots, e_m^*$ auf V mit $e_k^*(e_l) = \delta_{kl}$, wobei δ_{kl} das sogenannte KRONECKER-Delta ist. Es gilt

$$\delta_{kl} = \begin{cases} 1 & , \text{ für } k = l, \\ 0 & , \text{ für } k \neq l. \end{cases}$$

Die Linearformen $e_1^*, \dots, e_m^*$ bilden eine Basis von V^*, sie heißt *duale Basis* zu $e_1, \dots, e_m$.

7.14 Beispiel
Es sei

$$V := \left\{ \sum_{k=1}^{m} a_k \frac{\partial}{\partial x_k} : a_k \in \mathbb{R}, k = 1, \dots, m \right\}$$

der Vektorraum, welcher von den partiellen Ableitungsoperatoren $\frac{\partial}{\partial x_k}$ aufgespannt wird. Die duale Basis hierzu wird durch die Differentialoperatoren $dx_1, \dots, dx_m$ mit

$$dx_k \left(\frac{\partial}{\partial x_l} \right) = \delta_{kl}, \quad k, l = 1, \dots, m$$

gebildet.

Eine k-*Multilinearform* ω auf V ist eine Abbildung

$$\omega : \underbrace{V \times \dots \times V}_{\text{k-mal}} \to \mathbb{R},$$

welche in jedem der k Argumente $\mathbb{R}$-linear ist. Den Vektorraum der k-Multilinearformen auf V werden wir mit $\mathrm{Mult}_k(V)$ bezeichnen.

Tensorprodukt

Sind $\omega \in \mathrm{Mult}_k(V)$, $\eta \in \mathrm{Mult}_l(V)$ so ist das *Tensorprodukt* $\omega \otimes \eta$ die $(k+l)$-Multilinearform auf V mit

$$(\omega \otimes \eta)(v_1, \ldots, v_k, w_1, \ldots, w_l) := \omega(v_1, \ldots, v_k) \cdot \eta(w_1, \ldots, w_l),$$

für alle $v_1, \ldots, v_k$, $w_1, \ldots, w_l \in V$. Das Tensorprodukt ist assoziativ, aber nicht kommutativ. Ist $e_1^*, \ldots, e_m^*$ eine Basis von $V^* = \mathrm{Mult}_1(V)$, so bilden insbesondere die k-Multilinearformen

$$\left(e_{i_1}^* \otimes \ldots \otimes e_{i_k}^*\right)_{i_1, \ldots, i_k \in \{1, \ldots, m\}}$$

eine Basis von $\mathrm{Mult}_k(V)$, sodass $\dim\left(\mathrm{Mult}_k(V)\right) = m^k$. Aus diesem Grund ist für $\mathrm{Mult}_k(V)$ auch die Bezeichnung $\bigotimes^k V^*$ üblich, die wir ab jetzt verwenden werden.

Dachprodukt

7.15 Definition

(a) Eine k-Multilinearform $\omega \in \bigotimes^k V^*$ heißt *symmetrisch*, wenn

$$\omega(v_{\sigma(1)}, \ldots, v_{\sigma(k)}) = \omega(v_1, \ldots, v_k),$$

für alle $v_1, \ldots, v_k \in V$ und alle $\sigma \in \mathrm{S}_k$. Hierbei ist S_k die Gruppe der Permutationen von k Elementen.

(b) ω heißt *schiefsymmetrisch* oder auch *alternierend*, wenn

$$\omega(v_{\sigma(1)}, \ldots, v_{\sigma(k)}) = \mathrm{sign}(\sigma)\omega(v_1, \ldots, v_k),$$

für alle $v_1, \ldots, v_k \in V$ und $\sigma \in \mathrm{S}_k$. Dabei bezeichnet $\mathrm{sign}(\sigma)$ das Vorzeichen der Permutation $\sigma \in \mathrm{S}_k$.

(c) Den Raum der symmetrischen k-Multilinearformen auf V bezeichnen wir mit $\bigvee^k V^*$ und den Raum der alternierenden k-Multilinearformen auf V mit $\bigwedge^k V^*$. Für $\sigma \in \mathrm{S}_k$, $\omega \in \bigotimes^k V^*$ definieren wir $\omega_\sigma \in \bigotimes^k V^*$ wie folgt:

$$(\omega_\sigma)(v_1, \ldots, v_k) := \omega(v_{\sigma(1)}, \ldots, v_{\sigma(k)}).$$

Man erhält nun die beiden Operatoren Sym_k und Alt_k auf $\bigotimes^k V^*$ durch die Vorschriften

$$\mathrm{Sym}_k : \bigotimes^k V^* \to \bigvee^k V^*, \quad \mathrm{Sym}_k(\omega) := \frac{1}{k!} \sum_{\sigma \in \mathrm{S}_k} \omega_\sigma,$$

$$\mathrm{Alt}_k : \bigotimes^k V^* \to \bigwedge^k V^*, \quad \mathrm{Alt}_k(\omega) := \frac{1}{k!} \sum_{\sigma \in \mathrm{S}_k} \mathrm{sign}(\sigma)\, \omega_\sigma .$$

Wir fassen einige Eigenschaften der Operatoren zusammen.

(1) ω ist genau dann symmetrisch, wenn

$$\mathrm{Sym}_k \omega = \omega$$

und genau dann alternierend, wenn

$$\mathrm{Alt}_k \omega = \omega .$$

(2) Sym_k und Alt_k sind Projektionen, das heißt

$$\mathrm{Sym}_k^2 = \mathrm{Sym}_k, \quad \mathrm{Alt}_k^2 = \mathrm{Alt}_k . \tag{7.2.1}$$

(3) Es gilt

$$\mathrm{Sym}_k \left(\bigotimes^k V^* \right) = \bigvee^k V^*, \quad \mathrm{Alt}_k \left(\bigotimes^k V^* \right) = \bigwedge^k V^* . \tag{7.2.2}$$

(4) Jedes $\omega \in \bigotimes^k V^*$ lässt sich in der Form

$$\omega = \mathrm{Alt}_k \omega + (\omega - \mathrm{Alt}_k \omega) = \mathrm{Sym}_k \omega + (\omega - \mathrm{Sym}_k \omega)$$

schreiben und wegen (7.2.1) sind

$$(\omega - \mathrm{Alt}_k \omega) \in \ker(\mathrm{Alt}_k), \quad (\omega - \mathrm{Sym}_k \omega) \in \ker(\mathrm{Sym}_k) .$$

7.16 Definition

(a) Die Abbildung $\wedge : \bigwedge^k V^* \times \bigwedge^l V^* \to \bigwedge^{k+l} V^*$ mit

$$(\omega, \eta) \mapsto \omega \wedge \eta := \frac{(k+l)!}{k!\, l!} \mathrm{Alt}_{k+l}(\omega \otimes \eta)$$

heißt das *äußere (alternierende) Produkt* oder auch das *Dachprodukt* von ω und η.

(b) Analog heißt $\vee : \bigvee^k V^* \times \bigvee^l V^* \to \bigvee^{k+l} V^*$ mit

$$(\omega, \eta) \mapsto \omega \vee \eta := \frac{(k+l)!}{k!\,l!} \operatorname{Sym}_{k+l}(\omega \otimes \eta)$$

das *symmetrische Produkt* von ω und η.

7.17 Beispiel
Es seien η, $\sigma \in V^* = \bigwedge^1 V^*$. Dann ist

$$\eta \wedge \sigma = \frac{2!}{1!\,1!} \operatorname{Alt}_2(\eta \otimes \sigma) = \eta \otimes \sigma - \sigma \otimes \eta$$

und

$$(\eta \wedge \sigma)(v, w) = (\eta \otimes \sigma)(v, w) - (\sigma \otimes \eta)(v, w) = \eta(v)\sigma(w) - \sigma(v)\eta(w).$$

Analog ergeben sich

$$\eta \vee \sigma = \eta \otimes \sigma + \sigma \otimes \eta$$

und

$$(\eta \vee \sigma)(v, w) = \eta(v)\sigma(w) + \sigma(v)\eta(w).$$

- Das Dachprodukt ist assoziativ, das heißt

  $$(\alpha \wedge \beta) \wedge \gamma = \alpha \wedge (\beta \wedge \gamma)$$

  für alle $\alpha \in \bigwedge^j V^*$, $\beta \in \bigwedge^k V^*$, $\gamma \in \bigwedge^l V^*$.
- Das Dachprodukt ist nicht immer kommutativ, sondern erfüllt

  $$\alpha \wedge \beta = (-1)^{kl} \beta \wedge \alpha, \text{ für alle } \alpha \in \bigwedge^k V^*, \beta \in \bigwedge^l V^*. \quad (7.2.3)$$

- Ist V ein Vektorraum der Dimension m, so ist $\bigwedge^k V^* = \{0\}$ für alle $k > m$. Ist $e_1^*, \ldots, e_m^*$ eine Basis von $V^* = \bigwedge^1 V^*$, so ist

  $$e_{i_1}^* \wedge \ldots \wedge e_{i_k}^*, \quad 1 \leq i_1 < i_2 < \ldots < i_k \leq m$$

  eine Basis von $\bigwedge^k V^*$. Insbesondere ist für $0 \leq k \leq m$

  $$\dim \bigwedge^k V^* = \binom{m}{k}.$$

Hierbei sei $\bigwedge^0 V^* := \mathbb{R}$.

Beweis: Es sei $e_1, \dots, e_m$ eine Basis von V. Ist $\omega \in \bigwedge^k V^*$ mit $k > m$, so ist

$$\omega(e_{i_1}, \dots, e_{i_k}) = 0$$

für jede Auswahl von Basisvektoren $e_{i_1}, \dots, e_{i_k} \in \{e_1, \dots, e_m\}$, denn ω ist schiefsymmetrisch und da $k > m$, existiert mindestens ein Paar i_j, i_l, $1 \le j < l \le k$ mit $e_{i_j} = e_{i_l}$. Also ist $\omega = 0$ und $\bigwedge^k V^* = \{0\}$. Sei nun $0 \le k \le m$ und $e_1^*, \dots, e_m^* \in V^*$ die duale Basis zu $e_1, \dots, e_m$. Da

$$\mathrm{Alt}_k\left(\bigotimes^k V^*\right) = \bigwedge^k V^*,$$

spannt das Bild der Basis $e_{i_1}^* \otimes \ldots \otimes e_{i_k}^*$, $i_l \in \{1, \dots, m\}$, $l = 1, \dots, k$ von $\bigotimes^k V^*$ unter Alt_k den Raum $\bigwedge^k V^*$ auf. Es ist

$$\mathrm{Alt}_k(e_{i_1}^* \otimes \ldots \otimes e_{i_k}^*) = \frac{1}{k!} e_{i_1}^* \wedge \ldots \wedge e_{i_k}^*.$$

Die rechte Seite hängt bis aufs Vorzeichen nicht von der Reihenfolge der Basisvektoren $e_{i_1}^*, \dots, e_{i_k}^*$ ab. Daher spannen die $\binom{m}{k}$ Elemente $e_{i_1}^* \wedge \ldots \wedge e_{i_k}^*$, $1 \le i_1 < i_2 < \ldots < i_k \le m$ den Raum $\bigwedge^k V^*$ auf. Weil sie außerdem linear unabhängig sind, bilden sie eine Basis von $\bigwedge^k V^*$. Es folgt

$$\dim\left(\bigwedge^k V^*\right) = \binom{m}{k}.$$

⊛

- Da $\bigwedge^k V^* \subset \bigotimes^k V^*$, kann man eine schiefsymmetrische k-Multilinearform ω sowohl in der Form

$$\omega = \sum_{i_1, \dots, i_k = 1}^{m} \omega_{i_1 \dots i_k} e_{i_1}^* \otimes \ldots \otimes e_{i_k}^*$$

als auch in der Form

$$\omega = \sum_{1 \le i_1 < \ldots < i_k \le m} \omega_{i_1 \dots i_k} e_{i_1}^* \wedge \ldots \wedge e_{i_p}^*$$

schreiben. Hierbei sind die Koeffizienten $\omega_{i_1 \dots i_k} \in \mathbb{R}$ durch

$$\omega_{i_1 \dots i_k} := \omega\left(e_{i_1}, \dots, e_{i_k}\right)$$

gegeben. Die Gleichheit der beiden Ausdrücke folgt, da wegen $\mathrm{Alt}_k(\omega) = \omega$ auch

$$\begin{aligned}
\omega &= \sum_{i_1, \dots, i_k = 1}^{m} \omega_{i_1 \dots i_k} e_{i_1}^* \otimes \dots \otimes e_{i_k}^* \\
&= \sum_{i_1, \dots, i_k = 1}^{m} \omega_{i_1 \dots i_k} \mathrm{Alt}_k(e_{i_1}^* \otimes \dots \otimes e_{i_k}^*) \\
&= \frac{1}{k!} \sum_{i_1, \dots, i_k = 1}^{m} \omega_{i_1 \dots i_k} e_{i_1}^* \wedge \dots \wedge e_{i_k}^* \\
&= \sum_{1 \leq i_1 < \dots < i_k \leq m} \omega_{i_1 \dots i_k} e_{i_1}^* \wedge \dots \wedge e_{i_p}^*,
\end{aligned}$$

wobei wir im letzten Schritt die Schiefsymmetrie ausgenutzt haben, denn für jede Permutation $\sigma \in \mathrm{S}_k$ ist nämlich

$$\omega_{i_{\sigma(1)} \dots i_{\sigma(k)}} e_{i_{\sigma(1)}}^* \wedge \dots \wedge e_{i_{\sigma(k)}}^* = \omega_{i_1 \dots i_k} e_{i_1}^* \wedge \dots \wedge e_{i_k}^*$$

und die Gruppe S_k besteht aus genau $k!$ Elementen.

- Es seien $e_1^*, \dots, e_m^*$ sowie $f_1^*, \dots, f_m^*$ zwei Basen des Dualraums V^*. Es existieren dann Koeffizienten $(a_{kl})_{k,l=1,\dots,m}$ mit

$$f_k^* = \sum_{l=1}^{m} a_{kl} e_l^*.$$

Wir berechnen

$$\begin{aligned}
f_1^* \wedge \dots \wedge f_m^* &= \sum_{k_1, \dots, k_m = 1}^{m} \prod_{i=1}^{m} a_{ik_i} e_{k_1}^* \wedge \dots \wedge e_{k_m}^* \\
&= \sum_{\sigma \in \mathrm{S}_m} \prod_{i=1}^{m} a_{i\sigma(i)} e_{\sigma(1)}^* \wedge \dots \wedge e_{\sigma(m)}^*,
\end{aligned}$$

denn wir dürfen in der ersten Zeile in der Summe k_i durch $\sigma(i)$ ersetzen, weil alle anderen Summanden wegen der Schiefsymmetrie des Dachprodukts verschwinden. Nun ist aber

$$e_{\sigma(1)}^* \wedge \dots \wedge e_{\sigma(m)}^* = \mathrm{sign}(\sigma) e_1^* \wedge \dots \wedge e_m^*$$

und deswegen erhalten wir

$$\begin{aligned} f_1^* \wedge \ldots \wedge f_m^* &= \sum_{\sigma \in \mathrm{S}_m} \prod_{i=1}^m a_{i\sigma(i)} e_{\sigma(1)}^* \wedge \ldots \wedge e_{\sigma(m)}^* \\ &= \sum_{\sigma \in \mathrm{S}_m} \operatorname{sign}(\sigma) \prod_{i=1}^m a_{i\sigma(i)} e_1^* \wedge \ldots \wedge e_m^* \\ &= \det A \cdot e_1^* \wedge \ldots \wedge e_m^*, \qquad (7.2.4) \end{aligned}$$

wobei $A := (a_{ij})_{i,j=1,\ldots,m}$ die Matrix des Basiswechsels ist. Diese Formel wird später noch wichtig werden.

- Das symmetrische Produkt ist assoziativ und kommutativ, das heißt

$$(\alpha \vee \beta) \vee \gamma = \alpha \vee (\beta \vee \gamma), \quad \alpha \vee \beta = \beta \vee \alpha.$$

Lokale Darstellungen und Transformationsformeln

Wir betrachten nun k-Multilinearformen auf den Tangentialräumen T_pM einer Untermannigfaltigkeit (mit oder ohne Rand) der Dimension m. Den Dualraum von T_pM werden wir nicht mit $(T_pM)^*$ sondern mit T_p^*M bezeichnen, das ist so üblich. Man nennt ihn den *Kotangentialraum* von M in p. Entsprechend heißen Elemente $\eta \in T_p^*M$ *Kotangentialvektoren.*

Objekte auf Untermannigfaltigkeiten lassen sich lokal stets durch lokale Einbettungen beschreiben. Ist $F : \Omega \to U \subset M$ eine lokale Einbettung mit $p \in U$, also $F(x_0) = p$ mit einem $x_0 \in \Omega$, und ist zum Beispiel $v \in T_pM$, so existieren reelle Konstanten $v_1, \ldots, v_m$ mit

$$v = \sum_{k=1}^m v_k \frac{\partial F}{\partial x_k}(x_0).$$

Dies kann man aber auch in der Form

$$v = DF|_{x_0} \left(\sum_{k=1}^m v_k e_k \right)$$

schreiben. Es ist nun üblich die Vektoren $e_1, \ldots, e_m$ mit den Differentialoperatoren $\frac{\partial}{\partial x_1}, \ldots, \frac{\partial}{\partial x_m}$ zu identifizieren, sodass wir

$$v = DF|_{x_0}\left(\sum_{k=1}^{m} v_k \frac{\partial}{\partial x_k}\right)$$

erhalten. Mit anderen Worten: $v = \sum_{k=1}^{m} v_k \frac{\partial F}{\partial x_k}(x_0)$ kann bezüglich F mit

$$F^*v := \sum_{k=1}^{m} v_k \frac{\partial}{\partial x_k}$$

identifiziert werden, also $DF|_{x_0}(F^*v) = v$. Man nennt F^*v den *Pullback* von v bezüglich F. F^*v ist demnach die lokale Darstellung des Tangentialvektors $v \in T_pM$ bezüglich der durch F erzeugten lokalen Koordinaten $x := F^{-1} : U \to \Omega$.

7.18 Beispiel

Es sei $M = \mathbb{S}^2$ die Einheitssphäre. Eine lokale Einbettung um den Punkt $p = (1, 0, 0)$ ist zum Beispiel die Abbildung $F : \mathbb{R}^2 \to \mathbb{S}^2$,

$$F(x_1, x_2) := \left(\frac{2x_1}{1 + \|x\|^2}, \frac{2x_2}{1 + \|x\|^2}, \frac{1 - \|x\|^2}{1 + \|x\|^2}\right).$$

Mit $x_0 := (1, 0) \in \mathbb{R}^2$ ist $F(x_0) = p$. Es sind

$$\begin{aligned} \frac{\partial F}{\partial x_1}(x_0) &= (0, 0, -1) \\ \frac{\partial F}{\partial x_2}(x_0) &= (0, 1, 0)\,. \end{aligned}$$

es gilt damit

$$\begin{aligned} DF|_{x_0}\left(v_1 \frac{\partial}{\partial x_1} + v_2 \frac{\partial}{\partial x_2}\right) &= v_1 \frac{\partial F}{\partial x_1}(x_0) + v_2 \frac{\partial F}{\partial x_2}(x_0) \\ &= (0, v_2, -v_1). \end{aligned}$$

Analog zur lokalen Darstellung von Tangentialvektoren, lassen sich ebenfalls duale Vektoren lokal darstellen. Ist zum Beispiel $\eta \in T_p^*M$, so wird η bezüglich einer lokalen Einbettung $F : \Omega \to U \subset M$ durch den Pullback

$$F^*\eta := \sum_{k=1}^{m} \eta_k dx_k$$

dargestellt. Dabei ist $\eta_k := \eta\left(\frac{\partial F}{\partial x_k}(x_0)\right)$ und $dx_1, \ldots, dx_m$ bezeichnet die duale Basis zu $\frac{\partial}{\partial x_1}, \ldots, \frac{\partial}{\partial x_m}$. Offensichtlich ist hiermit die Gleichung

$$\begin{aligned} F^*\eta(F^*v) &= \left(\sum_{k=1}^m \eta_k dx_k\right)\left(\sum_{l=1}^m v_l \frac{\partial}{\partial x_l}\right) \\ &= \sum_{k,l=1}^m \eta_k v_l dx_k\left(\frac{\partial}{\partial x_l}\right) \\ &= \sum_{k=1}^m \eta_k v_k = \sum_{k=1}^m v_k \eta\left(\frac{\partial F}{\partial x_k}(x_0)\right) = \eta(v) \end{aligned}$$

gültig.

Nun lässt sich natürlich ein und derselbe Vektor $v \in T_pM$ bezüglich verschiedener lokaler Einbettungen um p beschreiben. Es stellt sich deswegen die Frage, inwiefern sich die lokalen Darstellungen ändern. Um diese Frage zu beantworten, geben wir zwei lokale Parametrisierungen $F : \Omega \to U$, $\tilde{F} : \tilde{\Omega} \to \tilde{U}$ um $p \in M$ vor. Es seien $x_0 \in \Omega$, $\tilde{x}_0 \in \tilde{\Omega}$ die Punkte mit $F(x_0) = p = \tilde{F}(\tilde{x}_0)$. Ist $v \in T_pM$, so gilt mit entsprechenden Konstanten $v_1, \ldots, v_m$, $\tilde{v}_1, \ldots, \tilde{v}_m$

$$v = \sum_{l=1}^m v_l \frac{\partial F}{\partial x_l}(x_0) = \sum_{k=1}^m \tilde{v}_k \frac{\partial \tilde{F}}{\partial \tilde{x}_k}(\tilde{x}_0).$$

Auf einer geeignet gewählten kleinen offenen Umgebung um x_0 ist jedoch $F = \tilde{F} \circ (\tilde{F}^{-1} \circ F)$ und daher nach der Kettenregel

$$DF|_{x_0} = D\tilde{F}|_{\tilde{x}_0} \circ D(\tilde{F}^{-1} \circ F)|_{x_0}.$$

Der Kartenwechsel $\tilde{F}^{-1} \circ F$ gibt an, wie sich Koordinaten $\tilde{x} \in \tilde{\Omega}$ aus den entsprechenden Koordinaten $x \in \Omega$ berechnen lassen. Schreiben wir daher statt $(\tilde{F}^{-1} \circ F)(x)$ vereinfacht $\tilde{x}(x)$, so lässt sich die obige Gleichung auch in der einprägsameren Form

$$\frac{\partial F}{\partial x_l}(x_0) = \sum_{k=1}^m \frac{\partial \tilde{x}_k}{\partial x_l}(x_0) \frac{\partial \tilde{F}}{\partial \tilde{x}_k}(\tilde{x}_0) \tag{7.2.5}$$

schreiben. Setzen wir diesen Ausdruck oben in die Darstellung von v ein, erhalten wir die Gleichung

$$\sum_{k,l=1}^m v_l \frac{\partial \tilde{x}_k}{\partial x_l}(x_0) \frac{\partial \tilde{F}}{\partial \tilde{x}_k}(\tilde{x}_0) = \sum_{k=1}^m \tilde{v}_k \frac{\partial \tilde{F}}{\partial \tilde{x}_k}(\tilde{x}_0).$$

Ein Koeffizientenvergleich ergibt jetzt die gesuchte Transformationsformel

$$\tilde{v}_k = \sum_{l=1}^{m} v_l \frac{\partial \tilde{x}_k}{\partial x_l}(x_0). \tag{7.2.6}$$

Die Matrix $\left(\frac{\partial \tilde{x}_k}{\partial x_l}(x_0)\right)_{k,l=1,\ldots,m}$ ist die JACOBI-Matrix des Kartenwechsels. Also wird das Transformationsverhalten von Tangentialvektoren durch die JACOBI-Matrix des Kartenwechsels beschrieben.

Analog lässt sich jetzt ebenfalls das Transformationsverhalten von Kotangentialvektoren oder von k-Multilinearformen beschreiben. Ist $\eta \in T_p^* M$ ein Kotangentialvektor und sind zwei lokale Einbettungen $F : \Omega \to U$, $\tilde{F} : \tilde{\Omega} \to \tilde{U}$ um p gegeben, so sind

$$F^* \eta = \sum_{l=1}^{m} \eta_l dx_l, \quad \tilde{F}^* \eta = \sum_{k=1}^{m} \tilde{\eta}_k d\tilde{x}_k$$

mit geeigneten Koeffizienten $\eta_1, \ldots, \eta_m$ bzw. $\tilde{\eta}_1, \ldots, \tilde{\eta}_m$. Ähnlich wie oben folgt hier aus $dx_l = \sum_{k=1}^{m} \frac{\partial x_l}{\partial \tilde{x}_k} d\tilde{x}_k$ die Transformationsformel

$$\tilde{\eta}_k = \sum_{l=1}^{m} \eta_l \frac{\partial x_l}{\partial \tilde{x}_k}(x_0). \tag{7.2.7}$$

Das Transformationsverhalten von Kotangentialvektoren ist also genau invers zu dem von Tangentialvektoren. Das muss auch deswegen so sein, weil die skalare Größe $\eta(v) = F^* \eta(F^* v)$ unter Kartenwechseln invariant bleibt.

Aus Formel (7.2.4) lässt sich jetzt noch das Transformationsverhalten einer schiefsymmetrischen m-Multilinearform ω ablesen. Da $dx_l = \sum_{k=1}^{m} \frac{\partial x_l}{\partial \tilde{x}_k} d\tilde{x}_k$, ist

$$dx_1 \wedge \ldots \wedge dx_m = \det(F^{-1} \circ \tilde{F}) d\tilde{x}_1 \wedge \ldots \wedge d\tilde{x}_m. \tag{7.2.8}$$

7.2.2 Differentialformen

Wir werden jetzt Differentialformen auf differenzierbaren Untermannigfaltigkeiten einführen. Wir setzen

$$\bigwedge^k T^*M := \bigcup_{p\in M} \bigwedge^k T_p^*M$$

und nennen $\bigwedge^k T^*M$ das *Kotangentialbündel* von M.

7.19 Definition

M sei eine differenzierbare Untermannigfaltigkeit (mit oder ohne Rand) der Dimension m. Eine Differentialform ω vom Grad k auf M ist eine Abbildung

$$\omega : M \to \bigwedge^k T^*M$$

mit folgenden Eigenschaften:

(i) $\omega|_p := \omega(p)$ ist eine alternierende k-Multilinearform auf T_pM, das heißt $\omega|_p \in \bigwedge^k T_p^*M$. Man nennt diese Eigenschaft auch *Fußpunkttreue*. ω muss also die Gleichung $\pi \circ \omega = \mathrm{Id}_M$ erfüllen, wobei

$$\pi : \bigwedge^k T^*M \to M, \quad \bigwedge^k T_p^*M \ni \eta \mapsto p$$

die Projektionsabbildung auf den Fußpunkt bezeichnet.

(ii) Für jede lokale Einbettung $F : \Omega \to U \subset M$ und für jede Wahl von Indizes $i_1, \ldots, i_k \in \{1, \ldots, m\}$ sind die Funktionen

$$\omega_{i_1 \ldots i_k} : \Omega \to \mathbb{R},\ \omega_{i_1 \ldots i_k}(x) := \omega|_{F(x)}\left(\frac{\partial F}{\partial x_{i_1}}(x), \ldots, \frac{\partial F}{\partial x_{i_k}}(x)\right)$$

differenzierbar.

(iii) Ist M eine glatte Untermannigfaltigkeit, so bezeichne $\Omega^k(M)$ die Menge der glatten Differentialformen vom Grad k auf M, das heißt die Menge derjenigen Differentialformen, bei denen für glatte lokale Einbettungen $F : \Omega \to U \subset M$ die lokalen Funktionen $\omega_{i_1 \ldots i_k} : \Omega \to \mathbb{R}$ sogar glatt sind.

Wir werden für den Rest des Kapitel stets annehmen, dass M eine **glatte** Untermannigfaltigkeit mit Rand ist.

Eine Besonderheit ergibt sich für den Fall $k = 0$. Da $\bigwedge^0 T_p^* M = \mathbb{R}$, sind glatte 0-Formen auf M mit glatten Funktionen auf M identisch, das heißt es gilt $\Omega^0(M) = C^\infty(M)$, wobei $u \in C^\infty(M)$ genau dann, wenn $F^* u = u \circ F$ jeweils für jede glatte lokale Einbettung F glatt ist.

Ist M eine glatte Untermannigfaltigkeit, so sind sämtliche Kartenwechsel glatte Diffeomorphismen. Die Kettenregel impliziert damit, dass man die Differenzierbarkeit einer Form ω in einem Punkt p lediglich in einer Karte um p und nicht in allen Karten um p überprüfen muss. Ist $F^*\omega$ in $F^{-1}(p)$ differenzierbar, so sind automatisch alle anderen Pullbacks $\tilde{F}^*\omega$ in $\tilde{F}^{-1}(p)$ ebenfalls differenzierbar, denn

$$\tilde{F}^*\omega = (F \circ F^{-1} \circ \tilde{F})^*\omega = (F^{-1} \circ \tilde{F})^* F^*\omega.$$

7.2.3 Die äußere Ableitung

Wir möchten nun als nächstes einen äußerst wichtigen Differentialoperator auf der Menge der glatten k-Formen $\Omega^k(M)$ einführen. Dieser wird k-Formen auf $(k+1)$-Formen abbilden. Wir beginnen mit den 0-Formen, das heißt mit glatten Funktionen auf M. Ist $u \in \Omega^0(M) = C^\infty(M)$, so können wir zunächst mittels einer lokalen Einbettung F die folgende lokale 1-Form definieren. Wir setzen

$$d(F^*u) := \sum_{k=1}^{m} \frac{\partial(F^*u)}{\partial x_k} dx_k.$$

7.20 Lemma
Für $u \in C^\infty(M)$, $v \in T_pM$ hängt der Ausdruck

$$d(F^*u)|_{F^{-1}(p)}(F^*v)$$

nicht von der lokalen Einbettung $F : \Omega \to U \subset M$ mit $p \in U$ ab.

Beweis: Es seien $F : \Omega \to U$, $\tilde{F} : \tilde{\Omega} \to \tilde{U}$ zwei lokale Einbettungen mit $F(x_0) = \tilde{F}(\tilde{x}_0) = p$. Eine kurze Rechnung ergibt mit der

Kettenregel

$$\begin{aligned}
d(\tilde{F}^*u)|_{\tilde{x}_0}(\tilde{F}^*v) &= \left(\sum_{k=1}^m \frac{\partial(\tilde{F}^*u)}{\partial\tilde{x}_k}(\tilde{x}_0)d\tilde{x}_k\right)\left(\sum_{l=1}^m \tilde{v}_l\frac{\partial}{\partial\tilde{x}_l}\right) \\
&= \sum_{k=1}^m \tilde{v}_k\frac{\partial(\tilde{F}^*u)}{\partial\tilde{x}_k}(\tilde{x}_0) \\
&= \sum_{k=1}^m \tilde{v}_k\frac{\partial(F^*u\circ(F^{-1}\circ\tilde{F}))}{\partial\tilde{x}_k}(\tilde{x}_0) \\
&= \sum_{k,l=1}^m \tilde{v}_k\frac{\partial(F^*u)}{\partial x_l}(x_0)\frac{\partial x_l}{\partial\tilde{x}_k}(\tilde{x}_0) \\
&\overset{(7.2.6)}{=} \sum_{l=1}^m v_l\frac{\partial(F^*u)}{\partial x_l}(x_0) = d(F^*u)|_{x_0}(F^*v).
\end{aligned}$$

Das war zu zeigen. □

Aufgrund dieser Invarianz ist die folgende Festlegung einer 1-Form $du \in \Omega^1(M)$ wohl-definiert.

7.21 Definition
Ist $u \in C^\infty(M)$ eine glatte Funktion auf einer glatten Untermannigfaltigkeit M, so verstehen wir unter $du \in \Omega^1(M)$ diejenige 1-Form, welche sich bezüglich einer lokalen Einbettung $F : \Omega \to U \subset M$ in der Form $F^*(du) = d(F^*u)$ darstellt.

Wir werden diese wichtige Operation jetzt auf den Raum der glatten k-Formen übertragen.

Es sei M eine glatte Untermannigfaltigkeit der Dimension m und $1 \leq k \leq m$ sei eine natürliche Zahl. Ist $\omega \in \Omega^k(M)$ eine glatte k-Form, so schreibt sich $F^*\omega$ bezüglich einer lokalen Einbettung $F : \Omega \to U \subset M$ in der Form

$$F^*\omega = \sum_{1\leq i_1<\ldots<i_k\leq m} \omega_{i_1\ldots i_k} dx_{i_1} \wedge \ldots \wedge dx_{i_k}$$

mit glatten Funktionen $\omega_{i_1\ldots i_k} : \Omega \to \mathbb{R}$. Wir definieren eine $(k+1)$-Form $d(F^*\omega)$ auf Ω durch die Vorschrift

$$d(F^*\omega) := \sum_{1\leq i_1<\ldots<i_k\leq m} d\omega_{i_1\ldots i_k} \wedge dx_{i_1} \wedge \ldots \wedge dx_{i_k}.$$

Hierbei ist $d\omega_{i_1\dots i_k}$, wie weiter oben zuvor erklärt, die äußere Ableitung der Funktion $\omega_{i_1\dots i_k}$.

7.22 Satz

Seien M eine glatte Untermannigfaltigkeit und $\omega \in \Omega^k(M)$. Dann existiert genau eine $(k+1)$-Form $d\omega \in \Omega^{k+1}(M)$, sodass bezüglich jeder lokalen Einbettung $F : \Omega \to U \subset M$ die Gleichung

$$F^*(d\omega) = d(F^*\omega)$$

erfüllt ist.

***Beweis*:** Wir müssen lediglich überprüfen, ob sich für alle $x_0 \in \Omega$, $\tilde{x}_0 \in \tilde{\Omega}$ mit $F(x_0) = \tilde{F}(\tilde{x}_0)$ der Ausdruck $d(F^*\omega)|_{x_0}$ durch den Kartenwechsel in $d(\tilde{F}^*\omega)|_{\tilde{x}_0}$ transformiert. Wir wählen lokale Einbettungen $F : \Omega \to U$, $\tilde{F} : \tilde{\Omega} \to \tilde{U}$, sodass mit geeigneten glatten Funktionen $\omega_{i_1\dots i_k} : \Omega \to \mathbb{R}$, $\tilde{\omega}_{j_1\dots j_k} : \tilde{\Omega} \to \mathbb{R}$

$$\begin{aligned} F^*\omega &= \sum_{i_1<\dots<i_k} \omega_{i_1\dots i_k} dx_{i_1} \wedge \dots \wedge dx_{i_k}, \\ \tilde{F}^*\omega &= \sum_{j_1<\dots<j_k} \tilde{\omega}_{j_1\dots j_k} d\tilde{x}_{j_1} \wedge \dots \wedge d\tilde{x}_{j_k}. \end{aligned}$$

Wir berechnen

$$\begin{aligned} d(F^*\omega) &= \sum_{i_1<\dots<i_k} d\omega_{i_1\dots i_k} \wedge dx_{i_1} \wedge \dots \wedge dx_{i_k} \\ &= \frac{1}{k!} \sum_{i_1,\dots,i_k=1}^{m} d\omega_{i_1\dots i_k} \wedge dx_{i_1} \wedge \dots \wedge dx_{i_k} \\ &= \frac{1}{k!} \sum_{l,i_1,\dots,i_k} \left(\frac{\partial \omega_{i_1\dots i_k}}{\partial x_l} dx_l \right) \wedge dx_{i_1} \wedge \dots \wedge dx_{i_k}. \end{aligned}$$

Benutzen wir jetzt die Transformationsregel für die Funktionen $\omega_{i_1\dots i_k}$, so ergibt sich

$$d(F^*\omega) = \frac{1}{k!} \sum_{\substack{l,i_1,\dots,i_k \\ j_1,\dots,j_k}} \frac{\partial}{\partial x_l} \left(\tilde{\omega}_{j_1\cdots j_k} \circ (\tilde{F}^{-1} \circ F) \frac{\partial \tilde{x}_{j_1}}{\partial x_{i_1}} \cdots \frac{\partial \tilde{x}_{j_k}}{\partial x_{i_k}} \right) \cdot dx_l \wedge dx_{i_1} \wedge \ldots \wedge dx_{i_k}$$

$$= \frac{1}{k!} \sum_{\substack{l,i_1,\dots,i_k \\ j_1,\dots,j_k}} \frac{\partial(\tilde{\omega}_{j_1\cdots j_k} \circ (\tilde{F}^{-1} \circ F))}{\partial x_l} \cdot dx_l \wedge \left(\frac{\partial \tilde{x}_{j_1}}{\partial x_{i_1}} dx_{i_1} \right) \wedge \ldots \wedge \left(\frac{\partial \tilde{x}_{j_k}}{\partial x_{i_k}} dx_{i_k} \right)$$

$$+ \frac{1}{k!} \sum_{\substack{l,i_1,\dots,i_k \\ j_1,\dots,j_k}} \tilde{\omega}_{j_1\cdots j_k} \circ (\tilde{F}^{-1} \circ F) \frac{\partial}{\partial x_l} \left(\frac{\partial \tilde{x}_{j_1}}{\partial x_{i_1}} \cdots \frac{\partial \tilde{x}_{j_k}}{\partial x_{i_k}} \right) \cdot dx_l \wedge dx_{i_1} \wedge \ldots \wedge dx_{i_k}.$$

Aus Symmetriegründen verschwindet der letzte Term, denn sämtliche Summanden enthalten Ausdrücke der Form

$$\sum_{l,i_s} \frac{\partial^2 \tilde{x}_{j_s}}{\partial x_l \partial x_{i_s}} dx_l \wedge \ldots \wedge dx_{i_s} \wedge \ldots \wedge dx_{i_k}$$

und der erste Faktor in dieser Summe ist wegen der Symmetrien der zweiten partiellen Ableitungen (Satz von SCHWARZ) symmetrisch in l und i_s, wohingegen der zweite Faktor in l und i_s schiefsymmetrisch ist. Die Summe über diese Terme hebt sich damit weg. Da

$$\sum_{i_s} \frac{\partial \tilde{x}_{j_s}}{\partial x_{i_s}} dx_{i_s} = d\tilde{x}_{j_s},$$

ergibt sich aus der obigen Gleichung damit

$$d(F^*\omega) = \frac{1}{k!} \sum_{l,j_1,\dots,j_k} \frac{\partial(\tilde{\omega}_{j_1\cdots j_k} \circ (\tilde{F}^{-1} \circ F))}{\partial x_l} dx_l \wedge d\tilde{x}_{j_1} \wedge \ldots \wedge d\tilde{x}_{j_k}$$

und wegen der Kettenregel

$$\begin{aligned}
&\sum_l \frac{\partial(\tilde{\omega}_{j_1\cdots j_k} \circ (\tilde{F}^{-1} \circ F))}{\partial x_l}\, dx_l \\
= &\sum_{s,l} \frac{\partial(\tilde{\omega}_{j_1\cdots j_k})}{\partial \tilde{x}_s} \circ (\tilde{F}^{-1} \circ F) \frac{\partial \tilde{x}_s}{\partial x_l}\, dx_l \\
= &\sum_s \frac{\partial(\tilde{\omega}_{j_1\cdots j_k})}{\partial \tilde{x}_s} \circ (\tilde{F}^{-1} \circ F) d\tilde{x}_s
\end{aligned}$$

anschließend

$$d(F^*\omega) = \frac{1}{k!} \sum_{s,j_1,\ldots,j_k} \frac{\partial(\tilde{\omega}_{j_1\cdots j_k})}{\partial \tilde{x}_s} \circ (\tilde{F}^{-1} \circ F) d\tilde{x}_s \wedge d\tilde{x}_{j_1} \wedge \ldots \wedge d\tilde{x}_{j_k},$$

sodass in der Tat

$$d(F^*\omega)|_{x_0} = d(\tilde{F}^*\omega)|_{\tilde{x}_0}.$$

Das war zu zeigen. □

7.23 Definition
M sei eine glatte Untermannigfaltigkeit und $\omega \in \Omega^k(M)$. Die durch Definition 7.21 und Satz 7.22 eindeutig festgelegte $(k+1)$-Form $d\omega \in \Omega^{k+1}(M)$ heißt die *äußere Ableitung* von ω.

Die Abbildung $d : \Omega^k(M) \to \Omega^{k+1}(M)$ besitzt einige sehr interessante Eigenschaften, welche wir im folgenden Satz zusammenfassen möchten.

7.24 Satz
M sei eine glatte Untermannigfaltigkeit. Die Abbildung

$$d : \Omega^k(M) \to \Omega^{k+1}(M)$$

besitzt folgende Eigenschaften:

(a) *d ist linear.*

(b) $d^2 = 0$.

(c) *Für jede Wahl von Differentialformen $\omega \in \Omega^k(M)$, $\eta \in \Omega^l(M)$ gilt die* LEIBNIZ*-Regel*

$$d(\omega \wedge \eta) = d\omega \wedge \eta + (-1)^k \omega \wedge d\eta. \qquad (7.2.9)$$

***Beweis*:** Es reicht die Aussagen in lokalen Koordinaten nachzuprüfen. Sei hierzu $F : \Omega \to U \subset M$ eine lokale Einbettung.

(a) Die Linearität ergibt sich aus $F^*(\omega + \eta) = F^*\omega + F^*\eta$ und aus der Linearität der üblichen partiellen Ableitungsoperatoren.

(b) Es sei $u : \Omega \to \mathbb{R}$ glatt. Wir berechnen

$$\begin{aligned} d(udx_{i_1} \wedge \ldots \wedge dx_{i_k}) &= du \wedge dx_{i_1} \wedge \ldots \wedge dx_{i_k} \\ &= \sum_{s=1}^{m} \frac{\partial u}{\partial x_s} dx_s \wedge dx_{i_1} \wedge \ldots \wedge dx_{i_k}. \end{aligned}$$

Wendet man d erneut an, so folgt

$$\begin{aligned} & d^2(udx_{i_1} \wedge \ldots \wedge dx_{i_k}) \\ = & \sum_{s=1}^{m} d\left(\frac{\partial u}{\partial x_s}\right) \wedge dx_s \wedge dx_{i_1} \wedge \ldots \wedge dx_{i_k} \\ = & \sum_{s,t=1}^{m} \frac{\partial^2 u}{\partial x_t \partial x_s} dx_t \wedge dx_s \wedge dx_{i_1} \wedge \ldots \wedge dx_{i_k} = 0, \end{aligned}$$

denn $\frac{\partial^2 u}{\partial x_t \partial x_s}$ ist in s, t symmetrisch, aber $dx_t \wedge dx_s$ schiefsymmetrisch, sodass die Summe verschwindet[2)]. Es ist also $d^2\omega = 0$ für alle Formen der Gestalt $\omega = udx_{i_1} \wedge \ldots \wedge dx_{i_k}$. Der allgemeine Fall ergibt sich hieraus und aus der Linearität des Operators d.

(c) Es seien $u, v : \Omega \to \mathbb{R}$ zwei glatte Funktionen. Dann ist

$$\begin{aligned} & d\left((u\, dx_{i_1} \wedge \ldots \wedge dx_{i_k}) \wedge (v\, dx_{j_1} \wedge \ldots \wedge dx_{j_l})\right) \\ = & d\left(uv\, dx_{i_1} \wedge \ldots \wedge dx_{i_k} \wedge dx_{j_1} \wedge \ldots \wedge dx_{j_l}\right) \\ = & d(uv) \wedge dx_{i_1} \wedge \ldots \wedge dx_{i_k} \wedge dx_{j_1} \wedge \ldots \wedge dx_{j_k} \\ = & (v\, du + u\, dv) \wedge dx_{i_1} \wedge \ldots \wedge dx_{i_k} \wedge dx_{j_1} \wedge \ldots \wedge dx_{j_l} \\ = & v\, du \wedge dx_{i_1} \wedge \ldots \wedge dx_{i_k} \wedge dx_{j_1} \wedge \ldots \wedge dx_{j_l} \\ & + u\, dv \wedge dx_{i_1} \wedge \ldots \wedge dx_{i_k} \wedge dx_{j_1} \wedge \ldots \wedge dx_{j_l} \end{aligned}$$

[2)] $\sum_{s,t} \frac{\partial^2 u}{\partial x_t \partial x_s} dx_t \wedge dx_s = \sum_{s,t} \frac{\partial^2 u}{\partial x_s \partial x_t} dx_s \wedge dx_t = -\sum_{s,t} \frac{\partial^2 u}{\partial x_t \partial x_s} dx_t \wedge dx_s$, wobei wir im ersten Schritt einen Bezeichnungstausch durchführen und im zweiten Schritt die Symmetrien ausnutzen.

und indem wir dv an die richtige Stelle schieben, erhalten wir hieraus

$$\begin{aligned} &= v\,d(u \wedge dx_{i_1} \wedge \ldots \wedge dx_{i_k}) \wedge dx_{j_1} \wedge \ldots \wedge dx_{j_l} \\ &\quad +(-1)^k u\,dx_{i_1} \wedge \ldots \wedge dx_{i_k} \wedge dv \wedge dx_{j_1} \wedge \ldots \wedge dx_{j_l} \\ &= d(u\,dx_{i_1} \wedge \ldots \wedge dx_{i_k}) \wedge (v\,dx_{j_1} \wedge \ldots \wedge dx_{j_l}) \\ &\quad +(-1)^k (u\,dx_{i_1} \wedge \ldots \wedge dx_{i_k}) \wedge d(v \wedge dx_{j_1} \wedge \ldots \wedge dx_{j_l})\,. \end{aligned}$$

Dies beweist einen Spezialfall von (7.2.9). Der allgemeine Fall ergibt sich wieder aus der Linearität von d.

Damit ist alles gezeigt. □

7.25 Definition
$\omega \in \Omega^k(M)$ heißt *geschlossen*, wenn $d\omega = 0$ und *exakt*, wenn $\omega = d\sigma$ mit $\sigma \in \Omega^{k-1}(M)$.

Wegen $d^2 = 0$ sind exakte Formen stets geschlossen. Die Umkehrung gilt jedoch nicht immer.

7.26 Beispiel

(a) Eine 0-Form, das heißt eine Funktion $u \in C^\infty(M)$, ist genau dann geschlossen, wenn bezüglich jeder lokalen Einbettung $F : \Omega \to U \subset M$ die Gleichung $d(u \circ F) = 0$ erfüllt ist, das heißt genau dann, wenn in allen zusammenhängenden Kartengebieten Ω die Funktionen $F^*u = u \circ F$ konstant sind. Ist M als topologischer Teilraum des $\mathbb{R}^n$ selbst zusammenhängend, so muss folglich u auf M konstant sein. Die einzige exakte 0-Form ist die Funktion 0, denn nach Vereinbarung setzt man $\Omega^{-1}(M) := \{0\}$.

(b) Eine 1-Form $\omega = \sum_{i=1}^m \omega_i dx_i$ ist genau dann geschlossen, wenn mit $\omega_{i,j} := \frac{\partial \omega_i}{\partial x_j}$ die Gleichungen

$$\omega_{i,j} = \omega_{j,i}, \text{ für alle } i, j = 1, \ldots, m,$$

erfüllt sind, denn

$$\begin{aligned} d\omega &= \sum_{i,j=1}^{m} \omega_{i,j}\, dx_j \wedge dx_i \\ &= \sum_{i,j=1}^{m} \omega_{i,j}\, (dx_j \otimes dx_i - dx_i \otimes dx_j) \\ &= \sum_{i,j=1}^{m} (\omega_{i,j} - \omega_{j,i})\, dx_j \otimes dx_i. \end{aligned}$$

(c) Für eine 2-Form

$$\omega = \sum_{i<j} \omega_{ij}\, dx_i \wedge dx_j$$

ist mit $\omega_{ij,k} := \frac{\partial \omega_{ij}}{\partial x^k}$ entsprechend

$$\begin{aligned} d\omega = \sum_{i<j} \sum_{k=1}^{m} \omega_{ij,k}\, dx_k \wedge dx_i \wedge dx_j \\ &= \sum_{k<i<j} \omega_{ij,k}\, dx_k \wedge dx_i \wedge dx_j + \sum_{i<k<j} \omega_{ij,k}\, dx_k \wedge dx_i \wedge dx_j \\ &\quad + \sum_{i<j<k} \omega_{ij,k}\, dx_k \wedge dx_i \wedge dx_j \\ &= \sum_{k<i<j} \omega_{ij,k}\, dx_k \wedge dx_i \wedge dx_j + \sum_{k<i<j} \omega_{kj,i}\, dx_i \wedge dx_k \wedge dx_j \\ &\quad + \sum_{k<i<j} \omega_{ki,j}\, dx_j \wedge dx_k \wedge dx_i \\ &= \sum_{k<i<j} (\omega_{ij,k} - \omega_{kj,i} + \omega_{ki,j})\, dx_k \wedge dx_i \wedge dx_j \\ &= \sum_{k<i<j} (\omega_{ij,k} + \omega_{jk,i} + \omega_{ki,j})\, dx_k \wedge dx_i \wedge dx_j \\ &= \sum_{k,i,j=1}^{m} (\omega_{ij,k} + \omega_{jk,i} + \omega_{ki,j})\, dx_k \otimes dx_i \otimes dx_j. \end{aligned}$$

Daher ist eine 2-Form genau dann geschlossen, wenn

$$\omega_{ij,k} + \omega_{jk,i} + \omega_{ki,j} = 0, \text{ für alle } i, j, k = 1, \ldots, m.$$

(d) Sind $\omega \in \Omega^k(M)$ und $\sigma \in \Omega^l(M)$ geschlossen, so ist auch $\omega \wedge \sigma$ geschlossen, denn

$$d(\omega \wedge \sigma) = d\omega \wedge \sigma + (-1)^k \omega \wedge d\sigma = 0 + 0 = 0.$$

(e) Ist $\omega \in \Omega^k(M)$ exakt und ist $\sigma \in \Omega^l(M)$ geschlossen, so ist auch $\omega \wedge \sigma$ exakt, denn wenn $\omega = d\eta$, so ist

$$d(\eta \wedge \sigma) = d\eta \wedge \sigma + (-1)^{k-1} \eta \wedge d\sigma = d\eta \wedge \sigma = \omega \wedge \sigma.$$

7.2.4 Integration von m-Formen

Wir werden in diesem Abschnitt sehen, dass sich auf orientierten Untermannigfaltigkeiten M eine Möglichkeit ergibt, Integrale von Differentialformen ω vom Grad $m = \dim M$ zu erklären. Der Grund hierfür ist, dass das Transformationsverhalten von ω unter Kartenwechseln mit der Transformationsformel des LEBESGUE-Integrals harmoniert, falls der Kartenwechsel die Orientierung erhält.

7.27 Definition
$M \subset \mathbb{R}^n$ sei eine glatte Untermannigfaltigkeit mit $\dim M = m$. $\omega \in \Omega^m(M)$ heißt *Volumenform* auf M, falls $\omega|_p(e_1, \ldots, e_m) \neq 0$ für jede Basis $e_1, \ldots, e_m \in T_pM$ und für jeden Punkt $p \in M$.

Die Existenz von Volumenformen auf Untermannigfaltigkeiten hängt mit der Orientierbarkeit zusammen.

7.28 Satz
M sei eine glatte orientierte Untermannigfaltigkeit der Dimension m. Dann existiert eine kanonische Volumenform $\omega_M \in \Omega^m(M)$, welche bezüglich jeder positiv orientierten lokalen Einbettung

$$F : \Omega \to U \subset M$$

die Gestalt

$$F^*\omega_M = \sqrt{\det G(x)}dx_1 \wedge \ldots \wedge dx_m$$

besitzt. Hierbei ist $G(x) = (g_{ij}(x))_{i,j=1,\ldots,m}$ mit

$$g_{ij}(x) = \left\langle \frac{\partial F}{\partial x_i}(x), \frac{\partial F}{\partial x_j}(x) \right\rangle$$

die erste Fundamentalform von F.

Beweis: F besitzt als lokale Einbettung maximalen Rang, sodass die Matrix $G(x) = (g_{ij}(x))_{i,j=1,\ldots,m}$ positiv definit ist. Damit ist die lokale Form $\sqrt{\det G(x)}\, dx_1 \wedge \ldots \wedge dx_m$ definiert und verschwindet nirgends. Sie repräsentiert eine m-Form ω_U auf $U = F(\Omega)$. Damit ist alles gezeigt, falls wir nachweisen können, dass sich $F^*\omega_U$ unter orientierungserhaltenden Kartenwechseln richtig transformiert, das heißt wie eine auf M definierte m-Form. Sei hierzu $\tilde{F} : \tilde{\Omega} \to \tilde{U}$ eine weitere positiv orientierte lokale Einbettung mit $U \cap \tilde{U} \neq \varnothing$. Es gilt

$$\frac{\partial \tilde{F}}{\partial \tilde{x}_i}(\tilde{x}) = \sum_{k=1}^{m} \frac{\partial F}{\partial x_k}(x) \frac{\partial x_k}{\partial \tilde{x}_i}(\tilde{x})$$

und daher

$$\tilde{g}_{ij}(\tilde{x}) = \sum_{k,l=1}^{m} g_{kl}(x) \frac{\partial x_k}{\partial \tilde{x}_i}(\tilde{x}) \frac{\partial x_l}{\partial \tilde{x}_j}(\tilde{x}).$$

Daraus folgt mit dem Determinantenmultiplikationssatz

$$\begin{aligned} &\sqrt{\det(\tilde{g}_{ij}(\tilde{x}))_{i,j}} \\ = \;& \sqrt{\det(g_{kl}(x))_{k,l}} \cdot \left| \det \left(\frac{\partial x_i}{\partial \tilde{x}_j}(\tilde{x}) \right)_{i,j} \right| \\ = \;& \sqrt{\det(g_{kl}(x))_{k,l}} \cdot \det \left(\frac{\partial x_i}{\partial \tilde{x}_j}(\tilde{x}) \right)_{i,j}, \end{aligned}$$

denn der Kartenwechsel besitzt nach Voraussetzung eine positive Funktionaldeterminante, weil er die Orientierung erhält. Aus der Transformationsregel für m-Formen in (7.2.8) ergibt sich jetzt

$$\begin{aligned} \tilde{F}^*\omega_{\tilde{U}} &= \sqrt{\det \tilde{G}(\tilde{x})} d\tilde{x}_1 \wedge \ldots \wedge d\tilde{x}_m \\ &= \sqrt{\det G(x)} \cdot \det \left(\frac{\partial x_i}{\partial \tilde{x}_j}(\tilde{x}) \right)_{i,j} d\tilde{x}_1 \wedge \ldots \wedge d\tilde{x}_m \\ &= \sqrt{\det G(x)} dx_1 \wedge \ldots \wedge dx_m = F^*\omega_U . \end{aligned}$$

Somit gilt $\omega_{\tilde{U}}|_{U \cap \tilde{U}} = \omega_U|_{U \cap \tilde{U}}$. Indem man M durch Kartengebiete $(U_\alpha)_{\alpha \in I}$ überdeckt, kann man ω_M in jedem Punkt $p \in M$ durch $\omega_M|_p := \omega_{U_\alpha}|_p$ definieren, falls $p \in U_\alpha$. Insbesondere ist dann $\omega_M|_U = \omega_U$ für jedes Kartengebiet $U \subset M$. □

Die Umkehrung des letzten Satzes ist auch richtig, das heißt es gilt die folgende Aussage:

7.29 Satz
Existiert auf einer glatten Untermannigfaltigkeit M eine Volumenform, so ist M orientierbar.

Beweis: Es sei ω_M eine Volumenform auf M. Ist $e_1, \ldots, e_m \in T_pM$ dann eine beliebige Basis, so ist entweder $\omega_M|_p(e_1, \ldots, e_m) > 0$ oder $\omega_M|_p(e_1, \ldots, e_m) < 0$. Man lege nun die Orientierung in $p \in M$ jeweils so fest, dass eine Basis $e_1, \ldots, e_m$ von T_pM genau dann positiv orientiert heiße, wenn $\omega_M|_p(e_1, \ldots, e_m) > 0$. Dies ist wegen des Transformationsverhaltens von $\omega_M|_p(e_1, \ldots, e_m)$ unter Basiswechseln wohl-definiert. Daraus ergibt sich sofort die Behauptung. □

Die vorstehenden Ergebnisse lassen sich problemlos auf Untermannigfaltigkeiten mit Rand übertragen. Wir fassen dies im folgenden Satz zusammen.

7.30 Satz
Gegeben sei eine Untermannigfaltigkeit M mit Rand. Dann gelten die folgenden Aussagen.

(a) *M ist genau dann orientierbar, wenn auf M eine Volumenform existiert.*

(b) *Auf orientierten Untermannigfaltigkeiten M mit Rand gibt es eine kanonische Volumenform ω_M, welche bezüglich jeder positiv orientierten lokalen Einbettung $F : \Omega \to U \subset M$ die Gestalt $F^*\omega_M = \sqrt{\det(g_{ij})_{i,j}}dx_1 \wedge \ldots \wedge dx_m$ annimmt.*

(c) *Ist M orientiert und haben wir ∂M mit der in Definition 7.10 erklärten verträglichen Orientierung versehen, so ist ω_M mit der kanonischen Volumenform $\omega_{\partial M}$ des Randes verknüpft durch*

$$\begin{aligned}\omega_{\partial M}(e_1, \ldots, e_{m-1}) &= (-1)^m \omega_M(e_1, \ldots, e_{m-1}, \nu)\\ &= -\omega_M(\nu, e_1, \ldots, e_{m-1})\\ &= -(\nu \lrcorner\, \omega_M)(e_1, \ldots, e_{m-1}),\end{aligned}$$

wobei ν der nach innen gerichtete Einheitsnormalenvektor des Randes ist und $(\nu \lrcorner\, \omega_M)$ das innere Produkt von ν mit ω_M, gegeben durch die $(m-1)$-Form $\nu \lrcorner\, \omega_M \in \Omega^{m-1}(\partial M)$ mit

$$(\nu \lrcorner\, \omega_M)(e_1, \ldots, e_{m-1}) := \omega_M(\nu, e_1, \ldots, e_{m-1}),$$

bezeichnet.

Beweis: (a) und (b) sind klar. Für (c) berücksichtige man die Definition der Orientierung des Randes und die Tatsache, dass es zu einem Randpunkt $p \in \partial M$ eine lokale Einbettung $F : \Omega \to U \subset M$ mit $\Omega \subset \mathbb{R}^m_+$, $p \in U$, $\frac{\partial F}{\partial x_m}(x_1, \ldots, x_{m-1}, 0) = \nu(F(x_1, \ldots, x_{m-1}, 0))$ gibt, sodass dann am Rand die erste Fundamentalform von M in p die Gestalt

$$(g_{ij})_{i,j=1,\ldots,m} = \begin{pmatrix} (g_{ij})_{i,j=1,\ldots,m-1} & 0 \\ 0 & 1 \end{pmatrix}$$

besitzt. Dabei muss $(g_{ij})_{i,j=1,\ldots,m-1}$ die erste Fundamentalform von ∂M am selben Punkt sein. □

Die Existenz einer Volumenform erlaubt uns nun, jede m-Form als Vielfaches hiervon zu betrachten.

7.31 Lemma

ω_M sei eine Volumenform auf der glatten Untermannigfaltigkeit M. Dann existiert zu jeder m-Form $\omega \in \Omega^m(M)$ eine eindeutig bestimmte Funktion $f \in C^\infty(M)$ mit $\omega = f\omega_M$.

Beweis: Wählt man eine beliebige Basis $e_1, \ldots, e_m \in T_pM$, so ist $\omega_M|_p(e_1, \ldots, e_m) \neq 0$ und der Ausdruck

$$f(p) := \frac{\omega|_p(e_1, \ldots, e_m)}{\omega_M|_p(e_1, \ldots, e_m)}$$

ist erklärt und unabhängig von der gewählten Basis, da sich Zähler und Nenner bei einem Basiswechsel gleich transformieren. Daraus ergibt sich

$$\omega|_p = f(p)\omega_M|_p, \quad \text{für alle } p \in M.$$

Weil sowohl ω als auch ω_M glatt sind, trifft dies nun ebenfalls auf die Funktion f zu. Die Eindeutigkeit ist klar. □

Lemma 7.31 ermöglicht, m-Formen auf orientierten Untermannigfaltigkeiten der Dimension m zu integrieren.

7.32 Definition

Gegeben sei eine m-Form $\omega \in \Omega^m(M)$ auf einer glatten orientierten Untermannigfaltigkeit der Dimension m (mit oder ohne Rand). ω_M bezeichne die kanonische Volumenform und μ_M das Lebesgue-Maß auf M. Ist die in Lemma 7.31 beschriebene glatte Funktion f mit $\omega = f\omega_M$ bezüglich μ_M integrierbar, so setzen wir

$$\int_M \omega := \int_M f d\mu_M.$$

7.33 Bemerkung

(a) Ist $\operatorname{supp}\omega$ kompakt, zum Beispiel weil M kompakt ist, so ist f automatisch integrierbar.

(b) Dreht man die Orientierung von M um, so ändert sich das Vorzeichen der kanonischen Volumenform ω_M und entsprechend dann auch die Vorzeichen der Funktionen f. Daraus resultiert, dass sämtliche Integrale über m-Formen bei einem Orientierungswechsel ihre Vorzeichen ändern.

(c) Für die kanonische Volumenform ist $f \equiv 1$, sodass

$$\int_M \omega_M = \int_M d\mu_M = \operatorname{Vol}(M)$$

das m-dimensionale Volumen von M ist. Daher stammt auch die Bezeichnung *Volumenform*.

(d) Ist $F : \Omega \to U \subset M$ eine positiv orientierte lokale Einbettung und gilt $F^*\omega = u dx_1 \wedge \ldots \wedge dx_m$, so ist

$$\int_U \omega = \int_\Omega F^*\omega = \int_\Omega u(x) d\lambda_m(x)$$

mit dem üblichen LEBESGUE-Maß des $\mathbb{R}^m$. Dies folgt, weil das Maß $d\mu_M$ nach Gleichung (6.2.2) lokal durch

$$\sqrt{\det(g_{ij})_{i,j}} d\lambda_m$$

und die kanonische Volumenform ω_M lokal durch

$$\sqrt{\det(g_{ij})_{i,j}} dx_1 \wedge \ldots \wedge dx_m$$

dargestellt werden und weil die Koordinaten $(x_1, \ldots, x_m)$ nach Voraussetzung positiv orientiert sind.

7.3 Der Satz von Stokes

Wir formulieren nun den Satz von STOKES.

7.34 Satz (Satz von Stokes)
M sei eine orientierte Untermannigfaltigkeit der Dimension m mit Rand ∂M, welcher die verträgliche Orientierung trage. Dann gilt für jedes $\omega \in \Omega^{m-1}(M)$ mit kompaktem Träger

$$\int_M d\omega = \int_{\partial M} \omega. \tag{7.3.1}$$

Beweis: Wir unterteilen den Beweis in mehrere Schritte.

(i) $F : \Omega \to U \subset M$ sei eine positiv orientierte lokale Einbettung mit einer offenen Teilmenge $\Omega \subset \mathbb{R}^m$ und $\omega \in \Omega^{m-1}(M)$ habe einen kompakten Träger mit $\operatorname{supp} \omega \subset U$. Der Träger von $F^*\omega$ ist dann eine kompakte Teilmenge von Ω. Die $(m-1)$-Form $F^*\omega$ lässt sich mit geeigneten Funktionen $a_1, \ldots, a_m \in C^\infty(\Omega)$ in diesen Koordinaten in der Form

$$F^*\omega = \sum_{j=1}^{m} (-1)^{j-1} a_j dx_1 \wedge \ldots \wedge dx_{j-1} \wedge dx_{j+1} \wedge \ldots \wedge dx_m$$

schreiben und damit wird

$$F^* d\omega = dF^*\omega = \left(\sum_{j=1}^{m} \frac{\partial a_j}{\partial x_j} \right) dx_1 \wedge \ldots \wedge dx_m.$$

Da $K := \operatorname{supp} F^*\omega$ eine kompakte Teilmenge ist, existiert ein Würfel $W := [-r, r]^m \subset \mathbb{R}^m$ mit $\operatorname{supp} F^*\omega \subset W$. Wir setzen die Funktionen $a_1, \ldots, a_m$ durch 0 auf $W \backslash K$ fort. Insbesondere impliziert dies $F^*\omega|_{\partial W} = 0$. Dann ist

$$\int_M d\omega = \int_\Omega F^* d\omega$$

$$= \int_W \Big(\sum_{j=1}^{m} \frac{\partial a_j}{\partial x_j} \Big)(x) dx_1 \ldots dx_m = \sum_{j=1}^{m} \int_W \frac{\partial a_j}{\partial x_j}(x) dx_1 \ldots dx_m$$

$$= \sum_{j=1}^{m} \int_{[-r,r]^{m-1}} \left(\int_{-r}^{r} \frac{\partial a_j}{\partial x_j}(x) dx_j \right) dx_1 \ldots dx_{j-1} dx_{j+1} \ldots dx_m.$$

Wir wenden jetzt den Fundamentalsatz der Differential- und Integralrechnung auf das mittlere Integral an und erhalten

$$\int_{-r}^{r} \frac{\partial a_j}{\partial x_j}(x)dx_j = a_j(x_1, \ldots, x_{j-1}, r, x_{j+1}, \ldots, x_m) \\ -a_j(x_1, \ldots, x_{j-1}, -r, x_{j+1}, \ldots, x_m) = 0,$$

denn weil der Träger von $F^*d\omega$ relativ kompakt in Ω ist, gilt

$$\begin{aligned} & a_j(x_1, \ldots, x_{j-1}, r, x_{j+1}, \ldots, x_m) \\ = \; & a_j(x_1, \ldots, x_{j-1}, -r, x_{j+1}, \ldots, x_m) = 0. \end{aligned}$$

Damit ist aber ebenfalls

$$\int_M d\omega = 0.$$

Weil nach Voraussetzung $U = F(\Omega)$ und Ω offen in $\mathbb{R}^m$ ist, gilt $U \cap \partial M = \varnothing$ und aus $\operatorname{supp}\omega \subset U$ folgt $\omega|_{\partial M} = 0$. Daher ist genauso

$$\int_{\partial M} \omega = 0.$$

Insbesondere

$$\int_M d\omega = \int_{\partial M} \omega.$$

(ii) Ähnlich wie unter (i) sei nun $F : \Omega \to U \subset M$ eine positiv orientierte lokale Einbettung mit einer relativ offenen Teilmenge $\Omega \subset \mathbb{R}_+^m$ und $\omega \in \Omega^{m-1}(M)$ habe einen kompakten Träger mit $\operatorname{supp}\omega \subset U$. Da der Träger $K := \operatorname{supp} F^*\omega$ nun eine kompakte Teilmenge in $\mathbb{R}_+^m$ ist, existiert jetzt ein Halbwürfel $W_+ := [-r, r]^{m-1} \times [0, r] \subset \mathbb{R}_+^m$ mit $\operatorname{supp} F^*\omega \subset W_+$. Wir setzen die Funktionen $a_1, \ldots, a_m$ wieder durch 0 auf $W_+ \setminus K$

fort. Genau wie unter (i) wird

$$\int_M d\omega = \int_\Omega F^* d\omega$$

$$= \int_{W_+} \Big(\sum_{j=1}^m \frac{\partial a_j}{\partial x_j}\Big)(x) dx_1 \dots dx_m = \sum_{j=1}^m \int_{W_+} \frac{\partial a_j}{\partial x_j}(x) dx_1 \dots dx_m$$

$$= \sum_{j=1}^{m-1} \int_{W_+} \frac{\partial a_j}{\partial x_j}(x) dx_1 \dots dx_m$$

$$+ \int_{[-r,r]^{m-1}} \left(\int_0^r \frac{\partial a_m}{\partial x_m}(x) dx_m \right) dx_1 \dots dx_{m-1}.$$

Wenden wir erneut den Fundamentalsatz der Differential- und Integralrechnung an, so verschwindet wie unter (i) die erste Summe im letzten Ausdruck und es bleibt übrig

$$\int_M d\omega = \int_{[-r,r]^{m-1}} \left(\int_0^r \frac{\partial a_m}{\partial x_m}(x) dx_m \right) dx_1 \dots dx_{m-1}$$

$$= \int_{[-r,r]^{m-1}} \big(a_m(x_1, \dots, x_{m-1}, r) - a_m(x_1, \dots, x_{m-1}, 0)\big) \cdot$$

$$\cdot dx_1 \dots dx_{m-1}$$

$$= - \int_{[-r,r]^{m-1}} a_m(x_1, \dots, x_{m-1}, 0) dx_1 \dots dx_{m-1}.$$

$(x_1, \dots, x_{m-1})$ ist ein lokales Koordinatensystem für $\partial M \cap U$ und da $x_m(p) = 0$ für $p \in U \cap \partial M$, gilt dort

$$F^*\omega = (-1)^{m-1} a_m(x_1, \dots, x_{m-1}, 0) dx_1 \wedge \dots \wedge dx_{m-1}.$$

Nach Konstruktion der verträglichen Orientierung auf ∂M ist $\xi := (x_1, \dots, x_{m-1})$ für gerades m positiv und für ungerades m negativ orientiert. Die Definition des Integrals impliziert somit:

- Falls m gerade:

$$\int_{\partial M} \omega = (-1)^{m-1} \int_{[-r,r]^{m-1}} a_m(\xi, 0) d\xi,$$

- und falls m ungerade:

$$\int_{\partial M} \omega = (-1)^m \int_{[-r,r]^{m-1}} a_m(\xi, 0) d\xi.$$

In jedem Fall folgt also

$$\int_{\partial M} \omega = -\int_{[-r,r]^{m-1}} a_m(\xi, 0) d\xi = \int_M d\omega.$$

(iii) Im allgemeinen Fall wählen wir erst eine Familie von positiv orientierten lokalen Einbettungen $F_\alpha : \Omega_\alpha \to U_\alpha \subset M$, $\alpha \in I$, mit relativ offenen Teilmengen $\Omega_\alpha \subset \mathbb{R}^m_+$ und relativ offenen Teilmengen $U_\alpha \subset M$, sodass $(U_\alpha)_{\alpha\in I}$ eine lokal endliche Überdeckung von M bildet. Zusätzlich kann ohne Einschränkung bezüglich der Überdeckung $(U_\alpha)_{\alpha\in I}$ eine Zerlegung der Eins $(f_\alpha)_{\alpha\in I}$ mit supp $f_\alpha \subset U_\alpha$ gewählt werden. Da ω einen kompakten Träger besitzt, gibt es höchstens endlich viele Indizes $\alpha \in I$ mit

$$U_\alpha \cap \operatorname{supp} \omega \neq \varnothing,$$

denn die Überdeckung ist lokal endlich. Demnach verschwinden bis auf eine endliche Anzahl $\alpha_1, \ldots, \alpha_k \in I$ alle Formen $\omega_\alpha := f_\alpha \omega$. Da $\sum_{\alpha\in I} f_\alpha = 1$, folgt

$$\omega = \sum_{i=1}^{k} \omega_{\alpha_i}. \qquad (*)$$

Abgeschlossene Teilmengen kompakter Mengen sind kompakt und weil nach Voraussetzung ω einen kompakten Träger besitzt, sind die Träger der Formen ω_{α_i} kompakt und in U_{α_i} enthalten. Wir können deshalb Teil (i) und (ii) auf ω_{α_i} anwenden und erhalten für jede dieser Formen die Gleichung

$$\int_M d\omega_{\alpha_i} = \int_{\partial M} \omega_{\alpha_i}.$$

Wegen (*) folgt jetzt

$$\begin{aligned} \int_M d\omega &= \int_M d\left(\sum_{i=1}^{k} \omega_{\alpha_i}\right) = \sum_{i=1}^{k} \int_M d\omega_{\alpha_i} \\ &= \sum_{i=1}^{k} \int_{\partial M} \omega_{\alpha_i} = \int_{\partial M} \sum_{i=1}^{k} \omega_{\alpha_i} = \int_{\partial M} \omega. \end{aligned}$$

Damit ist der Satz von STOKES bewiesen. □

Der Satz von STOKES wird oft wie folgt benutzt.

7.35 Korollar

M sei eine m-dimensionale kompakte orientierte Untermannigfaltigkeit mit $\partial M = \varnothing$. Dann gilt $\int_M d\omega = 0$ für alle $\omega \in \Omega^{m-1}(M)$.

7.36 Bemerkung

(a) Wir haben in den letzten Abschnitten meist vorausgesetzt, dass die Untermannigfaltigkeit M glatt und dass auch die darauf betrachteten Objekte glatt sind. Dies geschah mehr aus Bequemlichkeit, als aus Notwendigkeit. In der Tat reichen meist wesentlich schwächere Regularitäten aus. Der Satz von STOKES und die meisten folgenden Sätze lassen sich problemlos beweisen, wenn man bloß voraussetzt, dass M und die darauf betrachteten Formen stetig differenzierbar sind. Selbst diese Regularitäten lassen sich zum Teil noch weiter abschwächen (vergleiche hierzu insbesondere mit Aufgabe 7.7).

(b) Der Beweis des Satzes von STOKES ergibt sich im Wesentlichen aus der Anwendung des Fundamentalsatzes der Differential- und Integralrechnung. Umgekehrt ist dieser ein Spezialfall des Satzes. Ein kompaktes Intervall $M := [a, b]$ ist eine kompakte, orientierte 1-dimensionale Untermannigfaltigkeit mit Rand $\partial M = \{a\} \cup \{b\}$. Es gilt also für differenzierbare Funktionen f (0-Formen) die Gleichung

$$\int_{[a,b]} df = \int_{\{a\}\cup\{b\}} f.$$

Orientiert man das Intervall in üblicher Weise mittels einer Durchlaufrichtung von links nach rechts, das heißt durch Auszeichnung von $e_1 = \frac{\partial}{\partial x}$ als positiv orientierte Basis, so wird das Randintegral über der 0-dimensionalen Untermannigfaltigkeit $\partial M = \{a\} \cup \{b\}$ durch den Funktionswert, multipliziert mit 1 bzw. -1 berechnet. Die Volumenform des Randes ist ja $\omega_{\partial M} = \nu \lrcorner \omega_M = \nu \lrcorner dx$, mit dem äußeren Einheitsnormalenvektor ν. Dieser stimmt in b mit e_1 und in a mit $-e_1$ überein, sodass $dx|_b(\nu|_b) = 1$ und $dx|_a(\nu|_a) = -1$. Daraus ergibt sich

$$\int_{\{a\}\cup\{b\}} f = f(b) - f(a)$$

und dann wegen der getroffenen Auswahl für die Orientierung von $[a, b]$ auch

$$\int_{[a,b]} df = \int_a^b f'(x)dx = f(b) - f(a).$$

Das ist der Fundamentalsatz der Differential- und Integralrechnung.

7.3.1 Divergenzsätze

Wir stellen einige Korollare aus dem Satz von STOKES vor. Hierzu zählen zum Beispiel der *Divergenzsatz* (GAUSSSCHER *Integralsatz*), und die CAUCHYSCHE *Integralformel*.

7.37 Korollar
$M \subset \mathbb{R}^2$ sei eine kompakte 2-dimensionale Untermannigfaltigkeit mit Rand und versehen mit der üblichen Orientierung des $\mathbb{R}^2$. Für glatte Funktionen $f, g : M \to \mathbb{R}$ ist dann

$$\int_M \left(\frac{\partial g}{\partial x} - \frac{\partial f}{\partial y}\right) dxdy = \int_{\partial M} \left(fdx + gdy\right).$$

***Beweis*:** Man betrachte die 1-Form $\omega = fdx + gdy$. Wegen

$$d\omega = \left(\frac{\partial g}{\partial x} - \frac{\partial f}{\partial y}\right) dx \wedge dy,$$

folgt die Behauptung aus dem Satz von STOKES. □

7.38 Beispiel
Für $0 < r < R$ betrachten wir den Annulus

$$M = A(r, R) := \left\{(x, y) \in \mathbb{R}^2 : r^2 \leq x^2 + y^2 \leq R^2\right\}$$

und die 1-Form $\omega = xdy$, das heißt hier sei $f = 0, g = x$. Dann ist

$$\int_M d\omega = \int_M dx \wedge dy = \int_M dxdy = |A(r, R)|,$$

wobei $|A(r, R)|$ den Flächeninhalt des Annulus angibt. Der Rand von $A(r, R)$ zerfällt in die beiden Kurven

$$\begin{aligned} \partial A(r, R) &= \left\{(x, y) : x^2 + y^2 = r^2\right\} \cup \left\{(x, y) : x^2 + y^2 = R^2\right\} \\ &= \mathbb{S}^1(r) \cup \mathbb{S}^1(R). \end{aligned}$$

Um das Randintegral explizit zu berechnen, müssen wir uns noch Gedanken über die Orientierung machen. Die Orientierung der beiden Randkurven wird duch ihre Durchlaufrichtung bestimmt. Weil hier $\dim M = 2$, ist für ein positiv orientiertes Koordinatensystem (x, y) des $\mathbb{R}^2$ die Randkurve verträglich orientiert, wenn der um $\pi/2$ nach links gedrehte Geschwindigkeitsvektor der Kurve ins Innere von M zeigt. Damit ist also durch

$$c_R(\phi) := \big(R\cos\phi, R\sin\phi\big)$$

eine verträgliche Orientierung auf $\mathbb{S}^1(R)$ und durch

$$c_r(\phi) := \big(r\sin\phi, r\cos\phi\big)$$

eine verträgliche Orientierung auf $\mathbb{S}^1(r)$ gegeben. Hiermit wird

$$\begin{aligned}\int_{\mathbb{S}^1(R)} xdy &= \int_{[0,2\pi]} c_R^*(xdy) = \int_0^{2\pi} R\cos\phi d(R\sin\phi) \\ &= \int_0^{2\pi} R^2\cos^2\phi d\phi = R^2\pi.\end{aligned}$$

Entsprechend ist

$$\begin{aligned}\int_{\mathbb{S}^1(r)} xdy &= \int_{[0,2\pi]} c_r^*(xdy) = \int_0^{2\pi} r\sin\phi d(R\cos\phi) \\ &= -\int_0^{2\pi} r^2\sin^2\phi d\phi = -r^2\pi.\end{aligned}$$

Insgesamt ergibt sich

$$\int_{\partial M} xdy = (R^2 - r^2)\pi$$

und dies stimmt in der Tat mit dem Flächeninhalt $|A(r, R)|$ überein.

7.39 Korollar
$M \subset \mathbb{R}^3$ sei eine 3-dimensionale kompakte Untermannigfaltigkeit. Sind $f, g, h : M \to \mathbb{R}$ glatte Funktionen, so ist

$$\int_M (f_x + g_y + h_z)dxdydz = \int_{\partial M} fdy\wedge dz + gdz\wedge dx + hdx\wedge dy.$$

***Beweis*:** Für

$$\omega = f dy \wedge dz + g dz \wedge dx + h dx \wedge dy$$

ergibt sich

$$d\omega = (f_x + g_y + h_z) dx \wedge dy \wedge dz.$$

□

7.40 Korollar (Integralsatz von Cauchy)
$M \subset \mathbb{R}^2$ sei eine kompakte 2-dimensionale Untermannigfaltigkeit mit Rand und versehen mit der üblichen Orientierung des $\mathbb{R}^2$. Für $(x, y) \in \mathbb{R}^2 = \mathbb{C}$ setzen wir $z := x + iy$. Dann gilt für jede auf M holomorphe Funktion f

$$\int_{\partial M} f(z) dz = 0.$$

***Beweis*:** Wir zerlegen f in Real- und Imaginärteil

$$f(z) = u(x, y) + iv(x, y)$$

und betrachten die komplexe 1-Form

$$\omega := f dz = (u + iv)(dx + idy) = udx - vdy + i(vdx + udy) = \omega_1 + i\omega_2$$

mit

$$\omega_1 := udx - vdy\,, \quad \omega_2 := vdx + udy.$$

Dann ist

$$\int_{\partial M} f dz = \int_{\partial M} \omega_1 + i \int_{\partial M} \omega_2 = \int_M d\omega.$$

Nun gilt aber

$$d\omega = d\omega_1 + i d\omega_2$$

und

$$d\omega_1 = -(v_x + u_y) dx \wedge dy, \quad d\omega_2 = (u_x - v_y) dx \wedge dy.$$

Somit gilt

$$d\omega = 0 \quad \Leftrightarrow \quad u_x = v_y, \quad u_y = -v_x.$$

Dies sind die CAUCHY–RIEMANNSCHEN Differentialgleichungen, also ist ω genau dann geschlossen, wenn f holomorph ist. In diesem Fall wird dann

$$\int_{\partial M} f dz = 0.$$

□

Aus diesem Korollar lässt sich unmittelbar die *Integralformel von* CAUCHY herleiten. Mit denselben Bezeichnungen wie oben ist für $z_0 \in M^\circ$ die Funktion

$$g : M \to \mathbb{C}, \quad g(z) := \begin{cases} \frac{f(z)-f(z_0)}{z-z_0} & , z \neq z_0 \\ f'(z_0) & , z = z_0 \end{cases}$$

holomorph[3]. Da jetzt $\int_{\partial M} g dz = 0$, folgt

$$\int_{\partial M} \frac{f(z)}{z - z_0} dz = f(z_0) \int_{\partial M} \frac{dz}{z - z_0}.$$

Weil z_0 ein innerer Punkt von M ist, existiert ein $r > 0$, sodass die offene Kreisscheibe $U(z_0, r) = \{z : |z - z_0| < r\}$ komplett in M° enthalten ist. Wir definieren die kompakte Untermannigfaltigkeit $\tilde{M} := M \setminus U(z_0, r)$. Es gilt $\partial\tilde{M} = \partial M \cup \partial U(z_0, r)$. Weil die Funktion $1/(z - z_0)$ auf $\tilde{M}$ holomorph ist, folgt wie oben

$$\int_{\partial M} \frac{dz}{z - z_0} + \int_{\partial U(z_0,r)} \frac{dz}{z - z_0} = \int_{\partial \tilde{M}} \frac{dz}{z - z_0} = 0,$$

das heißt

$$\int_{\partial M} \frac{dz}{z - z_0} = -\int_{\partial U(z_0,r)} \frac{dz}{z - z_0}.$$

Um das Integral $\int_{\partial U(z_0,r)} \frac{dz}{z-z_0}$ zu berechnen, müssen wir den Rand $\partial U(z_0, r)$ mit der verträglichen Orientierung versehen, das heißt wir müssen diese Randkurve so durchlaufen, dass der um $\pi/2$ nach links gedrehte Geschwindigkeitsvektor ins Innere von $\tilde{M}$ zeigt. Das bedeutet hier gerade, dass wir $\partial U(z_0, r)$ mit dem Uhrzeigersinn parametrisieren müssen. Das leistet zum Beispiel die folgende Parametrisierung:

$$c : [0, 2\pi) \to \mathbb{C}, \quad c(s) := z_0 + re^{-is}.$$

[3] g ist sicherlich auf $M \setminus \{z_0\}$ holomorph, aber auf ganz M stetig. Dann ist g aber sogar auf ganz M holomorph, da die Singularität in z_0 hebbar ist.

Da $c^*(dz/(z-z_0)) = -ire^{-is}ds/re^{-is} = -ids$, ergibt sich sofort

$$\int_{\partial U(z_0,r)} \frac{dz}{z-z_0} = \int_0^{2\pi} c^*\left(\frac{dz}{z-z_0}\right) = -i\int_0^{2\pi} ds = -2\pi i.$$

Setzen wir dieses Ergebnis oben ein, folgt insgesamt die Integralformel

$$f(z_0) = \frac{1}{2\pi i}\int_{\partial M} \frac{f(z)}{z-z_0}dz. \tag{7.3.2}$$

7.41 Definition
Gegeben sei eine glatte Untermannigfaltigkeit $M \subset \mathbb{R}^n$ mit Rand.

(a) Unter einem glatten *Vektorfeld* auf M verstehen wir eine glatte Abbildung $V : M \to \mathbb{R}^n$, sodass $V(p) \in T_pM$, für alle $p \in M$. Den Raum der glatten Vektorfelder auf M bezeichnen wir mit $\mathfrak{X}(M)$.

(b) Ist M orientiert und ω_M die kanonische Volumenform von M, so existiert zu jedem glatten Vektorfeld $V \in \mathfrak{X}(M)$ eine eindeutig bestimmte glatte Funktion f mit

$$d(V \lrcorner\, \omega_M) = f\omega_M.$$

Wir nennen f die *Divergenz* von V bezüglich ω_M und schreiben hierfür $f = \operatorname{div}(V)$, also $d(V \lrcorner\, \omega_M) = \operatorname{div}(V)\omega_M$.

7.42 Beispiel
(a) $M \subset \mathbb{R}^m$ sei eine m-dimensionale glatte Untermannigfaltigkeit mit Rand. Die kanonische Volumenform ω_M ist dann die Einschränkung der kanonischen Volumenform $dx_1 \wedge \ldots \wedge dx_m$ des $\mathbb{R}^m$ auf M. Ist $V = \sum_{k=1}^m V_k \frac{\partial}{\partial x_k}$ mit Funktionen $V_k \in C^\infty(M)$, $k = 1, \ldots, m$, so wird

$$V \lrcorner\, \omega_M = \sum_{j=1}^m (-1)^{j-1} V_j dx_1 \wedge \ldots \wedge dx_{j-1} \wedge dx_{j+1} \wedge \ldots \wedge dx_m$$

und dann (vergleiche mit dem Beweis des Satzes von STOKES weiter oben)

$$d(V \lrcorner\, \omega_M) = \left(\sum_{j=1}^m \frac{\partial V_j}{\partial x_j}\right) dx_1 \wedge \ldots \wedge dx_m.$$

In diesem Fall ist somit

$$\operatorname{div}(V) = \sum_{j=1}^{m} \frac{\partial V_j}{\partial x_j}.$$

(i) Wir berechnen die Divergenz des Vektorfelds $V(x) = x$. Es ist

$$\operatorname{div}(V) = \sum_{j=1}^{m} \frac{\partial V_j}{\partial x_j} = \sum_{j=1}^{m} \frac{\partial x_j}{\partial x_j} = m.$$

(ii) Jetzt sei $V(x) = \frac{x}{\|x\|^k}$ auf $\mathbb{R}^m \setminus \{0\}$ mit $k \in \mathbb{N}$. Hier gilt

$$\operatorname{div}(V) = \frac{1}{\|x\|^k} \sum_{j=1}^{m} \frac{\partial x_j}{\partial x_j} - \frac{k}{\|x\|^{k+1}} \sum_{j=1}^{m} x_j \frac{\partial \|x\|}{\partial x_j} = \frac{m-k}{\|x\|^k}.$$

Insbesondere folgt $\operatorname{div}(x/\|x\|^m) = 0$. Ein Vektorfeld V mit $\operatorname{div}(V) = 0$ nennt man *divergenzfrei*.

(b) Analog lässt sich die Divergenz von $V \in \mathfrak{X}(M)$ bei einer orientierten Untermannigfaltigkeit $M \subset \mathbb{R}^n$ bezüglich einer positiv orientierten lokalen Einbettung $F : \Omega \to U \subset M$ berechnen. Bezüglich dieser Einbettung ist die kanonische Volumenform ω_M durch

$$F^*\omega_M = \sqrt{\det G}\, dx_1 \wedge \ldots \wedge dx_m$$

gegeben, wobei $G = (g_{kl})_{k,l=1,\ldots,m}$ die erste Fundamentalform bezeichnet. Zum Vektorfeld V gehören eindeutig bestimmte glatte Funktionen $V_1, \ldots, V_m \in C^\infty(\Omega)$ mit

$$F^*V = \sum_{k=1}^{m} V_k \frac{\partial}{\partial x_k}.$$

Dann wird analog zu (a)

$$F^*(V \lrcorner\, \omega_M) = F^*V \lrcorner\, F^*\omega_M$$

$$= \sqrt{\det G} \sum_{j=1}^{m} (-1)^{j-1} V_j dx_1 \wedge \ldots \wedge dx_{j-1} \wedge dx_{j+1} \wedge \ldots \wedge dx_m$$

und damit zunächst

$$\begin{aligned} F^*d(V \lrcorner \omega_M) &= d(F^*V \lrcorner F^*\omega_M) \\ &= \sum_{j=1}^{m} \frac{\partial(\sqrt{\det G} V_j)}{\partial x_j} dx_1 \wedge \ldots \wedge dx_m \\ &= \frac{1}{\sqrt{\det G}} \sum_{j=1}^{m} \frac{\partial(\sqrt{\det G} V_j)}{\partial x_j} F^*\omega_M, \end{aligned}$$

sodass wir die Formeln

$$\operatorname{div}(V) = \frac{1}{\sqrt{\det G}} \sum_{j=1}^{m} \frac{\partial(\sqrt{\det G} V_j)}{\partial x_j} \tag{7.3.3}$$

$$= \sum_{j=1}^{m} \frac{\partial V_j}{\partial x_j} + \frac{1}{2} \sum_{j=1}^{m} V_j \frac{\partial \log \det G}{\partial x_j} \tag{7.3.4}$$

erhalten haben. Die Formel für die Divergenz in Teil (a) ist ein Spezialfall hiervon, da in (a) für F die Identität genommen werden darf und somit die erste Fundamentalform zu $g_{ij} = \delta_{ij}$ mit $\det G = 1$ wird.

Wir zeigen als nächstes den *Divergenzsatz*, auch bekannt als GAUSSSCHER *Integralsatz*.

7.43 Satz (Divergenzsatz, Gaußscher Integralsatz)
M sei eine orientierte Untermannigfaltigkeit der Dimension m mit Rand ∂M. μ_M bzw. $\mu_{\partial M}$ seien die LEBESGUE-*Maße auf M bzw. ∂M. Dann gilt für jedes Vektorfeld $V \in \mathfrak{X}(M)$ mit kompaktem Träger*

$$\int_M \operatorname{div}(V) d\mu_M = \int_{\partial M} \langle V, \nu \rangle d\mu_{\partial M}, \tag{7.3.5}$$

wobei ν das nach außen gerichtete Einheitsnormalenfeld entlang des Randes ist.

***Beweis*:** Nach Definition 7.32, nach Definition der Divergenz sowie nach dem Satz von STOKES ist

$$\int_M \operatorname{div}(V) d\mu_M = \int_M \operatorname{div}(V) \omega_M = \int_M d(V \lrcorner \omega_M) = \int_{\partial M} V \lrcorner \omega_M$$

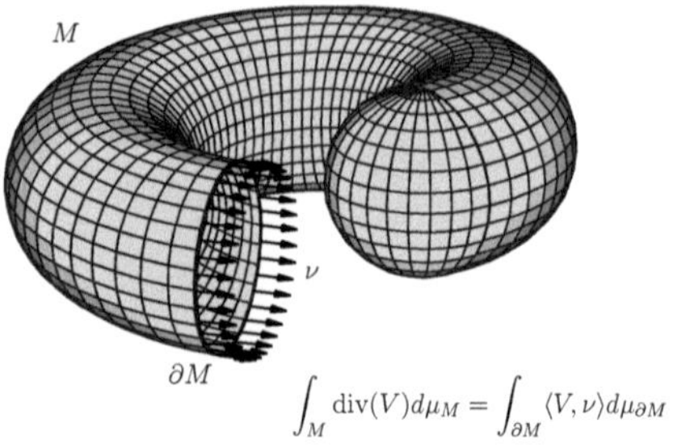

Abbildung 7.5: Der Divergenzsatz für eine Untermannigfaltigkeit mit Rand.

mit der verträglichen Orientierung auf dem Rand. Für beliebige Vektorfelder $E_1, \ldots, E_{m-1} \in \mathfrak{X}(\partial M)$ gilt jedoch

$$\begin{aligned}(V \lrcorner \omega_M)(E_1, \ldots, E_{m-1}) &= \omega_M(V, E_1, \ldots, E_{m-1}) \\ &= \langle V, \nu \rangle \omega_M(\nu, E_1, \ldots, E_{m-1}),\end{aligned}$$

denn in jedem $p \in \partial M$ müssen wegen $\dim \partial M = m - 1$ die an ∂M tangentialen Vektoren $V(p) - \langle V(p), \nu(p) \rangle \nu(p), E_1(p), \ldots, E_{m-1}(p)$ linear abhängig sein, sodass die m-Form ω_M angewandt auf diese Vektoren verschwindet. Nach Satz 7.30(c) gilt für die kanonische Volumenform $\omega_{\partial M}$ des Randes mit der verträglichen Orientierung die Gleichung (man beachte dabei, dass ν hier nach außen gerichtet ist)

$$\omega_{\partial M} = \nu \lrcorner \omega_M .$$

Setzen wir dies oben ein, so ergibt sich

$$(V \lrcorner \omega_M) = \langle V, \nu \rangle \omega_{\partial M} .$$

Benutzen wir erneut Definition 7.32, so folgt insgesamt

$$\int_M \operatorname{div}(V) d\mu_M = \int_{\partial M} V \lrcorner \omega_M = \int_{\partial M} \langle V, \nu \rangle \omega_{\partial M} = \int_{\partial M} \langle V, \nu \rangle d\mu_{\partial M} .$$

Das war zu zeigen. □

7.44 Beispiel
Es sei $\gamma \subset \mathbb{R}^2$ eine einfach geschlossene glatte Kurve. Das Innere von γ sei die offene Menge Ω. Dann ist der Flächeninhalt $\lambda_2(\Omega)$ gegeben durch

$$\lambda_2(\Omega) = \frac{1}{2}\int_\gamma \langle p, \nu(p)\rangle d\mu_\gamma(p),$$

wobei ν der nach außen gerichtete Einheitsnormalenvektor im Punkt $p \in \gamma$ ist.

Beweis: Das Vektorfeld $V(x) = x$ besitzt die Divergenz 2. Daher gilt $\int_\Omega \operatorname{div}(V) d\mu_\Omega = 2\lambda_2(\Omega)$. Andererseits folgt aus dem Divergenzsatz

$$\int_\Omega \operatorname{div}(V) d\mu_\Omega = \int_{\partial\Omega} \langle V, \nu\rangle d\mu_{\partial\Omega} = \int_\gamma \langle p, \nu(p)\rangle d\mu_\gamma(p).$$

⊛

Dies erklärt noch nachträglich, warum wir in Beispiel 6.15 beim Kurvenintegral genau den doppelten Flächeninhalt des eingeschlossenen Kreises erhalten hatten.

Aufgaben

Untermannigfaltigkeiten mit Rand

Aufgabe 7.1
Zwei orientierte Untermannigfaltigkeiten $M_1, M_2 \subset \mathbb{R}^n$ heißen *orientiert kobordant*, wenn es eine orientierte Untermannigfaltigkeit $N \subset \mathbb{R}^n$ mit Rand gibt, sodass $\partial N = M_1 \cup \overline{M_2}$. Hierbei ist die Orientierung auf ∂N die mit der Orientierung auf N verträgliche Orientierung und $\overline{M_2}$ ist M_2 mit der entgegengesetzten Orientierung. Man zeige, dass *orientiert kobordant* eine Äquivalenzrelation auf der Menge der orientierten Untermannigfaltigkeiten erklärt.

Differentialformen auf Untermannigfaltigkeiten

Aufgabe 7.2
Für $M = \mathbb{R}^3$ betrachte man die Formen

$$\omega := yz\,dx + xz\,dy + xy\,dz; \qquad \eta := x\,dx + x^2y^2\,dy + yz\,dz;$$
$$\sigma := 2xy^2 dx \wedge dy + z\,dy \wedge dz$$

und entscheide, welche der Formen exakt bzw. geschlossen sind.

Aufgabe 7.3 (Poincaré-Lemma für 1-Formen)

(a) $\omega = \sum_{k=1}^{n} \omega_k(x) dx_k$ sei eine geschlossene 1-Form auf $U(0,r) \subset \mathbb{R}^n$. Man zeige, dass ω auch exakt ist.

Hinweis: Man untersuche $f(x) := \int_0^1 \left(\sum_{j=1}^{n} \omega_j(tx) x_j \right) dt$.

(b) Auf $\mathbb{R}^2 \setminus \{0\}$ betrachten wir die 1-Form $\omega := \frac{-y}{x^2+y^2} dx + \frac{x}{x^2+y^2} dy$. Ferner sei $F : \mathbb{R}^2 \setminus \{0\} \to \mathbb{R}^2 \setminus \{0\}$ die Polarkoordinatenabbildung $F(r,\phi) := (r\cos\phi, r\sin\phi)$. Man zeige $F^*\omega = d\phi$ und bestimme eine 1-Form η mit $F^*\eta = r dr$. Man zeige ferner, dass ω geschlossen, aber nicht exakt ist.

Der Satz von Stokes

Aufgabe 7.4 (Windungszahl)

Es sei $\gamma \subset \mathbb{R}^2 \setminus \{0\}$ eine einfach geschlossene Kurve und Ω bezeichne das offene Innere von γ. Wir definieren die *Windungszahl* von γ bezüglich $0 \in \mathbb{R}^2$ als die Zahl

$$\chi(\gamma) := \frac{1}{2\pi} \int_\gamma \left\langle \frac{p}{\|p\|^2}, \nu(p) \right\rangle d\mu_\gamma(p),$$

wobei $\nu(p)$ der äußere Einheitsnormalenvektor von γ im Punkt p sei. Man zeige, dass $\chi(\gamma) = 1$, falls $0 \in \Omega$ und $\chi(\gamma) = 0$ sonst.

Aufgabe 7.5 (Symplektische Mannigfaltigkeiten)

M sei eine kompakte glatte Untermannigfaltigkeit ohne Rand der Dimension $m = 2k$. $\omega \in \Omega^2(M)$ sei geschlossen und $\wedge^k \omega$ sei eine Volumenform auf M. Man zeige, dass sämtliche Formen $\wedge^l \omega$, $l = 1, \ldots, k$ ebenfalls geschlossen sind, dass aber keine dieser Formen exakt sein kann. Durch ein einfaches Beispiel zeige man, dass die Kompaktheit dabei wesentlich ist.

Aufgabe 7.6 (Greensche Formeln)

$M \subset \mathbb{R}^n$ sei eine glatte orientierte Untermannigfaltigkeit mit Rand und $f \in C^1(M)$. Der *Gradient* von f ist das (stetige) Vektorfeld ∇f, welches durch die Vorschrift

$$df(X) = \langle \nabla f, X \rangle, \text{ für alle } X \in \mathfrak{X}(M)$$

eindeutig festgelegt wird. Für $f \in C^2(M)$ setzen wir

$$\Delta f := \operatorname{div}(\nabla f).$$

Der Operator Δ heißt LAPLACE-*Operator* auf M und f heißt *harmonisch*, wenn $\Delta f = 0$.

(a) Man beweise die *erste* GREENSCHE *Formel*. Für $f \in C^2(M)$, $g \in C^1(M)$ und mit dem äußeren Einheitsnormalenfeld ν entlang ∂M gilt

$$\int_M (g\Delta f + \langle \nabla g, \nabla f \rangle) d\mu_M = \int_{\partial M} g \langle \nabla f, \nu \rangle d\mu_{\partial M}. \tag{7.3.6}$$

(b) Aus der ersten GREENSCHEN Formel folgere man die *zweite* GREENSCHE *Formel*. Für $f, g \in C^2(M)$ gilt

$$\int_M (g\Delta f - f\Delta g) d\mu_M = \int_{\partial M} \langle g\nabla f - f\nabla g, \nu\rangle d\mu_{\partial M}. \qquad (7.3.7)$$

Aufgabe 7.7
Gegeben sei die Halbkugel $M := \{(x, y, z) \in \mathbb{R}^3 : x^2 + y^2 + z^2 \leq 1, z \geq 0\}$. M ist keine differenzierbare Untermannigfaltigkeit, da M eine *Kante* bei der Menge $\{x^2 + y^2 = 1, z = 0\}$ besitzt. Folglich existiert dort auch kein äußeres Einheitsnormalenfeld. Man überzeuge sich davon, dass sich der Divergenzsatz trotzdem auf M anwenden lässt und überprüfe das anschließend exemplarisch am Beispiel $V(x, y, z) = x\frac{\partial}{\partial x} + \frac{\partial}{\partial z}$.

Aufgabe 7.8 (Klassischer Satz von Stokes)
Ist $V = V_x\frac{\partial}{\partial x} + V_y\frac{\partial}{\partial y} + V_z\frac{\partial}{\partial z}$ ein differenzierbares Vektorfeld in $\mathbb{R}^3$, so definiert man die *Rotation* von V als das Vektorfeld

$$\operatorname{rot}(V) := \left(\frac{\partial V_z}{\partial y} - \frac{\partial V_y}{\partial z}\right)\frac{\partial}{\partial x} + \left(\frac{\partial V_x}{\partial z} - \frac{\partial V_z}{\partial x}\right)\frac{\partial}{\partial y} + \left(\frac{\partial V_y}{\partial x} - \frac{\partial V_x}{\partial y}\right)\frac{\partial}{\partial z}.$$

(a) Man überprüfe die folgenden Rechenregeln für differenzierbare Vektorfelder V, W und differenzierbare Funktionen f.

  (i) $\operatorname{rot}(V + W) = \operatorname{rot}(V) + \operatorname{rot}(W)$.

  (ii) $\operatorname{rot}(fV) = f\operatorname{rot}(V) + \nabla f \times V$.

  (iii) $\operatorname{rot}(\nabla f) = 0$, $\operatorname{div}(\operatorname{rot}(V)) = 0$.

(b) Man beweise den *klassischen Satz von* STOKES.

Es sei $M \subset \mathbb{R}^3$ eine kompakte orientierte Fläche mit Rand, $V \in \mathbb{R}^3$ sei ein Vektorfeld, e sei das positiv orientierte Einheitstangentenvektorfeld entlang ∂M (das heißt in jedem Punkt $p \in \partial M$ bilden e und die nach innen gerichtete Einheitsnormale ν eine positiv orientierte Basis von T_pM) und n sei das mit der Orientierung von M verträgliche Einheitsnormalenvektorfeld von M. Das bedeutet $n(p) = e_1(p) \times e_2(p)$, falls $e_1(p), e_2(p) \in T_pM$ eine positiv orientierte Orthonormalbasis ist. Dann gilt

$$\int_M \langle\operatorname{rot}(V), n\rangle d\mu_M = \int_{\partial M} \langle V, e\rangle d\mu_{\partial M}.$$

Hinweis: Man betrachte zum Beispiel auf M die 1-Form $\omega(W) := \langle V, W\rangle$ und wende den allgemeinen Satz von STOKES an.

(c) Man überprüfe den Satz an dem konkreten Beispiel

$$V(x, y, z) := -y\frac{\partial}{\partial x} + x\frac{\partial}{\partial y}$$

und

$$M := \{(x, y, z) \in \mathbb{R}^3 : z \geq 0,\ x^2 + y^2 + z^2 = 1\}.$$

Aufgabe 7.9

(a) In $\mathbb{R}^n \setminus \{0\}$ betrachte man die $(n-1)$-Form

$$\omega = \sum_{k=1}^{n} (-1)^{k-1} \frac{x_k}{\|x\|^n} dx_1 \wedge \ldots \wedge \widehat{dx_k} \wedge \ldots \wedge dx_n.$$

Hierbei bedeutet das Dach über dx_k, dass der entsprechende Faktor wegzulassen ist. Man zeige, dass ω geschlossen, aber nicht exakt ist.

Hinweis: Man integriere über $\mathbb{S}^{n-1}$ und benutze den Satz von STOKES.

(b) In $\mathbb{R}^3$ betrachte man die 1-Form $\eta := (x^2 + y^2 - 1)dz$. Für $|a| \leq \frac{1}{2}$ sei $D_a := \{(x, 0, z) : (x-a)^2 + z^2 \leq \frac{1}{4}\}$ eine Kreisscheibe in der (x, z)-Ebene. Man berechne

$$\int_{D_a} d\eta, \quad \int_{\partial D_a} \eta$$

und verifiziere so für dieses Beispiel den Satz von STOKES.

Aufgabe 7.10

Wir betrachten $\mathbb{C}^n = \mathbb{R}^{2n}$ mit der 2-Form $\omega := \sum_{k=1}^{n} dx_k \wedge dy_k$, wobei wir wie üblich $z = (z_1, \ldots, z_n) \in \mathbb{C}^n$ in Real- und Imaginärteile $z_k = x_k + iy_k$ aufspalten.

(a) Man zeige ω ist exakt und bestimme eine 1-Form λ mit $\omega = d\lambda$. Man nennt diese Form LIOUVILLE-*Form*.

(b) Eine differenzierbare Untermannigfaltigkeit $M \subset \mathbb{C}^n = \mathbb{R}^{2n}$ der reellen Dimension n heißt LAGRANGE-*Untermannigfaltigkeit*, wenn $\omega|_M = 0$, das heißt wenn die Einschränkung von ω auf die Tangentialvektoren in T_pM jeweils für alle $p \in M$ verschwindet. Man zeige, dass eine Untermannigfaltigkeit der Dimension n genau dann LAGRANGE ist, wenn $\lambda|_M$ geschlossen ist.

(c) Eine *holomorphe Kurve* in $\mathbb{C}^n$ ist eine reell 2-dimensionale orientierte Untermannigfaltigkeit mit $\omega|_M = \omega_M$, das heißt die Einschränkung von ω auf M stimmt mit der kanonischen Volumenform ω_M von M überein. Man zeige: Ist $M \subset \mathbb{R}^4$ eine LAGRANGE-Fläche und existiert eine holomorphe Kreisscheibe $D \subset \mathbb{R}^4$ deren Rand auf M liegt, so kann $\lambda|_M$ nicht exakt sein[4)].

(d) Man zeige: Sind $D_1, D_2 \subset \mathbb{R}^4$ zwei holomorphe Kreisscheiben und existiert eine LAGRANGE-Fläche $M \subset \mathbb{R}^4$ mit Rand, sodass $\partial M = \partial D_1 \cup \partial D_2$, so sind die Flächeninhalte von D_1 und D_2 gleich.

[4)] GROMOV hat gezeigt, dass solche Kreisscheiben stets existieren.

Literaturverzeichnis

[AE09] Herbert Amann and Joachim Escher. *Analysis. III.* Birkhäuser Verlag, Basel, ISBN 3-7643-7479-2, 2009.

[Ban89] Christoph Bandelow. *Einführung in die Wahrscheinlichkeitstheorie.* B.I.-Hochschultaschenbücher. Bibliographisches Institut, Mannheim, ISBN 3-411-77982-9, 1989.

[For09] Otto Forster. *Analysis 3.* Vieweg Studium: Aufbaukurs Mathematik. Vieweg + Teubner, Wiesbaden, ISBN 978-3-8348-0704-5, 2009. Integralrechnung im $\mathbb{R}^n$ mit Anwendungen.

[GKM75] Detlev Gromoll, Wilhelm Klingenberg, and Wolfgang Meyer. *Riemannsche Geometrie im Großen.* Lecture Notes in Mathematics, Vol. 55. Springer-Verlag, Berlin-New York, 1975. Zweite Auflage.

[Jos05] Jürgen Jost. *Postmodern analysis.* Berlin: Springer, ISBN 978-3-540-25830-8, 2005.

[Rin75] Willi Rinow. *Lehrbuch der Topologie.* VEB Deutscher Verlag der Wissenschaften, Berlin, 1975. Hochschulbücher für Mathematik, Band 79.

[Smo18] Knut Smoczyk. *Analysis 1.* Book on Demand, Norderstedt, ISBN 978-3-7481-1091-0, 2018.

[Smo19] Knut Smoczyk. *Analysis 2.* Book on Demand, Norderstedt, ISBN 978-3-7494-4716-9, 2019.

[Vit05] Giuseppe Vitali. Sul problema della misura dei gruppi di punti di una retta. *Bologna, Tip. Gamberini e Parmeggiani*, 1905.

Symbolverzeichnis

Sachverzeichnis